대한민국 법령 시리즈 5

해양환경관리법

법령
시행령
시행규칙

해광출판사

머리말

이 책은 방대한 법전을 보지 않고 간편하게 해당되는 법령만 참고해서 볼 수 있도록 하였습니다. 공공기관이나 관련 종사자들이 쉽고 간편하게 해당 법령을 참조 할 수 있도록 하였습니다.

특히 해당법률은 물론 관련 시행령, 시행규칙을 함께 실어 관련법을 서로 참고할 수 있게 하였습니다.

법률이라는 것이 크든 작든 항상 변하는 관계로, 출간 이후의 정확하고 최신의 법률은 법제처 국가법령정보센터에서 확인이 가능하니 법률의 실제 적용 시 확인이 필요한 점 유의하기를 바랍니다.

편집부

* 수록 법률은 법제처 국가법령정보센터에서 확인 가능합니다.
* 발행일 기준 시행 법률이므로 최신 법령은 위 센터에서 볼 수 있습니다.
* 본 책자에 수록된 법률의 문구에 대하여 법적인 효력은 없으며,
  실제 적용 법률은 위 센터에서 최신의 법률로 확인하시기 바랍니다.
* 해당 법령과 함께 시행령, 시행규칙도 수록되어 있습니다.
* 발행일 기준으로 개정 예정 법률은 밑줄로 별도 표시되어 있으며,
  보다 정확한 것은 법제처에서 확인하기 바랍니다.

목차

해양환경관리법 / 7

해양환경관리법 시행령 / 125

해양환경관리법 시행규칙 / 201

해양환경관리법

[시행 2025. 10. 1.] [법률 제21065호, 2025. 10. 1., 타법개정]

제1장 총칙

제1조(목적)

제2조(정의)

제3조(적용범위)

제4조(국제협약과의 관계)

제5조삭 제

제6조삭 제

제7조삭 제

제2장 해양환경의 보전 · 관리를 위한 조치

제1절 해양환경 조사 및 정도관리 등 〈개정 2017. 3. 21.〉

제8조삭 제

제9조(해양환경측정망)

제10조(해양환경공정시험기준)

제11조(해양환경정보망)

제12조(해양환경 측정 · 분석기관의 정도관리)

제12조의2(정도관리기준)

제12조의3(정도관리계획)

제13조(측정 · 분석능력인증)

제2절 환경관리해역의 지정 등 〈개정 2011. 6. 15., 2017. 3. 21.〉

제14조삭 제

제15조(환경관리해역의 지정 · 관리)

제15조의2(환경관리해역에서의 행위제한 등)

제16조(환경관리해역기본계획의 수립 등)

제17조(환경관리해역기본계획의 국회 제출 등)

제18조(해양환경개선조치)

제3절 해양환경개선부담금

제19조(해양환경개선부담금)

제20조(부담금 및 가산금의 강제징수)

제21조(부담금의 용도)

제3장 해양오염방지를 위한 규제
제1절 통칙
제22조(오염물질의 배출금지 등)
제22조의2(폐기물의 배출률)
제23조삭 제
제24조(해양오염방지활동)
제2절 선박에서의 해양오염방지
제25조(폐기물오염방지설비의 설치 등)
제26조(기름오염방지설비의 설치 등)
제27조(유해액체물질오염방지설비의 설치 등)
제28조(선박평형수 및 기름의 적재제한)
제29조(포장유해물질의 운송)
제30조(선박오염물질기록부의 관리)
제30조의2(전자기록부의 관리 등)
제31조(선박해양오염비상계획서의 관리 등)
제32조(선박 해양오염방지관리인)
제32조의2(선박대선박 기름화물이송 관리)
제3절 해양시설에서의 해양오염방지
제33조(해양시설의 신고 및 변경신고)
제34조(해양시설오염물질기록부의 관리)
제35조(해양시설오염비상계획서의 관리 등)
제36조(해양시설 해양오염방지관리인)
제36조의2(해양시설의 안전점검)
제4절 오염물질의 수거 및 처리
제37조(선박 및 해양시설에서의 오염물질의 수거 · 처리)
제38조(오염물질저장시설)
제38조의2(오염물질저장시설의 운영 등)
제38조의3(시설의 개선명령 등)
제5절 잔류성 유기오염물질의 조사 등
제39조(잔류성오염물질의 조사 등)
제40조(유해방오도료의 사용금지 등)
제4장 해양에서의 대기오염방지를 위한 규제
제41조(대기오염물질의 배출방지를 위한 설비의 설치 등)
제41조의2(선박에너지효율설계지수의 계산 등)
제41조의3(선박에너지효율관리계획서의 비치 등)
제41조의4(선박연료유 사용량 등 보고 등)

제41조의5(선박에너지효율지수의 계산 등)
제41조의6(선박운항탄소집약도지수의 계산 등)
제42조(오존층파괴물질의 배출규제)
제43조(질소산화물의 배출규제)
제44조(연료유의 황함유량 기준 등)
제44조의2(부적합 연료유의 적재금지)
제45조(연료유의 공급 및 확인 등)
제46조(선박 안에서의 소각금지 등)
제47조(휘발성유기화합물의 배출규제 등)
제47조의2(휘발성유기화합물 관리)
제48조(적용제외)
제5장 해양오염방지를 위한 선박의 검사 등
제49조(정기검사)
제50조(중간검사)
제51조(임시검사)
제52조(임시항해검사)
제53조(방오시스템검사)
제54조(대기오염방지설비의 예비검사 등)
제54조의2(에너지효율검사)
제55조(협약검사증서의 교부 등)
제56조(해양오염방지검사증서 등의 유효기간)
제57조(해양오염방지검사증서 등을 교부받지 아니한 선박의 항해 등)
제58조(부적합 선박에 대한 조치)
제59조(해양오염방지를 위한 항만국통제)
제60조(재검사)
제6장 해양오염방제를 위한 조치
제61조(국가긴급방제계획의 수립 · 시행)
제62조(방제대책본부 등의 설치)
제63조(오염물질이 배출되는 경우의 신고의무)
제64조(오염물질이 배출된 경우의 방제조치)
제65조(오염물질이 배출될 우려가 있는 경우의 조치 등)
제66조(자재 및 약제의 비치 등)
제67조(방제선등의 배치 등)
제68조(행정기관의 방제조치와 비용부담)
제68조의2(해양자율방제대)

제69조(방제분담금)
제69조의2(방제분담금 및 가산금의 강제징수)
제69조의3(방제분담금 산정 등을 위한 자료제출)
제7장 해양환경관리업 등
제70조(해양환경관리업)
제70조의2삭 제
제71조(결격사유)
제72조(해양환경관리업자의 의무)
제73조(위탁폐기물 등의 처리명령 등)
제74조(해양환경관리업의 승계 등)
제75조(등록의 취소 등)
제76조삭 제
제76조의2삭 제
제8장 해양오염영향조사
제77조(해양오염영향조사)
제78조(해양오염영향조사의 분야 및 항목)
제79조(주민의 의견수렴)
제80조(조사의 비용)
제81조(조사기관의 결격사유)
제82조(조사기관의 지정취소 등)
제83조(지정취소 또는 업무정지된 해양오염영향조사기관의 업무 계속)
제83조의2(침몰선박 관리)
제9장 삭제 〈2024. 1. 2.〉
제84조삭 제
제85조삭 제
제86조삭 제
제87조삭 제
제88조삭 제
제89조삭 제
제90조삭 제
제91조삭 제
제92조삭 제
제93조삭 제
제94조삭 제
제95조삭 제

제10장 해양환경공단 〈개정 2017. 10. 31.〉
제96조(공단의 설립)
제97조(사업)
제98조(정관)
제99조(임원)
제100조(임원의 직무)
제101조(임원의 결격사유)
제102조(이사회)
제103조(재원)
제104조(출자 등)
제105조(국 · 공유재산의 무상대부)
제106조(채권의 발행)
제107조(예산 및 결산 등)
제108조(업무의 지도 · 감독)
제109조(민법의 준용)
제11장 보칙
제110조(해양오염방지설비 등의 형식승인 등)
제110조의2(성능인증)
제110조의3(형식승인 등을 받은 자의 지위 승계)
제111조(선박해체의 신고 등)
제112조(업무의 대행 등)
제113조(업무대행 등의 취소)
제114조(관계 행정기관의 협조)
제115조(출입검사 · 보고 등)
제116조(해양환경감시원)
제116조의2(명예해양환경감시원)
제117조(정선 · 검색 · 나포 · 입출항금지 등)
제118조(비밀누설금지 등)
제119조(국고보조 등)
제119조의2(신고포상금)
제120조(청문)
제121조(해양오염 방지 및 방제 교육 · 훈련)
제122조(수수료)
제123조(위임 및 위탁)
제124조(벌칙 적용에서의 공무원 의제)
제125조삭 제

제12장 벌칙
제126조(벌칙)
제127조(벌칙)
제128조(벌칙)
제129조(벌칙)
제130조(양벌규정)
제131조(외국인에 대한 벌칙적용의 특례)
제132조(과태료)
제133조(과태료의 부과 · 징수 등)

**개정 예정 법률 밑줄 별도 표시.

해양환경관리법

[시행 2025. 10. 1.] [법률 제21065호, 2025. 10. 1., 타법개정]

제1장 총칙

제1조(목적) 이 법은 선박, 해양시설, 해양공간 등 해양오염물질을 발생시키는 발생원을 관리하고, 기름 및 유해액체물질 등 해양오염물질의 배출을 규제하는 등 해양오염을 예방, 개선, 대응, 복원하는 데 필요한 사항을 정함으로써 국민의 건강과 재산을 보호하는 데 이바지함을 목적으로 한다.

[전문개정 2017. 3. 21.]

제2조(정의) 이 법에서 사용하는 용어의 뜻은 다음과 같다. 〈개정 2007. 4. 11., 2007. 4. 27., 2007. 12. 21., 2008. 2. 29., 2009. 6. 9., 2009. 12. 29., 2012. 12. 18., 2013. 3. 23., 2014. 1. 21., 2017. 3. 21., 2017. 10. 31., 2022. 10. 18.〉

1. "해양환경"이란 「해양환경 보전 및 활용에 관한 법률」 제2조제1호에 따른 해양환경을 말한다.

2. "해양오염"이란 「해양환경 보전 및 활용에 관한 법률」 제2조제3호에 따른 해양오염을 말한다.

3. "배출"이라 함은 오염물질 등을 유출(流出)·투기(投棄)하거나 오염물질 등이 누출(漏出)·용출(溶出)되는 것을 말한다. 다만, 해양오염의 감경·방지 또는 제거를 위한 학술목적의 조사·연구의 실시로 인한 유출·투기 또는 누출·용출을 제외한다.

4. "폐기물"이라 함은 해양에 배출되는 경우 그 상태로는 쓸 수 없게 되는 물질로서 해양환경에 해로운 결과를 미치거나 미칠 우려가 있는 물질(제5호·제7호 및 제8호에 해당하는 물질을 제외한다)을 말한다.

5. "기름"이라 함은 「석유 및 석유대체연료 사업법」에 따른 원유 및 석유제품(석유가스를 제외한다)과 이들을 함유하고 있는 액체상태의 유성혼합물(이하 "액상유성혼합물"이라 한다) 및 폐유를 말한다.

6. "선박평형수(船舶平衡水)"란 「선박평형수 관리법」 제2조제2호에 따른 선박평형수를 말한다.

7. "유해액체물질"이라 함은 해양환경에 해로운 결과를 미치거나 미칠 우려가 있는 액체물질(기름을 제외한다)과 그 물질이 함유된 혼합 액체물질로서 해양수산부령이 정하는 것을 말한다.

8. "포장유해물질"이라 함은 포장된 형태로 선박에 의하여 운송되는 유해물질 중 해양에 배출되는 경우 해양환경에 해로운 결과를 미치거나 미칠 우려가 있는 물질로서 해양수산부령이 정하는 것을 말한다.

9. "유해방오도료(有害防汚塗料)"라 함은 생물체의 부착을 제한·방지하기 위하여 선박 또는 해양시설 등에 사용하는 도료(이하 "방오도료"라 한다) 중 유기주석 성분 등 생물체의 파괴작용을 하는 성분이 포함된 것으로서 해양수산부령이 정하는 것을 말한다.

10. "잔류성오염물질(殘留性汚染物質)"이라 함은 해양에 유입되어 생물체에 농축되는 경우 장기간 지속적으로 급성·만성의 독성(毒性) 또는 발암성(發癌性)을 야기하는 화학물질로서 해양수산부령으로 정하는 것을 말한다.

11. "오염물질"이라 함은 해양에 유입 또는 해양으로 배출되어 해양환경에 해로운 결과를 미치거나 미칠 우려가 있는 폐기물·기름·유해액체물질 및 포장유해물질을 말한다.

12. "오존층파괴물질"이라 함은 「오존층 보호 등을 위한 특정물질의 관리에 관한 법률」 제2조제1호가목에 해당하는 물질을 말한다.

13. "대기오염물질"이란 오존층파괴물질, 휘발성유기화합물과 「대기환경보전법」 제2조제1호의 대기오염물질 및 같은 조 제3호의 온실가스 중 이산화탄소를 말한다.

14. "배출규제해역"이란 선박운항에 따른 대기오염 및 이로 인한 육상과 해상에 미치는 악영향을 방지하기 위하여 선박으로부터 해양수산부령으로 정하는 대기오염물질의 배출을 특별히 규제하는 조치가 필요한 해역으로서 해양수산부령이 정하는 해역을 말한다.

15. "휘발성유기화합물"이라 함은 탄화수소류 중 기름 및 유해액체

물질로서 「대기환경보전법」 제2조제10호에 해당하는 물질을 말한다.

16. “선박”이라 함은 수상(水上) 또는 수중(水中)에서 항해용으로 사용하거나 사용될 수 있는 것(선외기를 장착한 것을 포함한다) 및 해양수산부령이 정하는 고정식・부유식 시추선 및 플랫폼을 말한다.

17. “해양시설”이라 함은 해역(「항만법」 제2조제1호의 규정에 따른 항만을 포함한다. 이하 같다)의 안 또는 해역과 육지 사이에 연속하여 설치・배치하거나 투입되는 시설 또는 구조물로서 해양수산부령이 정하는 것을 말한다.

18. “선저폐수(船底廢水)”라 함은 선박의 밑바닥에 고인 액상유성혼합물을 말한다.

19. “항만관리청”이라 함은 「항만법」 제20조의 관리청, 「어촌・어항법」 제35조의 어항관리청 및 「항만공사법」에 따른 항만공사를 말한다.

20. “해역관리청”이란 「해양환경 보전 및 활용에 관한 법률」 제2조제8호에 따른 해역관리청을 말한다.

21. “선박에너지효율”이란 선박이 화물운송과 관련하여 사용한 에너지량을 이산화탄소 발생비율로 나타낸 것을 말한다.

22. “선박에너지효율설계지수”란 선박의 건조 또는 개조 단계에서 사전적으로 계산된 선박의 에너지효율을 나타내는 지표로, 선박이 1톤의 화물을 1해리 운송할 때 배출할 것으로 예상되는 이산화탄소량을 제41조의2제1항에서 해양수산부장관이 정하여 고시하는 방법에 따라 계산한 지표를 말한다.

23. “선박에너지효율지수”란 현존하는 선박의 운항단계에서 사전적으로 계산된 선박의 에너지효율을 나타내는 지표로, 선박이 1톤의 화물을 1해리 운송할 때 배출할 것으로 예상되는 이산화탄소량을 제41조의5제1항에서 해양수산부장관이 정하여 고시하는 방법에 따라 계산한 지표를 말한다.

24. “선박운항탄소집약도지수”란 사후적으로 계산된 선박의 연간 에너지효율을 나타내는 지표로, 선박이 1톤의 화물을 1해리 운송할 때 배출된 이산화탄소량을 제41조의6제1항에서 해양수산부장관이 정하여 고시하는 방법에 따라 매년 계산한 지표를 말한다.

제3조(적용범위) ①이 법은 다음 각 호의 해역・수역・구역 및 선박・해양시설 등에서의 해양환경관리에 관하여 적용한다. 다만, 방사

성물질과 관련한 해양환경관리(연구·학술 또는 정책수립 목적 등을 위한 조사는 제외한다) 및 해양오염방지에 대하여는 「원자력안전법」이 정하는 바에 따른다. 〈개정 2011. 7. 25., 2016. 12. 27., 2017. 3. 21.〉

1. 「영해 및 접속수역법」에 따른 영해 및 대통령령이 정하는 해역
2. 「배타적 경제수역 및 대륙붕에 관한 법률」 제2조에 따른 배타적 경제수역
3. 제15조의 규정에 따른 환경관리해역
4. 「해저광물자원 개발법」 제3조의 규정에 따라 지정된 해저광구

②제1항 각 호의 해역·수역·구역 밖에서 「선박법」 제2조의 규정에 따른 대한민국 선박(이하 "대한민국선박"이라 한다)에 의하여 행하여진 해양오염의 방지에 관하여는 이 법을 적용한다.

③대한민국선박 외의 선박(이하 "외국선박"이라 한다)이 제1항 각 호의 해역·수역·구역 안에서 항해 또는 정박하고 있는 경우에는 이 법을 적용한다. 다만, 제32조, 제41조의3제2항부터 제5항까지, 제41조의4, 제49조부터 제54조까지, 제54조의2, 제56조부터 제58조까지, 제60조, 제112조 및 제113조의 규정은 국제항해에 종사하는 외국선박에 대하여 적용하지 아니한다. 〈개정 2012. 12. 18., 2020. 3. 24.〉

④제44조의 규정에 따른 연료유의 황함유량 기준 및 제45조의 규정에 따른 연료유의 품질기준에 관하여 이 법에서 규정하고 있는 경우를 제외하고는 「석유 및 석유대체연료 사업법」 및 「대기환경보전법」이 정하는 바에 따른다.

⑤오염물질의 처리는 이 법에서 규정하고 있는 경우를 제외하고는 「폐기물관리법」·「물환경보전법」, 「하수도법」 및 「가축분뇨의 관리 및 이용에 관한 법률」에서 정하는 바에 따른다. 〈개정 2011. 6. 15., 2017. 1. 17.〉

⑥선박의 디젤기관으로부터 발생하는 질소산화물 등 대기오염물질의 배출허용기준에 관하여 이 법에서 규정하고 있는 경우를 제외하고는 「대기환경보전법」이 정하는 바에 따른다.

제4조(국제협약과의 관계) 해양환경 및 해양오염과 관련하여 국제적으로 발효된 국제협약에서 정하는 기준과 이 법에서 규정하는 내용이 다른 때에는 국제협약의 효력을 우선한다. 다만, 이 법의 규정내

용이 국제협약의 기준보다 강화된 기준을 포함하는 때에는 그러하지 아니하다.

제5조 삭제 〈2017. 3. 21.〉

제6조 삭제 〈2017. 3. 21.〉

제7조 삭제 〈2017. 3. 21.〉

제2장 해양환경의 보전·관리를 위한 조치

제1절 해양환경 조사 및 정도관리 등 〈개정 2017. 3. 21.〉

제8조 삭제 〈2017. 3. 21.〉

제9조(해양환경측정망) ①해양수산부장관은 「해양환경 보전 및 활용에 관한 법률」 제18조제1항에 따른 해양환경종합조사를 시행하기 위하여 해양수산부령이 정하는 바에 따라 해양환경측정망을 구성하고 정기적으로 해양환경을 측정하여야 한다. 〈개정 2008. 2. 29., 2013. 3. 23., 2017. 3. 21.〉

②광역시장·도지사·특별자치도지사(이하 "시·도지사"라 한다)는 제1항의 규정에 따라 해양수산부장관이 구성한 해양환경측정망을 참고하여 관할 해역에 적합한 해양환경측정망을 별도로 구성할 수 있다. 이 경우 시·도지사는 관할 해역의 해양환경측정망을 구성하거나 구성된 내용을 변경하려는 때에는 해양수산부장관에게 미리 통보하여야 한다. 〈개정 2008. 2. 29., 2013. 3. 23., 2019. 1. 8.〉

제10조(해양환경공정시험기준) 해양수산부장관은 제9조제1항의 규정에 따른 해양환경측정망의 구성·운영 등 해양환경 관련 조사 및 평가에 있어서 그 정확성과 통일성 확보를 위한 해양환경공정시험기준을 정하여 고시하여야 한다. 이 경우 해양환경공정시험기준과 관련하여 「산업표준화법」 제12조제1항에 따른 한국산업표준이 고시되어 있는 경우에는 특별한 사유가 없으면 고시된 한국산업표준의 내용에 따른다. 〈개정 2008. 2. 29., 2013. 3. 23., 2015. 1. 28., 2017. 3. 21.〉

제11조(해양환경정보망) ①해양수산부장관은 「해양환경 보전 및 활용에 관한 법률」 제21조에 따라 해양환경정보망을 구축하고 국민에게 해양환경정보를 제공하여야 한다. 〈개정 2008. 2. 29., 2013. 3. 23., 2017. 3. 21.〉

②해양수산부장관은 제1항의 규정에 따른 해양환경정보망의 구축

을 위하여 필요한 때에는 관계 행정기관의 장에게 필요한 자료의 제출을 요구할 수 있다. 이 경우 관계 행정기관의 장은 특별한 사정이 없는 한 이에 따라야 한다. 〈개정 2008. 2. 29., 2013. 3. 23.〉

③제1항 및 제2항의 규정에 따른 해양환경정보망의 구축·운영 및 관리 등에 관하여 필요한 사항은 해양수산부령으로 정한다. 〈개정 2008. 2. 29., 2013. 3. 23.〉

제12조(해양환경 측정·분석기관의 정도관리) ①해양수산부장관은 「해양환경 보전 및 활용에 관한 법률」 제22조에 따른 해양환경정보 정도관리를 위하여 해양환경상태를 측정·분석하는 기관 중 대통령령이 정하는 기관(이하 "측정·분석기관"이라 한다)에 대하여 해양수산부령이 정하는 바에 따라 측정·분석능력의 평가, 관련 교육의 실시 및 측정·분석과 관련된 자료의 검증 등 필요한 조치를 할 수 있다. 〈개정 2008. 2. 29., 2013. 3. 23., 2017. 3. 21.〉

②해양수산부장관은 측정·분석기관에 대한 정도관리 결과 필요하다고 인정되는 경우에는 관련 장비 및 기기의 개선·보완 그 밖에 필요한 조치를 명할 수 있다. 〈개정 2008. 2. 29., 2013. 3. 23.〉

제12조의2(정도관리기준) ① 해양수산부장관은 제12조에 따라 해양환경조사의 기준 및 방법, 취득자료의 처리 및 정보관리 등에 관하여 필요한 정도관리기준(이하 "정도관리기준"이라 한다)을 정하여 고시하여야 한다.

② 정도관리기준의 내용, 방법 등 필요한 사항은 해양수산부령으로 정한다.

[본조신설 2017. 3. 21.]

제12조의3(정도관리계획) ① 대통령령으로 정하는 해양환경종합조사 실시기관(이하 "조사기관"이라 한다)은 정도관리기준에 적합한 해양환경조사, 취득자료의 처리 및 정보관리를 하기 위하여 필요한 정도관리계획을 수립하여 해양수산부장관의 승인을 받아야 한다.

② 해양수산부장관은 정도관리기준의 확산을 위하여 대통령령으로 정하는 조사기관에 대하여 정도관리계획의 수립 및 필요한 기술 등을 지도할 수 있다.

③ 제1항에 따른 정도관리계획의 수립 기준 및 정도관리계획 이행의 확인·절차 등에 관하여 필요한 사항은 해양수산부령으로 정한다.

[본조신설 2017. 3. 21.]

제13조(측정·분석능력인증) ①해양수산부장관은 정도관리 결과 해양수산부령이 정하는 측정·분석의 기준에 적합하다고 인정되는 측정·분석기관에 대하여 측정·분석능력인증을 할 수 있다. 〈개정 2008. 2. 29., 2013. 3. 23.〉

②해양수산부장관은 제1항의 규정에 따른 측정·분석능력인증을 받은 측정·분석기관에 대하여 3년마다 정기적인 정도관리를 실시하고 그 결과에 따라 측정·분석능력인증을 갱신하여야 한다. 다만, 측정·분석능력인증을 받은 사항 중 해양수산부령이 정하는 중요 사항이 변경되는 경우에는 수시로 정도관리를 실시하고 그 결과에 따라 측정·분석능력인증을 갱신하여야 한다. 〈개정 2008. 2. 29., 2013. 3. 23.〉

③해양수산부장관은 측정·분석능력인증을 받은 자가 다음 각 호의 어느 하나에 해당하는 때에는 그 인증을 취소하여야 한다. 〈개정 2008. 2. 29., 2013. 3. 23.〉

1. 거짓 그 밖의 부정한 방법으로 인증을 받은 때
2. 제2항의 규정에 따른 정도관리 결과 제1항의 규정에 따른 측정·분석의 기준에 적합하지 아니하게 된 때
3. 그 밖에 측정·분석능력인증이 부적합한 경우로서 대통령령이 정하는 사유에 해당하는 때

④제1항 및 제2항의 규정에 따른 측정·분석능력인증의 신청절차 및 인증서의 발급 등에 관하여 필요한 사항은 해양수산부령으로 정한다. 〈개정 2008. 2. 29., 2013. 3. 23.〉

제2절 환경관리해역의 지정 등 〈개정 2011. 6. 15., 2017. 3. 21.〉

제14조 삭제 〈2017. 3. 21.〉

제15조(환경관리해역의 지정·관리) ① 해양수산부장관은 해양환경의 보전·관리를 위하여 필요하다고 인정되는 경우에는 다음 각 호의 구분에 따라 환경보전해역 및 특별관리해역(이하 "환경관리해역"이라 한다)을 지정·관리할 수 있다. 이 경우 관계 중앙행정기관의 장 및 관할 시·도지사 등과 미리 협의하여야 한다.

1. 환경보전해역: 해양환경 및 생태계가 양호한 해역 중 「해양환경 보전 및 활용에 관한 법률」 제13조제1항에 따른 해양환경기준의

유지를 위하여 지속적인 관리가 필요한 해역으로서 해양수산부장관이 정하여 고시하는 해역(해양오염에 직접 영향을 미치는 육지를 포함한다)

2. 특별관리해역: 「해양환경 보전 및 활용에 관한 법률」 제13조제1항에 따른 해양환경기준의 유지가 곤란한 해역 또는 해양환경 및 생태계의 보전에 현저한 장애가 있거나 장애가 발생할 우려가 있는 해역으로서 해양수산부장관이 정하여 고시하는 해역(해양오염에 직접 영향을 미치는 육지를 포함한다)

② 해양수산부장관은 환경관리해역의 지정 목적이 달성되었거나 지정 목적이 상실된 경우 또는 당초 지정 목적의 달성을 위하여 지정범위를 확대하거나 축소하는 등의 조정이 필요한 경우 환경관리해역의 전부 또는 일부의 지정을 해제하거나 지정범위를 변경하여 고시할 수 있다. 이 경우 대상 구역을 관할하는 시 · 도지사와 미리 협의하여야 한다.

③ 해양수산부장관은 제1항 및 제2항에 따른 환경관리해역의 지정, 해제 또는 변경 시 다음 각 호의 사항을 고려하여야 한다.

1. 제9조에 따른 해양환경측정망 조사 결과
2. 제39조에 따른 잔류성오염물질 조사 결과
3. 「해양생태계의 보전 및 관리에 관한 법률」 제10조에 따른 국가해양생태계종합조사 결과
4. 국가 및 지방자치단체에서 3년 이상 지속적으로 시행한 해양환경 및 생태계 관련 조사 결과

④ 제1항부터 제3항까지에 따른 환경관리해역의 지정 및 해제, 변경을 위하여 필요한 사항은 대통령령으로 정한다.

[본조신설 2019. 1. 8.]

[종전 제15조는 제15조의2로 이동 〈2019. 1. 8.〉]

제15조의2(환경관리해역에서의 행위제한 등) ①해양수산부장관은 환경보전해역의 해양환경 상태 및 오염원을 측정 · 조사한 결과 「해양환경 보전 및 활용에 관한 법률」 제13조제1항에 따른 해양환경기준을 초과하게 되어 국민의 건강이나 생물의 생육에 심각한 피해를 가져올 우려가 있다고 인정되는 경우에는 그 환경보전해역 안에서 대통령령이 정하는 시설의 설치 또는 변경을 제한할 수 있다. 〈개정 2008. 2. 29., 2013. 3. 23., 2017. 3. 21., 2019. 1. 8.〉

②해양수산부장관은 특별관리해역의 해양환경 상태 및 오염원을 측정·조사한 결과 「해양환경 보전 및 활용에 관한 법률」 제13조제1항에 따른 해양환경기준을 초과하게 되어 국민의 건강이나 생물의 생육에 심각한 피해를 가져올 우려가 있다고 인정되는 경우에는 다음 각 호에 해당하는 조치를 할 수 있다. 〈개정 2008. 2. 29., 2013. 3. 23., 2017. 3. 21., 2019. 1. 8.〉

1. 특별관리해역 안에서의 시설의 설치 또는 변경의 제한
2. 특별관리해역 안에 소재하는 사업장에서 배출되는 오염물질의 총량규제

③제2항 각 호의 규정에 따라 설치 또는 변경이 제한되는 시설 및 제한의 내용, 오염물질의 총량규제를 실시하는 해역범위·규제항목 및 규제방법에 관하여 필요한 사항은 대통령령으로 정한다. 〈개정 2019. 1. 8.〉

[제목개정 2019. 1. 8.]

[제15조에서 이동 〈2019. 1. 8.〉]

제16조(환경관리해역기본계획의 수립 등) ①해양수산부장관은 환경관리해역에 대하여 다음 각 호의 사항이 포함된 환경관리해역기본계획을 5년마다 수립하고, 환경관리해역기본계획을 구체화하여 특정해역의 환경보전을 위한 해역별 관리계획을 수립·시행하여야 한다. 이 경우 관계 행정기관의 장과 미리 협의하여야 한다. 〈개정 2008. 2. 29., 2011. 6. 15., 2013. 3. 23.〉

1. 해양환경의 관측에 관한 사항
2. 오염원의 조사·연구에 관한 사항
3. 해양환경 보전 및 개선대책에 관한 사항
4. 환경관리에 따른 주민지원에 관한 사항
5. 그 밖에 환경관리해역의 관리에 관하여 필요한 것으로서 대통령령으로 정하는 사항

②환경관리해역기본계획은 「해양수산발전 기본법」 제7조에 따른 해양수산발전위원회의 심의를 거쳐 확정한다. 〈개정 2009. 2. 6., 2011. 6. 15.〉

③ 해양수산부장관은 환경관리해역기본계획 및 해역별 관리계획이 수립된 때에는 이를 관계 행정기관의 장에게 통보하여야 하며, 관계 행정기관의 장은 그 시행을 위하여 필요한 조치를 하여야 한다. 〈개

정 2011. 6. 15., 2013. 3. 23.〉

④해양수산부장관은 해역별 관리계획을 수립·시행하기 위하여 필요한 경우에는 관계 중앙행정기관과 지방자치단체 소속 공무원 및 전문가 등으로 구성된 사업관리단을 별도로 운영할 수 있다. 이 경우 사업관리단의 구성 및 운영에 필요한 사항은 대통령령으로 정한다. 〈개정 2008. 2. 29., 2011. 6. 15., 2013. 3. 23.〉

[제목개정 2011. 6. 15.]

제17조(환경관리해역기본계획의 국회 제출 등) ① 해양수산부장관은 환경관리해역기본계획 및 해역별 관리계획을 수립한 때에는 지체 없이 국회 소관 상임위원회에 제출하여야 한다.

② 해양수산부장관은 환경관리해역기본계획 및 해역별 관리계획을 수립한 때에는 해양수산부령으로 정하는 바에 따라 이를 공표하여야 한다.

③ 해양수산부장관은 환경관리해역기본계획 및 해역별 관리계획을 수립하기 위하여 필요한 경우에는 관계 중앙행정기관의 장 또는 시·도지사에게 관련 자료의 제출을 요청할 수 있다. 이 경우 자료의 제출을 요청받은 관계 중앙행정기관의 장 또는 시·도지사는 정당한 사유가 없으면 자료를 제출하여야 한다.

[본조신설 2019. 1. 8.]

제18조(해양환경개선조치) ①해역관리청은 오염물질의 유입·확산 또는 퇴적 등으로 인한 해양오염을 방지하고 해양환경을 개선하기 위하여 필요하다고 인정되는 때에는 대통령령으로 정하는 바에 따라 다음 각 호의 해양환경개선조치를 할 수 있다. 〈개정 2008. 2. 29., 2012. 6. 1., 2013. 3. 23., 2016. 12. 27., 2019. 12. 3.〉

1. 오염물질 유입·확산방지시설의 설치
2. 오염물질(폐기물은 제외한다)의 수거 및 처리
3. 삭제 〈2019. 12. 3.〉
4. 그 밖에 해양환경개선과 관련하여 필요한 사업으로서 해양수산부령이 정하는 조치

② 해양수산부장관은 제1항에 따른 해양환경개선조치의 대상 해역 또는 구역이 둘 이상의 시·도지사의 관할에 속하는 등 대통령령으로 정하는 경우에는 제3조제1항 각 호의 어느 하나에 해당하는 해역 또는 구역에서 제1항에 따른 해양환경개선조치를 할 수 있다.

이 경우 해양수산부장관은 해당 시·도지사와 미리 협의하여야 한다. 〈신설 2012. 6. 1., 2013. 3. 23.〉

③해양수산부장관은 해양환경의 보전·관리 또는 해양오염의 방지를 위하여 필요하다고 인정되는 경우에는 해양수산부령이 정하는 바에 따라 제3조제1항 각 호의 규정에 따른 해역 또는 구역에서 해양환경의 오염원에 대한 조사를 할 수 있다. 이 경우 해양수산부장관은 관계 행정기관의 장에게 오염된 해역 및 오염물질이 배출된 시설물에 대한 공동조사를 요청할 수 있다. 〈개정 2008. 2. 29., 2012. 6. 1., 2013. 3. 23.〉

④해양수산부장관은 제3항에 따른 해양환경의 오염원에 대한 조사결과 필요하다고 인정하는 경우 「해양환경 보전 및 활용에 관한 법률」 제8조에 따른 오염원인자(이하 "오염원인자"라 한다)에게 제1항 각 호의 어느 하나에 따른 해양환경개선조치를 하게 할 수 있다. 〈개정 2008. 2. 29., 2012. 6. 1., 2013. 3. 23., 2017. 3. 21.〉

⑤제1항의 규정에 따른 해양환경개선조치와 관련하여 오염물질 유입·확산방지시설의 설치방법, 오염물질(폐기물은 제외한다)의 수거·처리방법 등에 관하여 필요한 사항은 해양수산부령으로 정한다. 〈개정 2008. 2. 29., 2012. 6. 1., 2013. 3. 23., 2016. 12. 27., 2019. 12. 3.〉

제3절 해양환경개선부담금

제19조(해양환경개선부담금) ①해양수산부장관은 해양환경 및 해양생태계에 현저한 영향을 미치는 다음 각 호의 행위에 대하여 해양환경개선부담금(이하 "부담금"이라 한다)을 부과·징수한다. 〈개정 2008. 2. 29., 2013. 3. 23., 2019. 12. 3.〉

1. 「해양폐기물 및 해양오염퇴적물 관리법」 제19조제1항제1호에 따른 폐기물해양배출업을 하는 자가 폐기물을 해양에 배출하는 행위
2. 선박 또는 해양시설에서 대통령령이 정하는 규모 이상의 오염물질을 해양에 배출하는 행위
3. 「해양폐기물 및 해양오염퇴적물 관리법」 제9조제1항제2호에 따라 폐기물을 고립시키는 방법으로 해양에 배출하는 행위
4. 「해양폐기물 및 해양오염퇴적물 관리법」 제10조제1항에 따라 이산화탄소 스트림을 해양지중저장하는 행위

② 제1항제2호에 따른 오염물질의 배출행위가 다음 각 호의 어느 하나에 해당하는 경우에는 부담금을 부과하지 아니한다. 〈신설 2011. 6. 15.〉

1. 전쟁, 천재지변 또는 그 밖의 불가항력에 의하여 발생한 경우

2. 제3자의 고의만으로 발생한 경우. 다만, 선박 또는 해양시설의 설치·관리에 하자가 없는 경우로 한정한다.

3. 제3조제1항제1호 및 제2호의 해역·수역 밖에서 발생한 경우로서 대통령령으로 정하는 경우

③부담금은 오염물질의 종류 및 배출량을 고려하여 산정하되, 오염물질의 배출량에 단위당 부과금액을 곱한 후 오염물질의 종류별 부과계수를 적용하여 부과한다. 이 경우 오염물질의 배출량·단위당 부과금액 및 종류별 부과계수 등은 대통령령으로 정한다. 〈개정 2011. 6. 15.〉

④해양수산부장관은 납부의무자가 부담하여야 할 부담금을 분할하여 납부하게 할 수 있다. 〈개정 2008. 2. 29., 2011. 6. 15., 2013. 3. 23.〉

⑤해양수산부장관은 부담금 및 제20조제1항에 따른 가산금을 「수산업·어촌 발전 기본법」 제46조에 따른 수산발전기금(이하 "기금"이라 한다)으로 납입하여야 한다. 〈개정 2008. 2. 29., 2009. 4. 22., 2011. 6. 15., 2013. 3. 23., 2015. 6. 22., 2017. 10. 31.〉

⑥제1항 및 제3항에 따른 부담금의 징수절차 등에 필요한 사항은 대통령령으로 정한다. 〈개정 2011. 6. 15.〉

제20조(부담금 및 가산금의 강제징수) ① 해양수산부장관은 부담금의 납부의무자가 납부기한까지 부담금을 내지 아니하면 그 납부기한의 다음 날부터 납부한 날까지의 기간에 대하여 대통령령으로 정하는 가산금을 징수한다. 이 경우 가산금은 체납된 부담금의 100분의 3을 초과하여서는 아니 된다.

② 해양수산부장관은 부담금의 납부의무자가 납부기한까지 부담금을 내지 아니하면 30일 이상의 기간을 정하여 독촉하고, 그 지정된 기간 내에 부담금 및 제1항에 따른 가산금을 내지 아니하면 국세 체납처분의 예에 따라 징수할 수 있다.

[전문개정 2017. 10. 31.]

제21조(부담금의 용도) 제19조제5항에 따라 기금으로 납입된 부담

금은 다음 각 호의 사업을 위하여 사용되어야 한다. 〈개정 2011. 6. 15., 2016. 12. 27.〉

1. 해양오염방지 및 해양환경의 복원에 관한 사업
2. 해양환경의 보전·관리에 관한 사업
3. 친환경적 해양이용사업자 및 연안주민에 대한 지원사업
4. 제18조제1항의 규정에 따른 해양환경개선조치에 대한 사업
5. 해양환경 관련 연구개발사업
6. 해양환경의 조사·연구·홍보 및 교육에 관한 지원사업
7. 해양오염에 따른 어업인 피해의 지원 등 수산업지원사업
8. 친환경 선박의 기술개발 및 이용·보급을 위하여 필요한 사업으로서 대통령령으로 정하는 사업
9. 제1호부터 제8호까지와 관련된 사업으로서 대통령령이 정하는 사업

제3장 해양오염방지를 위한 규제

제1절 통칙

제22조(오염물질의 배출금지 등) ①누구든지 선박으로부터 오염물질을 해양에 배출하여서는 아니 된다. 다만, 다음 각 호의 경우에는 그러하지 아니하다. 〈개정 2007. 12. 21., 2008. 2. 29., 2010. 4. 15., 2013. 3. 23., 2019. 12. 3.〉

1. 선박의 항해 및 정박 중 발생하는 폐기물을 배출하고자 하는 경우에는 해양수산부령으로 정하는 해역에서 해양수산부령으로 정하는 처리기준 및 방법에 따라 배출할 것
2. 다음 각 목의 구분에 따라 기름을 배출하는 경우
   가. 선박에서 기름을 배출하는 경우에는 해양수산부령이 정하는 해역에서 해양수산부령이 정하는 배출기준 및 방법에 따라 배출할 것
   나. 유조선에서 화물유가 섞인 선박평형수, 화물창의 세정수(洗淨水) 및 선저폐수를 배출하는 경우에는 해양수산부령이 정하는 해역에서 해양수산부령이 정하는 배출기준 및 방법에 따라 배출할 것
   다. 유조선에서 화물창의 선박평형수를 배출하는 경우에는 해양수산부령이 정하는 세정도(洗淨度)에 적합하게 배출할 것
3. 다음 각 목의 구분에 따라 유해액체물질을 배출하는 경우
   가. 유해액체물질을 배출하는 경우에는 해양수산부령이 정하는

해역에서 해양수산부령이 정하는 사전처리 및 배출방법에 따라 배출할 것

나. 해양수산부령이 정하는 유해액체물질의 산적운반(散積運搬)에 이용되는 화물창(선박평형수의 배출을 위한 설비를 포함한다)에서 세정된 선박평형수를 배출하는 경우에는 해양수산부령이 정하는 정화방법에 따라 배출할 것

②누구든지 해양시설 또는 해수욕장·하구역 등 대통령령이 정하는 장소(이하 "해양공간"이라 한다)에서 발생하는 오염물질을 해양에 배출하여서는 아니 된다. 다만, 다음 각 호의 경우에는 그러하지 아니하다. 〈개정 2008. 2. 29., 2013. 3. 23.〉

1. 해양시설 및 해양공간(이하 "해양시설등"이라 한다)에서 발생하는 폐기물을 해양수산부령이 정하는 해역에서 해양수산부령이 정하는 처리기준 및 방법에 따라 배출하는 경우

2. 해양시설등에서 발생하는 기름 및 유해액체물질을 해양수산부령이 정하는 처리기준 및 방법에 따라 배출하는 경우

③다음 각 호의 어느 하나에 해당하는 경우에는 제1항 및 제2항의 규정에 불구하고 선박 또는 해양시설등에서 발생하는 오염물질(폐기물은 제외한다. 이하 이조에서 같다)을 해양에 배출할 수 있다. 〈개정 2008. 2. 29., 2013. 3. 23., 2019. 12. 3.〉

1. 선박 또는 해양시설등의 안전확보나 인명구조를 위하여 부득이하게 오염물질을 배출하는 경우

2. 선박 또는 해양시설등의 손상 등으로 인하여 부득이하게 오염물질이 배출되는 경우

3. 선박 또는 해양시설등의 오염사고에 있어 해양수산부령이 정하는 방법에 따라 오염피해를 최소화하는 과정에서 부득이하게 오염물질이 배출되는 경우

제22조의2(폐기물의 배출률) ① 선박의 항해 및 정박 중 발생하는 폐기물을 해양수산부령으로 정하는 해역에 배출하려는 선박의 소유자(선박을 임대하는 경우에는 선박임차인을 말한다. 이하 같다)는 해양수산부령으로 정하는 바에 따라 해양수산부장관의 승인을 받은 배출률[선박의 흘수(吃水) 및 속력에 따른 시간당 폐기물 배출량을 말한다. 이하 같다]을 준수하여 폐기물을 배출하여야 한다. 〈개정 2020. 3. 24.〉

② 제1항에 따라 폐기물을 배출한 선박의 소유자는 폐기물을 배출한 장소, 배출량 등을 그 선박의 기관일지에 기재하여야 한다. 〈신설 2020. 3. 24.〉

③ 제1항에 따라 배출률을 승인받아야 하는 폐기물의 종류, 배출률의 승인절차 및 제2항에 따른 기관일지 기재방법 등에 관하여 필요한 사항은 해양수산부령으로 정한다. 〈개정 2020. 3. 24.〉

[본조신설 2016. 12. 27.]

제23조 삭제 〈2019. 12. 3.〉

제24조(해양오염방지활동) ① 삭제 〈2019. 12. 3.〉

②해역관리청은 오염방지활동을 위하여 필요하다고 인정되는 때에는 해양공간에 대하여 수질검사 등 해양수산부령이 정하는 조사·측정활동을 할 수 있다. 〈개정 2008. 2. 29., 2013. 3. 23.〉

③해역관리청은 제2항에 따른 조사·측정활동 등 오염방지활동을 위하여 필요한 선박 또는 처리시설을 운영할 수 있다. 〈개정 2019. 12. 3.〉

④ 삭제 〈2019. 12. 3.〉

제2절 선박에서의 해양오염방지

제25조(폐기물오염방지설비의 설치 등) ①해양수산부령으로 정하는 선박의 소유자는 그 선박 안에서 발생하는 해양수산부령으로 정하는 폐기물을 저장·처리하기 위한 설비(이하 "폐기물오염방지설비"라 한다)를 해양수산부령으로 정하는 기준에 따라 설치하여야 한다. 〈개정 2008. 2. 29., 2013. 3. 23., 2020. 3. 24.〉

②제1항의 규정에 따라 설치된 폐기물오염방지설비는 해양수산부령이 정하는 기준에 적합하게 유지·작동되어야 한다. 〈개정 2008. 2. 29., 2013. 3. 23.〉

제26조(기름오염방지설비의 설치 등) ①선박의 소유자는 선박 안에서 발생하는 기름의 배출을 방지하기 위한 설비(이하 "기름오염방지설비"라 한다)를 해당 선박에 설치하거나 폐유저장을 위한 용기를 비치하여야 한다. 이 경우 그 대상선박과 설치기준 등은 해양수산부령으로 정한다. 〈개정 2008. 2. 29., 2013. 3. 23., 2019. 8. 20.〉

②선박의 소유자는 선박의 충돌·좌초 또는 그 밖의 해양사고가 발생하는 경우 기름의 배출을 방지할 수 있는 선체구조 등을 갖추어

야 한다. 이 경우 그 대상선박, 선체구조기준 그 밖에 필요한 사항은 해양수산부령으로 정한다. 〈개정 2008. 2. 29., 2013. 3. 23.〉

③제1항의 규정에 따라 설치된 기름오염방지설비는 해양수산부령이 정하는 기준에 적합하게 유지·작동되어야 한다. 〈개정 2008. 2. 29., 2013. 3. 23.〉

제27조(유해액체물질오염방지설비의 설치 등) ①유해액체물질을 산적하여 운반하는 선박으로서 해양수산부령이 정하는 선박의 소유자는 유해액체물질을 그 선박 안에서 저장·처리할 수 있는 설비 또는 유해액체물질에 의한 해양오염을 방지하기 위한 설비(이하 "유해액체물질오염방지설비"라 한다)를 해양수산부령이 정하는 기준에 따라 설치하여야 한다. 〈개정 2008. 2. 29., 2013. 3. 23.〉

②유해액체물질을 산적하여 운반하는 선박으로서 해양수산부령이 정하는 선박의 소유자는 선박의 충돌·좌초 그 밖의 해양사고가 발생하는 경우 유해액체물질의 배출을 방지하기 위하여 그 선박의 화물창을 해양수산부령이 정하는 기준에 따라 설치·유지하여야 한다. 〈개정 2008. 2. 29., 2013. 3. 23.〉

③제1항의 규정에 따른 선박의 소유자는 해양수산부령이 정하는 기준에 따라 유해액체물질의 배출방법 및 설비에 관한 지침서를 작성하여 해양수산부장관의 검인을 받아 그 선박의 선장에게 제공하여야 한다. 〈개정 2008. 2. 29., 2013. 3. 23.〉

④제1항의 규정에 따라 설치된 유해액체물질오염방지설비는 해양수산부령이 정하는 기준에 적합하게 유지·작동되어야 한다. 〈개정 2008. 2. 29., 2013. 3. 23.〉

제28조(선박평형수 및 기름의 적재제한) ①해양수산부령이 정하는 유조선의 화물창 및 해양수산부령이 정하는 선박의 연료유탱크에는 선박평형수를 적재하여서는 아니 된다. 다만, 새로이 건조한 선박을 시운전하거나 선박의 안전을 확보하기 위하여 필요한 경우로서 해양수산부령이 정하는 경우에는 그러하지 아니하다. 〈개정 2007. 12. 21., 2008. 2. 29., 2013. 3. 23.〉

②해양수산부령이 정하는 선박의 경우 그 선박의 선수(船首)탱크 및 충돌격벽(衝突隔壁)보다 앞쪽에 설치된 탱크에는 기름을 적재하여서는 아니 된다. 〈개정 2008. 2. 29., 2013. 3. 23.〉

[제목개정 2007. 12. 21.]

제29조(포장유해물질의 운송) 선박을 이용하여 포장유해물질을 운송하려는 자는 해양수산부령이 정하는 바에 따라 포장·표시 및 적재방법 등의 요건에 적합하게 이를 운송하여야 한다. 〈개정 2008. 2. 29., 2013. 3. 23.〉

제30조(선박오염물질기록부의 관리) ①선박의 선장(피예인선의 경우에는 선박의 소유자를 말한다)은 그 선박에서 사용하거나 운반·처리하는 폐기물·기름 및 유해액체물질에 대한 다음 각 호의 구분에 따른 기록부(이하 "선박오염물질기록부"라 한다)를 그 선박(피예인선의 경우에는 선박의 소유자의 사무실을 말한다) 안에 비치하고 그 사용량·운반량 및 처리량 등을 기록하여야 한다. 〈개정 2008. 2. 29., 2013. 3. 23.〉

1. 폐기물기록부 : 해양수산부령이 정하는 일정 규모 이상의 선박에서 발생하는 폐기물의 총량·처리량 등을 기록하는 장부. 다만, 제72조제1항의 규정에 따라 해양환경관리업자가 처리대장을 작성·비치하는 경우에는 동 처리대장으로 갈음한다.

2. 기름기록부 : 선박에서 사용하는 기름의 사용량·처리량을 기록하는 장부. 다만, 해양수산부령이 정하는 선박의 경우를 제외하며, 유조선의 경우에는 기름의 사용량·처리량 외에 운반량을 추가로 기록하여야 한다.

3. 유해액체물질기록부 : 선박에서 산적하여 운반하는 유해액체물질의 운반량·처리량을 기록하는 장부

②선박오염물질기록부의 보존기간은 최종기재를 한 날부터 3년으로 하며, 그 기재사항·보존방법 등에 관하여 필요한 사항은 해양수산부령으로 정한다. 〈개정 2008. 2. 29., 2013. 3. 23.〉

제30조의2(전자기록부의 관리 등) ① 선박의 소유자는 다음 각 호의 사항을 전자적 정보기록장치나 시스템(이하 "전자기록부"라 한다)에 전자적 방법으로 기록할 수 있다. 이 경우 전자기록부에 기록한 사항은 각 호에 규정된 기록부 또는 기관일지에 기재한 것으로 본다.

1. 제30조에 따른 선박오염물질기록부에 기재하여야 할 사항

2. 제42조에 따른 오존층파괴물질기록부에 기재하여야 할 사항

3. 제43조제4항 및 제44조제3항에 따라 기관일지에 기재하여야 할 사항

4. 기타 해양수산부령으로 정한 사항

② 전자기록부를 사용하고자 하는 선박의 소유자는 전자기록부의 설비 및 보안사항 등에 관하여 해양수산부령으로 정하는 요건을 갖추어 해양수산부장관에게 전자기록부 검사를 신청하여야 한다.

③ 해양수산부장관은 제2항에 따른 신청이 적합하다고 인정되는 경우에는 서면으로 전자기록부 적합확인서를 발급하여야 한다.

④ 선박의 소유자는 제3항에 따른 전자기록부 적합확인서를 해당 선박에 비치하여야 한다.

⑤ 제1항부터 제4항까지에서 규정한 사항 외에 전자기록부 검사 신청 절차, 전자기록부 적합확인서의 발급 절차·기준, 전자기록부 적합확인서 기재사항 등에 관하여 필요한 사항은 해양수산부령으로 정한다.

[본조신설 2022. 10. 18.]

제31조(선박해양오염비상계획서의 관리 등) ①선박의 소유자는 기름 또는 유해액체물질이 해양에 배출되는 경우에 취하여야 하는 조치사항에 대한 내용을 포함하는 기름 및 유해액체물질의 해양오염비상계획서(이하 "선박해양오염비상계획서"라 한다)를 작성하여 해양경찰청장의 검인을 받은 후 이를 그 선박에 비치하고, 선박해양오염비상계획서에 따른 조치 등을 이행하여야 한다. 〈개정 2012. 6. 1., 2014. 11. 19., 2016. 12. 27., 2017. 7. 26.〉

② 제1항에 따라 선박해양오염비상계획서를 검인받은 선박의 소유자는 그 선박해양오염비상계획서의 내용 중 해양수산부령으로 정하는 중요한 사항을 변경하려는 경우에는 선박해양오염비상계획서를 변경 작성하여 해양경찰청장의 검인을 받은 후 이를 그 선박에 비치하여야 한다. 〈신설 2017. 10. 31.〉

③선박해양오염비상계획서를 비치하여야 하는 대상 선박의 범위와 기재사항 등에 관하여 필요한 사항은 해양수산부령으로 정한다. 〈개정 2008. 2. 29., 2013. 3. 23., 2014. 11. 19., 2017. 7. 26., 2017. 10. 31.〉

[제목개정 2016. 12. 27.]

제32조(선박 해양오염방지관리인) ①해양수산부령으로 정하는 선박의 소유자는 그 선박에 승무하는 선원 중에서 선장을 보좌하여 선박으로부터의 오염물질 및 대기오염물질의 배출방지에 관한 업무를 관리하게 하기 위하여 대통령령으로 정하는 자격을 갖춘 사람을 해

양오염방지관리인으로 임명하여야 한다. 이 경우 유해액체물질을 산적하여 운반하는 선박의 경우에는 유해액체물질의 해양오염방지관리인 1명 이상을 추가로 임명하여야 한다. 〈개정 2008. 2. 29., 2013. 3. 23., 2020. 3. 24.〉

②선박의 소유자는 제1항의 규정에 따른 해양오염방지관리인을 임명한 증빙서류를 선박 안에 비치하여야 한다.

③ 제1항에 따라 해양오염방지관리인을 임명한 선박의 소유자는 해양오염방지관리인이 여행·질병 또는 그 밖의 사유로 일시적으로 직무를 수행할 수 없는 경우 대통령령으로 정하는 자격을 갖춘 사람을 대리자로 지정하여 그 직무를 대행하게 하여야 한다. 이 경우 대리자가 해양오염방지관리인의 직무를 대행하는 기간은 30일을 초과할 수 없다. 〈신설 2017. 10. 31., 2020. 3. 24.〉

④ 선박의 소유자는 제1항에 따른 해양오염방지관리인 또는 제3항에 따른 해양오염방지관리인의 대리자에게 오염물질 및 대기오염물질을 이송 또는 배출하는 작업을 지휘·감독하게 하여야 한다. 〈신설 2017. 10. 31.〉

⑤제1항부터 제4항까지에서 규정한 사항 외에 해양오염방지관리인 및 대리자의 업무내용·준수사항 등에 관하여 필요한 사항은 대통령령으로 정한다. 〈개정 2017. 10. 31., 2020. 3. 24.〉

[제목개정 2017. 10. 31.]

제32조의2(선박대선박 기름화물이송 관리) ① 해상에서 유조선 간(이하 "선박대선박"이라 한다)에 기름화물을 이송하려는 선박소유자는 그 이송하는 작업방법 등 해양수산부령으로 정하는 사항을 기술한 계획서(이하 "선박대선박 기름화물이송계획서"라 한다)를 작성하여 해양수산부장관의 검인을 받은 후 선박에 비치하고, 이송작업 시 이를 준수하여야 한다. 〈개정 2013. 3. 23.〉

② 선박의 선장은 선박대선박 기름화물의 이송작업에 관하여 이송량, 이송시간 등 해양수산부령으로 정하는 사항을 기름기록부에 기록하여야 하고, 최종 기록한 날부터 3년간 보관하여야 한다. 〈개정 2013. 3. 23.〉

③ 제3조제1항제1호 및 제2호에 따른 해역·수역 안에서 선박대선박 기름화물이송작업을 하려는 선박의 선장은 작업책임자 명단 및 작업계획을 해양수산부장관에게 사전에 보고하여야 한다. 〈개정

2013. 3. 23., 2023. 10. 24.〉

④ 제1항에 따른 선박대선박 기름화물이송계획서의 비치 대상선박 및 검인절차, 제2항에 따른 선박대선박 기름화물이송작업의 기록, 제3항에 따른 작업책임자의 자격, 작업계획의 보고사항 및 보고방법 등에 필요한 사항은 해양수산부령으로 정한다. 〈개정 2013. 3. 23., 2023. 10. 24.〉

[본조신설 2011. 6. 15.]

제3절 해양시설에서의 해양오염방지

제33조(해양시설의 신고 및 변경신고) ①해양시설의 소유자(설치·운영자를 포함하며, 그 시설을 임대하는 경우에는 시설임차인을 말한다. 이하 같다)는 다음 각 호의 구분에 따라 해양수산부장관 또는 시·도지사에게 그 시설을 신고하여야 한다. 이 경우 신고내용 중 해양수산부령으로 정하는 중요한 내용의 변경이 있는 경우에는 변경신고를 하여야 한다. 〈개정 2008. 2. 29., 2013. 3. 23., 2016. 12. 27., 2020. 2. 18.〉

1. 「배타적 경제수역 및 대륙붕에 관한 법률」 제2조에 따른 배타적 경제수역, 「항만법」 제3조제2항제1호 및 제3항제1호에 따른 국가관리무역항 및 국가관리연안항의 해양시설: 해양수산부장관

2. 제1호 외의 해역의 해양시설: 시·도지사

② 제1항에 따른 해양시설의 신고내용, 변경신고 하여야 하는 중요한 내용 및 신고·변경신고 절차 등 필요한 사항은 해양수산부령으로 정한다. 〈개정 2016. 12. 27.〉

[제목개정 2016. 12. 27.]

제34조(해양시설오염물질기록부의 관리) ①기름 및 유해액체물질을 취급하는 해양시설 중 해양수산부령이 정하는 해양시설의 소유자는 그 시설 안에 기름 및 유해액체물질의 기록부(이하 "해양시설오염물질기록부"라 한다)를 비치하고 기름 및 유해액체물질의 사용량과 반입·반출에 관한 사항 등을 기록하여야 한다. 〈개정 2008. 2. 29., 2013. 3. 23.〉

②해양시설오염물질기록부의 보존기간은 최종기재를 한 날부터 3년으로 하며, 그 기재사항·관리방법 등에 관하여 필요한 사항은 해양수산부령으로 정한다. 〈개정 2008. 2. 29., 2013. 3. 23.〉

第35条(해양시설오염비상계획서의 관리 등) ①기름 및 유해액체물질을 사용·저장 또는 처리하는 해양시설의 소유자는 기름 및 유해액체물질이 해양에 배출되는 경우에 취하여야 하는 조치사항에 대한 내용이 포함된 해양오염비상계획서(이하 "해양시설오염비상계획서"라 한다)를 작성하여 해양경찰청장의 검인을 받은 후 그 해양시설에 비치하고, 해양시설오염비상계획서에 따른 조치 등을 이행하여야 한다. 다만, 해양시설오염비상계획서를 그 해양시설에 비치하는 것이 곤란한 때에는 해양시설의 소유자의 사무실에 비치할 수 있다. 〈개정 2014. 11. 19., 2016. 12. 27., 2017. 7. 26.〉

② 제1항에 따라 해양시설오염비상계획서를 검인받은 해양시설의 소유자는 그 해양시설오염비상계획서의 내용 중 해양수산부령으로 정하는 중요한 사항을 변경하려는 경우에는 해양시설오염비상계획서를 변경 작성하여 해양경찰청장의 검인을 받은 후 이를 그 해양시설 또는 해양시설의 소유자의 사무실에 비치하여야 한다. 〈신설 2017. 10. 31.〉

③해양시설오염비상계획서를 비치하여야 하는 대상 및 그 기재사항 등에 관하여 필요한 사항은 해양수산부령으로 정한다. 〈개정 2008. 2. 29., 2013. 3. 23., 2014. 11. 19., 2017. 7. 26., 2017. 10. 31.〉

[제목개정 2016. 12. 27.]

第36条(해양시설 해양오염방지관리인) ①해양수산부령으로 정하는 해양시설의 소유자는 그 해양시설에 근무하는 직원 중에서 해양시설로부터의 오염물질의 배출방지에 관한 업무를 관리하게 하기 위하여 대통령령으로 정하는 자격을 갖춘 사람을 해양오염방지관리인으로 임명하여야 한다. 〈개정 2008. 2. 29., 2013. 3. 23., 2020. 3. 24.〉

② 해양시설의 소유자는 해양오염방지관리인을 임명(바꾸어 임명한 경우를 포함한다)한 경우에는 지체 없이 이를 해양수산부령으로 정하는 바에 따라 해양경찰청장에게 신고하여야 한다. 〈개정 2020. 3. 24.〉

③ 해양시설의 소유자는 해양오염방지관리인이 여행·질병 또는 그 밖의 사유로 일시적으로 직무를 수행할 수 없는 경우 대통령령으로 정하는 자격을 갖춘 사람을 대리자로 지정하여 그 직무를 대행하게 하여야 한다. 이 경우 대리자가 해양오염방지관리인의 직무

를 대행하는 기간은 30일을 초과할 수 없다. 〈신설 2017. 10. 31., 2020. 3. 24.〉

④ 해양시설의 소유자는 제1항에 따른 해양오염방지관리인 또는 제3항에 따른 해양오염방지관리인의 대리자에게 오염물질을 이송 또는 배출하는 작업을 지휘·감독하게 하여야 한다. 〈신설 2017. 10. 31.〉

⑤제1항부터 제4항까지에서 규정한 사항 외에 해양오염방지관리인 및 대리자의 업무내용·준수사항 등에 관하여 필요한 사항은 대통령령으로 정한다. 〈개정 2017. 10. 31., 2020. 3. 24.〉

[제목개정 2017. 10. 31.]

제36조의2(해양시설의 안전점검) ① 기름 및 유해액체물질과 관련된 해양시설로서 해양수산부령으로 정하는 해양시설의 소유자는 그 해양시설에 대한 안전점검을 실시하여야 한다.

② 제1항에 따른 안전점검을 실시한 해양시설의 소유자는 해양수산부장관의 요청이 있거나 안전점검 결과 해양수산부령으로 정하는 중대한 결함이 있는 경우 그 안전점검 결과를 지체 없이 해양수산부장관에게 보고하여야 한다. 〈개정 2017. 10. 31.〉

③ 제1항에 따른 안전점검을 실시한 해양시설의 소유자는 안전점검을 완료한 날부터 3년간 그 결과를 보관하여야 한다. 〈신설 2017. 10. 31.〉

④ 해양수산부장관은 제1항에 따른 해양시설이 천재지변, 재해 또는 이에 준하는 사유로 인하여 안전에 문제가 있다고 인정하는 경우에는 직접 안전점검을 할 수 있다. 이 경우 해당 해양시설의 소유자는 이에 적극 협조하여야 한다. 〈개정 2017. 10. 31.〉

⑤ 제1항에 따른 해양시설의 소유자는 대통령령으로 정하는 시설과 장비를 갖춘 안전진단 전문기관으로 하여금 해당 해양시설에 대한 안전점검을 대행하게 할 수 있다. 〈개정 2017. 10. 31.〉

⑥ 제1항에 따른 안전점검의 실시시기 및 방법, 제2항에 따른 보고사항 등에 필요한 사항은 해양수산부령으로 정한다. 〈개정 2017. 10. 31.〉

[본조신설 2014. 3. 24.]

제4절 오염물질의 수거 및 처리

第37條(선박 및 해양시설에서의 오염물질의 수거·처리) ①선박 및 해양시설의 소유자는 해당 선박 및 해양시설에서 발생하는 오염물질 중 해양수산부령으로 정하는 물질을 다음 각 호의 어느 하나에 해당하는 자에게 수거·처리하게 하여야 한다. 〈개정 2007. 4. 11., 2008. 2. 29., 2009. 12. 29., 2012. 6. 1., 2013. 3. 23., 2017. 10. 31., 2023. 10. 24.〉

1. 第38조제1항 및 제2항의 규정에 따른 오염물질저장시설의 설치·운영자

2. 第70조제1항제3호의 규정에 따른 유창청소업을 영위하는 자(이하 "유창청소업자"라 한다)

② 제1항에도 불구하고 다음 각 호의 어느 하나에 해당하는 선박 또는 해양시설의 소유자는 해당 선박 또는 해양시설에서 발생하는 물질을 해양수산부령으로 정하는 바에 따라 「폐기물관리법」 제25조제8항에 따른 폐기물처리업자로 하여금 수거·처리하게 할 수 있다. 〈개정 2017. 10. 31., 2020. 3. 24.〉

1. 육상에 위치한 해양시설(해역과 육지 사이에 연속하여 설치된 해양시설을 포함한다)

2. 조선소에서 건조 중인 선박

3. 조선소에서 건조 완료 후 「선박법」 제8조제1항 또는 「어선법」 제13조제1항에 따라 등록하기 전에 시운전하는 선박

4. 총톤수 20톤 미만의 소형선박

5. 조선소 또는 수리조선소에서 수리 중인 선박(항해 중에 발생한 오염물질을 제1항에 따라 모두 수거·처리한 선박에 한정한다)

6. 해체 중인 선박

第38條(오염물질저장시설) ①해역관리청은 선박 또는 해양시설에서 배출되거나 해양에 배출된 오염물질을 저장하기 위한 시설(이하 "오염물질저장시설"이라 한다)을 설치·운영하여야 한다.

② 해역관리청이 아닌 자로서 오염물질저장시설을 설치·운영하고자 하는 자(이하 "오염물질저장시설 운영자"라 한다)는 대통령령으로 정하는 바에 따라 해역관리청에 신고하여야 한다. 신고한 사항 중 해양수산부령으로 정하는 중요한 사항을 변경하려는 경우에도 또한 같다. 〈신설 2023. 10. 24.〉

③ 해역관리청은 제2항 전단에 따른 신고 또는 같은 항 후단에 따

른 변경신고를 받은 날부터 해양수산부령으로 정하는 기간 내에 신고 수리여부를 신고인에게 통지하여야 한다. 〈신설 2023. 10. 24.〉

④해역관리청 및 오염물질저장시설 운영자는 오염물질저장시설에 반입·반출되는 오염물질의 관리대장(전자문서를 포함하며, 이하 "오염물질관리대장"이라 한다)을 작성·관리하여야 하고, 오염물질저장시설 운영자는 오염물질관리대장을 해양경찰청장에게 제출하여야 한다. 이 경우 오염물질관리대장의 기재사항, 보존기간 및 제출절차 등에 관하여 필요한 사항은 해양수산부령으로 정한다. 〈개정 2008. 2. 29., 2013. 3. 23., 2023. 10. 24.〉

⑤ 오염물질저장시설 운영자의 결격사유 및 지위승계에 관하여는 제71조 및 제74조를 각각 준용한다. 〈신설 2023. 10. 24.〉

⑥제1항 및 제2항의 규정에 따른 오염물질저장시설의 세부적인 설치·운영기준은 해양수산부령으로 정한다. 〈개정 2008. 2. 29., 2013. 3. 23., 2023. 10. 24.〉

제38조의2(오염물질저장시설의 운영 등) ① 오염물질저장시설 운영자는 다음 각 호의 사항을 준수하여야 한다.

1. 제38조제6항에 따른 오염물질저장시설 설치·운영기준에 따라 적합하게 운영할 것

2. 운영 중인 오염물질저장시설에서 처리가 어렵거나 처리능력을 초과하는 경우에는 오염물질을 처리하거나 그 처리를 수탁받지 아니할 것

3. 그 밖에 오염물질의 적정한 처리를 위하여 해양수산부령으로 정하는 사항을 준수할 것

② 오염물질저장시설 운영자는 다음 각 호의 어느 하나에 해당하는 행위를 하여서는 아니 된다.

1. 오염물질저장시설에 저장되는 오염물질 및 오염수를 해양 또는 「물환경보전법」 제2조제9호에 따른 공공수역으로 배출하거나 배출할 수 있는 시설을 설치하는 행위

2. 오염물질저장시설의 오염물질 및 오염수를 오수 또는 다른 배출시설에서 배출되는 폐수와 혼합하여 처리하거나 처리할 수 있는 시설을 설치하는 행위

③ 오염물질저장시설 운영자는 오염물질저장시설에서 처리된 오염수를 「물환경보전법」 제2조제10호에 따른 폐수배출시설, 같은 조

제17호에 따른 공공폐수처리시설 또는 「하수도법」 제2조제9호에 따른 공공하수처리시설에 유입하여 처리하여야 하고, 이 경우 처리절차 등은 관계 법령에서 정하는 바에 따른다.

[본조신설 2023. 10. 24.]

제38조의3(시설의 개선명령 등) ① 해역관리청은 오염물질저장시설 운영자가 다음 각 호의 어느 하나에 해당하는 경우에는 그 시설의 개선, 6개월 이내의 운영정지 또는 시설의 폐쇄를 명할 수 있다. 다만, 제1호부터 제4호까지의 어느 하나에 해당하는 경우에는 그 시설의 폐쇄를 명하여야 한다.

1. 제38조제5항에 따른 결격사유에 해당하는 경우
2. 거짓이나 그 밖의 부정한 방법으로 신고하거나 변경신고를 한 경우
3. 1년에 2회 이상 시설의 운영정지 명령을 받은 경우
4. 시설의 운영정지기간 중에 시설을 운영한 경우
5. 정당한 사유 없이 신고한 사항을 이행하지 아니한 경우
6. 제38조의2에 따른 의무를 위반한 경우
7. 신고 후 1년 이내에 시설을 운영하지 아니하거나 정당한 사유 없이 1년 이상 계속하여 운영실적이 없는 경우
8. 시설의 개선명령을 따르지 아니하거나 거부한 경우

② 제1항에 따른 행정처분의 세부기준은 그 위반행위의 유형과 정도 등을 참작하여 해양수산부령으로 정한다.

[본조신설 2023. 10. 24.]

제5절 잔류성 유기오염물질의 조사 등

제39조(잔류성오염물질의 조사 등) ①해양수산부장관은 잔류성오염물질의 오염실태 및 진행상황 등에 대하여 해양수산부령으로 정하는 바에 따라 측정·조사하여야 한다. 이 경우 해양수산부장관은 그 측정·조사결과 해양환경의 관리에 문제가 있다고 인정되는 경우 해당 잔류성오염물질의 사용금지 및 사용제한 요청 등 해양수산부령으로 정하는 조치를 하여야 한다. 〈개정 2008. 2. 29., 2013. 3. 23., 2017. 10. 31.〉

②해양수산부장관은 제1항의 규정에 따라 측정·조사를 하는 경우에는 대통령령이 정하는 바에 따라 관계 행정기관에 대하여 필요

한 자료의 제출을 요청할 수 있다. 이 경우 관계 행정기관의 장은 특별한 사정이 없는 한 이에 따라야 한다. 〈개정 2008. 2. 29., 2013. 3. 23.〉

③해양수산부장관은 제1항에 따른 측정·조사에 있어 정확성과 통일성을 도모하기 위하여 잔류성오염물질의 공정시험기준을 정하여 고시하여야 한다. 이 경우 고시된 공정시험기준은 제10조에 따른 해양환경공정시험기준으로 본다. 〈개정 2008. 2. 29., 2013. 3. 23., 2017. 10. 31.〉

[제목개정 2017. 10. 31.]

제40조(유해방오도료의 사용금지 등) ①누구든지 선박 또는 해양시설등에 유해방오도료 또는 이를 사용한 설비 등(이하 "유해방오시스템"이라 한다)을 사용하여서는 아니 된다.

②누구든지 선박 또는 해양시설등에 방오도료 또는 이를 사용한 설비 등(이하 "방오시스템"이라 한다)을 사용하거나 설치하려고 하는 경우에는 해양수산부령이 정하는 기준 및 방법에 따라야 한다. 〈개정 2008. 2. 29., 2013. 3. 23.〉

제4장 해양에서의 대기오염방지를 위한 규제

제41조(대기오염물질의 배출방지를 위한 설비의 설치 등) ①선박의 소유자는 해양수산부령이 정하는 바에 따라 그 선박에 대기오염물질의 배출을 방지하거나 감축하기 위한 설비(이하 "대기오염방지설비"라 한다)를 설치하여야 한다. 〈개정 2008. 2. 29., 2013. 3. 23.〉

②제1항의 규정에 따라 설치된 대기오염방지설비는 해양수산부령이 정하는 기준에 적합하게 유지·작동되어야 한다. 〈개정 2008. 2. 29., 2013. 3. 23.〉

제41조의2(선박에너지효율설계지수의 계산 등) ① 국제항해에 사용되는 총톤수 400톤 이상의 선박 중 해양수산부령으로 정하는 선박을 건조하거나 다음 각 호의 어느 하나에 해당하는 개조를 하려는 경우에는 그 선박의 소유자는 해양수산부장관이 정하여 고시하는 최소 출력 이상의 추진기관을 설치하고 해양수산부장관이 정하여 고시하는 방법에 따라 선박에너지효율설계지수를 계산하여 그 결과를 해양수산부장관에게 보고하여야 한다. 〈개정 2013. 3. 23., 2022. 10. 18.〉

1. 선박의 길이·너비·깊이·운송능력 또는 기관출력을 실질적으로 변경하기 위한 것으로 해양수산부령으로 정하는 개조

2. 선박의 용도를 변경하기 위한 개조

3. 선박의 사용연한을 연장하기 위한 것으로 해양수산부령으로 정하는 개조

4. 해양수산부령으로 정하는 선박에너지효율설계지수 허용값을 초과하여 변경하는 등 선박에너지효율을 실질적으로 변경하기 위한 것으로 해양수산부령으로 정하는 개조

② 제1항에 따른 선박 중 해양수산부령으로 정하는 선박의 소유자는 제1항에 따라 계산된 선박에너지효율설계지수가 해양수산부령으로 정하는 선박에너지효율설계지수 허용값을 초과하는 선박의 건조 또는 개조를 하여서는 아니 된다. 〈개정 2013. 3. 23.〉

③ 해양수산부장관은 제1항에 따라 계산된 선박에너지효율설계지수와 제2항에 따른 선박에너지효율설계지수 허용값을 해양수산부령으로 정하는 바에 따라 국제해사기구에 제출하여야 한다. 〈신설 2022. 10. 18.〉

[본조신설 2012. 12. 18.]

제41조의3(선박에너지효율관리계획서의 비치 등) ① 국제항해에 사용되는 총톤수 400톤 이상의 선박 중 해양수산부령으로 정하는 선박의 소유자는 선박에너지효율을 향상시키기 위한 계획의 수립·시행·감시·평가 및 개선 등에 관한 절차 및 방법을 기술한 계획서(이하 "선박에너지효율관리계획서"라 한다)를 작성하여 선박에 비치하여야 한다. 〈개정 2013. 3. 23.〉

② 제1항에 따라 선박에너지효율관리계획서를 비치하여야 하는 선박 중 총톤수 5천톤 이상의 선박의 소유자는 작성한 선박에너지효율관리계획서의 검사를 해양수산부장관에게 요청하여야 한다. 〈신설 2020. 3. 24.〉

③ 해양수산부장관은 제2항에 따라 검사요청을 받은 경우 선박에너지효율관리계획서가 해양수산부령으로 정하는 기준에 적합한지를 검사하고, 적합한 경우 해당 선박의 소유자에게 선박에너지효율적합확인서를 발급하여야 한다. 〈신설 2020. 3. 24.〉

④ 선박의 소유자는 제3항에 따라 발급받은 선박에너지효율적합확인서를 해당 선박에 비치하여야 한다. 〈신설 2020. 3. 24.〉

⑤ 제1항부터 제4항까지에서 규정한 사항 외에 선박에너지효율관리계획서의 기재사항, 작성방법, 검사방법 및 선박에너지효율적합확인서의 발급 등에 필요한 사항은 해양수산부령으로 정한다. 〈개정 2013. 3. 23., 2020. 3. 24.〉

[본조신설 2012. 12. 18.]

[제목개정 2020. 3. 24.]

제41조의4(선박연료유 사용량 등 보고 등) ① 제41조의3제3항에 따라 선박에너지효율적합확인서를 발급받은 선박의 소유자는 해당 연도에 선박에서 사용한 연료유의 사용량, 선박의 운항거리 및 선박운항탄소집약도지수 등 해양수산부령으로 정하는 사항(이하 "선박연료유 사용량등"이라 한다)을 다음 해 3월 31일까지 해양수산부장관에게 보고하여야 한다. 〈개정 2022. 10. 18.〉

② 제1항에도 불구하고 선박의 소유자는 해당 선박이 대한민국선박이 아니게 되거나 선박의 매각, 폐선 등으로 선박을 사용하지 아니하게 된 경우에는 해당 사유가 발생한 날부터 해양수산부령으로 정하는 기간 내에 해당 연도의 선박연료유 사용량등을 해양수산부장관에게 보고하여야 한다.

③ 해양수산부장관은 제1항 또는 제2항에 따라 보고된 선박연료유 사용량등을 검증하고, 적합한 경우 해당 선박의 소유자(제2항에 해당하는 경우에는 같은 항에 따라 보고한 자를 말한다)에게 선박연료유 사용량등 검증확인서를 발급하여야 한다.

④ 선박의 소유자는 제3항에 따른 선박연료유 사용량등 검증확인서를 해당 선박에 5년 이상 비치하여야 한다. 〈개정 2022. 10. 18.〉

⑤ 해양수산부장관은 제3항에 따라 선박연료유 사용량등을 검증한 결과를 국제해사기구에 제출하여야 한다.

⑥ 제1항부터 제5항까지의 규정에 따른 선박연료유 사용량등의 보고 및 검증 방법, 선박연료유 사용량등 검증확인서의 발급 및 국제해사기구에의 검증 결과 제출 등에 필요한 사항은 해양수산부령으로 정한다.

[본조신설 2020. 3. 24.]

제41조의5(선박에너지효율지수의 계산 등) ① 국제항해에 사용되는 총톤수 400톤 이상의 선박 중 해양수산부령으로 정하는 선박의 소

유자는 해양수산부장관이 정하여 고시하는 방법에 따라 선박에너지효율지수를 계산하여야 한다. 이 경우 선박에 대하여 다음 각 호의 어느 하나에 해당하는 개조를 하는 때에도 또한 같다.

1. 선박의 길이 · 너비 · 깊이 · 운송능력 또는 기관출력을 실질적으로 변경하기 위한 것으로 해양수산부령으로 정하는 개조

2. 선박의 용도를 변경하기 위한 개조

3. 선박의 사용연한을 연장하기 위한 것으로 해양수산부령으로 정하는 개조

4. 해양수산부령으로 정하는 선박에너지효율지수 허용값을 초과하여 변경하는 등 선박에너지효율을 실질적으로 변경하기 위한 것으로 해양수산부령으로 정하는 개조

② 제1항에 따른 선박 중 해양수산부령으로 정하는 선박의 소유자는 제1항에 따라 계산된 선박에너지효율지수가 해양수산부령으로 정하는 선박에너지효율지수 허용값을 초과하는 선박의 운항 또는 개조를 하여서는 아니 된다.

③ 제41조의2제1항에 따라 계산된 선박에너지효율설계지수가 제2항에 따른 선박에너지효율지수 허용값과 같거나 그보다 작을 경우 선박에너지효율설계지수를 선박에너지효율지수로 볼 수 있다.

[본조신설 2022. 10. 18.]

제41조의6(선박운항탄소집약도지수의 계산 등) ① 국제항해에 사용되는 총톤수 5천톤 이상의 선박 중 해양수산부령으로 정하는 선박의 소유자는 해양수산부장관이 정하여 고시하는 방법에 따라 매년 선박운항탄소집약도지수를 계산하고 계산결과를 해양수산부장관에게 제출하여야 한다.

② 선박의 소유자는 제1항에 따라 계산된 선박운항탄소집약도지수가 해양수산부령으로 정하는 선박운항탄소집약도지수 허용값을 초과하는 등 해양수산부령으로 정하는 경우에는 선박에너지효율관리계획서에 선박운항탄소집약도지수 개선계획을 수립하여 해양수산부장관이 정하는 기간 내에 선박에너지효율관리계획서의 검사를 해양수산부장관에게 요청하여야 한다.

③ 제2항에 따른 선박운항탄소집약도지수 개선계획의 기재사항, 작성방법 등에 필요한 사항은 해양수산부령으로 정한다.

[본조신설 2022. 10. 18.]

제42조(오존층파괴물질의 배출규제) ①누구든지 선박으로부터 오존층파괴물질을 배출(선박의 유지보수 또는 장치·설비의 배치 중에 발생하는 배출을 포함한다)하여서는 아니 된다. 다만, 오존층파괴물질을 회수하는 과정에서 누출되는 경우에는 그러하지 아니하다.

②선박의 소유자는 오존층파괴물질이 포함된 설비를 선박에 설치하여서는 아니 된다.

③선박의 소유자는 선박으로부터 오존층파괴물질이 포함된 설비를 제거하는 때에는 그 설비를 해양수산부장관이 지정·고시하는 업체 또는 단체에게 인도하여야 한다. 이 경우 지정·고시되는 업체 또는 단체는 해양수산부령이 정하는 기준에 적합한 회수설비 및 수용시설 등을 갖추어야 한다. 〈개정 2008. 2. 29., 2013. 3. 23.〉

④ 국제항해에 사용되는 총톤수 400톤 이상 선박의 소유자는 오존층파괴물질을 포함하고 있는 설비의 목록을 작성·관리하여야 한다. 〈신설 2011. 6. 15.〉

⑤ 제4항에 따른 선박의 소유자는 선박에서 오존층파괴물질을 배출하거나 충전하는 경우 그 오존층파괴물질량 등을 기록한 장부(이하 "오존층파괴물질기록부"라 한다)를 작성하여 비치하여야 한다. 〈신설 2011. 6. 15.〉

⑥ 제3항에 따른 업체 또는 단체의 지정 방법 및 절차와 제5항에 따른 오존층파괴물질기록부의 기재사항 등은 해양수산부령으로 정한다. 〈개정 2020. 3. 24.〉

제43조(질소산화물의 배출규제) ①선박의 소유자는 해양수산부령으로 정하는 디젤기관을 「대기환경보전법」 제76조제1항에 따른 질소산화물의 배출허용기준을 초과하여 작동하여서는 아니 된다. 다만, 비상용·인명구조용 선박 등 비상사용 목적의 선박 및 군함·해양경찰청함정 등 방위·치안 목적의 공용선박에 설치되는 디젤기관은 그러하지 아니하다. 〈개정 2007. 4. 27., 2008. 2. 29., 2011. 6. 15., 2013. 3. 23., 2014. 11. 19., 2017. 7. 26.〉

②제1항의 규정에 불구하고 해당 디젤기관에 해양수산부령이 정하는 기준에 적합한 배기가스정화장치 등을 설치하여 제1항 각 호 외의 부분 본문의 규정에 따른 질소산화물의 배출허용기준 이하로 배출량을 감축할 수 있는 경우에는 그 디젤기관을 작동할 수 있다. 〈개정 2008. 2. 29., 2013. 3. 23.〉

③ 제1항에 따른 디젤기관의 질소산화물 배출허용기준의 적용시기, 적용방법 등에 필요한 사항은 해양수산부령으로 정한다. 〈신설 2011. 6. 15., 2013. 3. 23.〉

④ 선박의 소유자는 배출규제해역을 진입·진출하는 경우 또는 해당 해역에서 운전상태가 변경되는 경우에는 해당 선박에 설치되어 있는 디젤기관의 운전상태, 선박의 위치 및 일시 등 해양수산부령으로 정하는 사항을 그 선박의 기관일지에 기재하여야 한다. 〈신설 2022. 10. 18.〉

제44조(연료유의 황함유량 기준 등) ① 선박의 소유자는 배출규제해역과 그 밖의 해역으로 구분하여 대통령령으로 정하는 황함유량 기준을 초과하는 연료유를 사용해서는 아니 된다. 다만, 다음 각 호의 어느 하나에 해당하는 경우에는 그러하지 아니하다. 〈개정 2020. 3. 24., 2022. 10. 18.〉

1. 해양수산부령으로 정하는 기준에 적합한 배기가스정화장치를 설치·가동하여 해양수산부령으로 정하는 황산화물 배출제한 기준량 이하로 황산화물 배출량을 감축하는 경우

2. 이 항 각 호 외의 부분 본문에 따른 황함유량 기준을 충족하는 연료유를 공급받기 위하여 노력하였음에도 불구하고 해당 선박이 운항하는 해역의 인근 항만에서 황함유량 기준을 충족하는 연료유를 공급받을 수 없는 경우로서 해양수산부령으로 정하는 바에 따라 해양수산부장관의 인정을 받은 경우

② 삭제 〈2020. 3. 24.〉

③선박의 소유자는 다음 각 호의 어느 하나에 해당하는 경우에는 해양수산부령으로 정하는 연료유의 교환 등에 관한 사항을 그 선박의 기관일지에 기재하여야 한다. 〈개정 2008. 2. 29., 2013. 3. 23., 2020. 3. 24., 2022. 10. 18.〉

1. 배출규제해역을 항해하는 경우

2. 제1항제1호에 따른 배기가스정화장치가 제대로 가동되지 아니하여 같은 호에 따른 황산화물 배출제한 기준량 이하로 황산화물 배출량을 감축하지 못한 경우

3. 제1항제2호에 해당하는 경우

④선박의 소유자는 제3항의 규정에 따른 기관일지를 해당 연료유를 공급받은 때부터 1년간 그 선박에 보관하여야 한다.

⑤ 선박의 소유자는 제1항에 따른 연료유 황함유량 기준을 만족하기 위하여 황함유량이 다른 연료유를 다른 탱크에 저장하여 사용하는 선박이 배출규제해역으로 들어가기 전이나 그 해역에서 나오기 전에 조치하여야 할 연료유 전환방법이 적혀있는 절차서(이하 “연료유전환절차서”라 한다)를 선박에 비치하여야 한다. 〈신설 2011. 6. 15., 2020. 3. 24., 2022. 10. 18.〉

⑥ 선박의 소유자는 연료유의 황함유량 점검을 위하여 제115조제1항에 따른 출입검사를 하는 경우 사용 중인 연료유의 견본을 채취할 수 있는 장소를 지정하거나 설비를 설치하여야 한다. 다만, 특정기관이 설치된 선박 등 해양수산부령으로 정하는 선박은 그러하지 아니하다. 〈신설 2022. 10. 18.〉

⑦ 제6항에 따른 견본채취의 기준 등에 필요한 사항은 해양수산부령으로 정한다. 〈신설 2022. 10. 18.〉

제44조의2(부적합 연료유의 적재금지) 선박의 소유자는 제44조제1항에 따른 황함유량 기준(배출규제해역 외의 해역에서의 황함유량 기준을 말한다. 이하 제45조에서 같다)을 초과하는 연료유를 선박에 적재해서는 아니 된다. 다만, 다음 각 호의 어느 하나에 해당하는 경우에는 그러하지 아니하다. 〈개정 2022. 10. 18.〉

1. 제44조제1항 각 호의 어느 하나에 해당하는 경우
2. 연료유를 화물로서 운송하는 경우

[본조신설 2020. 3. 24.]

제45조(연료유의 공급 및 확인 등) ①선박에 연료유를 공급하는 다음 각 호의 자(이하 “선박연료공급업자”라 한다)는 대통령령으로 정하는 연료유의 품질기준에 미달하거나 제44조제1항에 따른 황함유량 기준을 초과하는 연료유를 선박에 공급하여서는 아니 된다. 다만, 연료유를 공급받는 선박이 제44조제1항제1호에 해당하는 경우에는 그러하지 아니하다. 〈개정 2017. 10. 31., 2020. 3. 24.〉

1. 「항만운송사업법」 제26조의3의 규정에 따라 선박연료공급업의 등록을 한 자
2. 「조세특례제한법」 제106조의2의 규정에 따라 어업용 면세연료유를 공급하는 수산업협동조합

②선박연료공급업자는 연료유에 포함된 황성분 등이 기재된 연료유공급서를 작성하여 그 사본을 해당 연료유로부터 채취한 견본(이

하 "연료유견본"이라 한다)과 함께 선박의 소유자에게 제공하여야 한다. 다만, 해양수산부령이 정하는 소형의 선박에 연료유를 공급하는 선박연료공급업자는 그러하지 아니하다. 〈개정 2008. 2. 29., 2013. 3. 23., 2017. 10. 31., 2019. 8. 20.〉

③선박연료공급업자(제2항 단서의 규정에 따른 선박연료공급업자를 제외한다)는 제2항의 규정에 따른 연료유공급서를 3년간 그의 주된 사무소에 보관하여야 하고, 선박의 소유자는 연료유공급서의 사본을 3년간 선박에 보관하여야 한다. 〈개정 2017. 10. 31.〉

④선박의 소유자는 연료유를 공급받은 날부터 해당 연료유가 소모될 때까지 연료유견본을 보관하여야 한다. 다만, 그 연료유가 소모될 때까지의 기간이 1년 미만인 경우에는 다음 각 호의 구분에 따른 기간 동안 보관하여야 한다. 〈개정 2019. 8. 20., 2020. 3. 24.〉

1. 국내항해에만 종사하는 선박 등 해양수산부령으로 정하는 선박: 6개월 이내의 기간으로서 해양수산부령으로 정하는 기간

2. 제1호 외의 선박: 1년

⑤제2항의 규정에 따른 연료유공급서의 양식 및 연료유견본의 관리 등에 관하여 필요한 사항은 해양수산부령으로 정한다. 〈개정 2008. 2. 29., 2013. 3. 23.〉

⑥해양수산부장관은 외국의 선박연료공급업자인 경우로서 다음 각 호의 어느 하나에 해당하는 때에는 해당 선박연료공급업자가 속한 국가의 관계 행정청에 해당 사실을 통보하는 등 필요한 조치를 할 수 있다. 〈개정 2008. 2. 29., 2013. 3. 23., 2017. 10. 31.〉

1. 제1항의 규정에 따른 연료유의 품질기준에 미달하거나 황함유량 기준을 초과하는 연료유를 공급한 때

2. 연료유공급서에 기재된 내용과 다른 연료유를 공급한 것으로 확인된 때

제46조(선박 안에서의 소각금지 등) ①누구든지 선박의 항해 및 정박 중에 다음 각 호의 물질을 선박 안에서 소각하여서는 아니 된다. 다만, 제5호의 물질을 해양수산부령으로 정하는 선박소각설비에서 소각하는 경우에는 그러하지 아니하다. 〈개정 2008. 2. 29., 2011. 6. 15., 2013. 3. 23.〉

1. 화물로 운송되는 기름·유해액체물질 및 포장유해물질의 잔류물과 그 물질에 오염된 포장재

2. 폴리염화비페닐
3. 해양수산부장관이 정하여 고시하는 기준량 이상의 중금속이 포함된 쓰레기
4. 할로겐화합물질을 함유하고 있는 정제된 석유제품
5. 폴리염화비닐
6. 육상으로부터 이송된 폐기물
7. 배기가스정화장치의 잔류물

②선박의 항해 및 정박 중에 발생하는 해양수산부령이 정하는 물질을 선박 안에서 소각하려는 선박의 소유자는 대기오염물질의 배출을 방지하기 위하여 적정한 온도를 유지하는 등 해양수산부령이 정하는 방법으로 선박에 설치된 소각설비(이하 "선박소각설비"라 한다)를 작동하여야 한다. 〈개정 2008. 2. 29., 2013. 3. 23.〉

③제2항의 규정에 불구하고 선박의 항해 및 정박 중에 발생하는 해양수산부령이 정하는 물질은 선박의 주기관·보조기관 또는 보일러에서 소각할 수 있다. 다만, 항만 또는 어항구역 등 해양수산부령이 정하는 해역에서는 그러하지 아니하다. 〈개정 2008. 2. 29., 2013. 3. 23.〉

④선박소각설비는 해양수산부령이 정하는 기준에 적합하게 유지하여야 한다. 〈개정 2008. 2. 29., 2013. 3. 23.〉

제47조(휘발성유기화합물의 배출규제 등) ①해양수산부장관은 선박으로부터 휘발성유기화합물의 배출을 규제하기 위하여 휘발성유기화합물규제항만을 지정하여 고시할 수 있다. 〈개정 2008. 2. 29., 2013. 3. 23.〉

②제1항의 규정에 따라 지정된 휘발성유기화합물규제항만에서 휘발성유기화합물을 함유한 기름·유해액체물질 중 해양수산부령이 정하는 물질을 선박에 싣기 위한 시설을 설치하는 해양시설의 소유자는 유증기(油蒸氣) 배출제어장치를 설치하고 작동시켜야 한다. 〈개정 2008. 2. 29., 2013. 3. 23.〉

③제2항의 규정에 따른 해양시설의 소유자가 유증기 배출제어장치를 설치하는 때에는 해양수산부령이 정하는 바에 따라 미리 해양수산부장관의 검사를 받아야 한다. 다만, 「대기환경보전법」 제23조제1항의 규정에 따라 대기오염물질배출시설의 설치허가를 받거나 설치신고를 한 시설 및 같은 법 제44조제1항의 규정에 따라 휘발성

유기화합물 배출시설의 설치신고를 한 경우에는 그러하지 아니하다. 〈개정 2007. 4. 27., 2008. 2. 29., 2013. 3. 23.〉

④제2항의 규정에 따른 유증기 배출제어장치를 설치한 해양시설의 소유자는 해양수산부령이 정하는 바에 따라 유증기 배출제어장치의 작동에 관한 기록을 동 장치를 작동한 날부터 3년간 보관하여야 한다. 〈개정 2008. 2. 29., 2013. 3. 23.〉

제47조의2(휘발성유기화합물 관리) ① 원유를 운송하는 유조선의 소유자는 그 유조선에 화물을 싣거나 내리는 중 또는 항해 중에 휘발성유기화합물의 배출을 최소화하기 위하여 필요한 사항을 담고 있는 관리계획서(이하 "휘발성유기화합물관리계획서"라 한다)를 작성하여 해양수산부장관의 검인을 받은 후 선박에 비치하고, 이를 준수하여야 한다. 〈개정 2013. 3. 23.〉

② 제1항에 따른 휘발성유기화합물관리계획서의 비치 대상선박, 기재사항, 검인절차 등에 필요한 사항은 해양수산부령으로 정한다. 〈개정 2013. 3. 23.〉

[본조신설 2011. 6. 15.]

제48조(적용제외) 제41조, 제42조부터 제47조까지 및 제47조의2는 다음 각 호의 어느 하나에 해당하는 경우에는 적용하지 아니한다. 〈개정 2008. 2. 29., 2012. 12. 18., 2013. 3. 23., 2020. 3. 24.〉

1. 선박 및 해양시설의 안전확보 또는 인명구조를 위하여 부득이하게 대기오염물질이 배출되는 경우
2. 선박 또는 해양시설의 손상 등으로 인하여 부득이하게 대기오염물질이 배출되는 경우
3. 해저광물의 탐사 및 발굴작업의 과정에서 해양수산부령이 정하는 대기오염물질이 배출되는 경우
4. 제54조에 따른 대기오염방지설비의 예비검사 등을 위하여 해당 설비를 시운전하는 경우

제5장 해양오염방지를 위한 선박의 검사 등

제49조(정기검사) ①폐기물오염방지설비·기름오염방지설비·유해액체물질오염방지설비 및 대기오염방지설비(이하 "해양오염방지설비"라 한다)를 설치하거나 제26조제2항의 규정에 따른 선체 및 제27조제2

항의 규정에 따른 화물창을 설치·유지하여야 하는 선박(이하 "검사대상선박"이라 한다)의 소유자가 해양오염방지설비, 선체 및 화물창(이하 "해양오염방지설비등"이라 한다)을 선박에 최초로 설치하여 항해에 사용하려는 때 또는 제56조의 규정에 따른 유효기간이 만료한 때에는 해양수산부령이 정하는 바에 따라 해양수산부장관의 검사(이하 "정기검사"라 한다)를 받아야 한다. 〈개정 2008. 2. 29., 2013. 3. 23.〉

②해양수산부장관은 정기검사에 합격한 선박에 대하여 해양수산부령이 정하는 해양오염방지검사증서를 교부하여야 한다. 〈개정 2008. 2. 29., 2013. 3. 23.〉

第50조(중간검사) ①검사대상선박의 소유자는 정기검사와 정기검사의 사이에 해양수산부령이 정하는 바에 따라 해양수산부장관의 검사(이하 "중간검사"라 한다)를 받아야 한다. 〈개정 2008. 2. 29., 2013. 3. 23.〉

②해양수산부장관은 중간검사에 합격한 선박에 대하여 제49조제2항의 규정에 따른 해양오염방지검사증서에 그 검사결과를 표기하여야 한다. 〈개정 2008. 2. 29., 2013. 3. 23.〉

③중간검사의 세부종류 및 그 검사사항은 해양수산부령으로 정한다. 〈개정 2008. 2. 29., 2013. 3. 23.〉

第51조(임시검사) ①검사대상선박의 소유자가 해양오염방지설비등을 교체·개조 또는 수리하고자 하는 때에는 해양수산부령이 정하는 바에 따라 해양수산부장관의 검사(이하 "임시검사"라 한다)를 받아야 한다. 〈개정 2008. 2. 29., 2013. 3. 23.〉

②해양수산부장관은 임시검사에 합격한 선박에 대하여 제49조제2항의 규정에 따른 해양오염방지검사증서에 그 검사결과를 표기하여야 한다. 〈개정 2008. 2. 29., 2013. 3. 23.〉

第52조(임시항해검사) ①검사대상선박의 소유자가 제49조제2항의 규정에 따른 해양오염방지검사증서를 교부받기 전에 임시로 선박을 항해에 사용하고자 하는 때에는 해당 해양오염방지설비등에 대하여 해양수산부령이 정하는 바에 따라 해양수산부장관의 검사(이하 "임시항해검사"라 한다)를 받아야 한다. 〈개정 2008. 2. 29., 2013. 3. 23.〉

②해양수산부장관은 임시항해검사에 합격한 선박에 대하여 해양수산부령이 정하는 임시해양오염방지검사증서를 교부하여야 한다. 〈개

정 2008. 2. 29., 2013. 3. 23.〉

제53조(방오시스템검사) ①해양수산부령이 정하는 선박의 소유자가 제40조제2항의 규정에 따라 방오시스템을 선박에 설치하여 항해에 사용하려는 때에는 해양수산부령이 정하는 바에 따라 해양수산부장관의 검사(이하 "방오시스템검사"라 한다)를 받아야 한다. 〈개정 2008. 2. 29., 2013. 3. 23.〉

②해양수산부장관은 방오시스템검사에 합격한 선박에 대하여 해양수산부령이 정하는 방오시스템검사증서를 교부하여야 한다. 〈개정 2008. 2. 29., 2013. 3. 23.〉

③제1항의 규정에 따른 선박의 소유자가 방오시스템을 변경·교체하고자 하는 때에는 해양수산부령이 정하는 바에 따라 해양수산부장관의 검사(이하 "임시방오시스템검사"라 한다)를 받아야 한다. 〈개정 2008. 2. 29., 2013. 3. 23.〉

④해양수산부장관은 임시방오시스템검사에 합격한 선박에 대하여 제2항의 규정에 따른 방오시스템검사증서에 그 검사결과를 표기하여야 한다. 〈개정 2008. 2. 29., 2013. 3. 23.〉

제54조(대기오염방지설비의 예비검사 등) ①해양수산부령이 정하는 대기오염방지설비를 제조·개조·수리·정비 또는 수입하려는 자는 해양수산부령이 정하는 바에 따라 해양수산부장관의 검사(이하 "예비검사"라 한다)를 받을 수 있다. 〈개정 2008. 2. 29., 2013. 3. 23.〉

②해양수산부장관은 예비검사에 합격한 대기오염방지설비에 대하여 해양수산부령이 정하는 예비검사증서를 교부하여야 한다. 〈개정 2008. 2. 29., 2013. 3. 23.〉

③예비검사에 합격한 대기오염방지설비에 대하여는 해양수산부령이 정하는 바에 따라 제49조 내지 제52조의 규정에 따른 정기검사·중간검사·임시검사 및 임시항해검사의 전부 또는 일부를 생략할 수 있다. 〈개정 2008. 2. 29., 2013. 3. 23.〉

④예비검사의 검사사항 등에 관하여 필요한 사항은 해양수산부령으로 정한다. 〈개정 2008. 2. 29., 2013. 3. 23.〉

제54조의2(에너지효율검사) ① 제41조의2제1항, 제41조의3제1항 및 제41조의5제1항에 따른 선박의 소유자는 해양수산부령으로 정하는 바에 따라 해양수산부장관이 실시하는 선박에너지효율에 관한 검

사(이하 "에너지효율검사"라 한다)를 받아야 한다. 〈개정 2013. 3. 23., 2022. 10. 18.〉

② 해양수산부장관은 에너지효율검사에 합격한 선박에 대하여 해양수산부령으로 정하는 에너지효율검사증서를 발급하여야 한다. 〈개정 2013. 3. 23.〉

③ 에너지효율검사의 검사신청 시기, 검사사항 및 검사방법 등에 필요한 사항은 해양수산부령으로 정한다. 〈개정 2013. 3. 23.〉

[본조신설 2012. 12. 18.]

제55조(협약검사증서의 교부 등) ①해양수산부장관은 정기검사·중간검사·임시검사·임시항해검사 및 방오시스템검사(이하 "해양오염방지선박검사"라 한다)에 합격한 선박의 소유자 또는 선장으로부터 그 선박을 국제항해에 사용하기 위하여 해양오염방지에 관한 국제협약에 따른 검사증서(이하 "협약검사증서"라 한다)의 교부신청이 있는 때에는 해양수산부령이 정하는 바에 따라 협약검사증서를 교부하여야 한다. 〈개정 2008. 2. 29., 2013. 3. 23.〉

②선박의 소유자 또는 선장이 국제협약의 당사국인 외국(이하 "협약당사국"이라 한다)의 정부로부터 직접 협약검사증서를 교부받고자 하는 경우에는 해당 국가에 주재하는 우리나라의 영사를 통하여 신청하여야 한다.

③해양수산부장관은 협약당사국의 정부로부터 그 국가의 선박에 대하여 협약검사증서의 교부신청이 있는 경우에는 해당 선박에 대하여 해양오염방지선박검사를 행하고, 해당 선박의 소유자 또는 선장에게 협약검사증서를 교부할 수 있다. 〈개정 2008. 2. 29., 2013. 3. 23.〉

④제1항 내지 제3항의 규정에 따라 교부받은 협약검사증서는 해양오염방지검사증서 및 방오시스템검사증서와 같은 효력이 있는 것으로 본다.

제56조(해양오염방지검사증서 등의 유효기간) ① 해양오염방지검사증서, 방오시스템검사증서, 에너지효율검사증서 및 협약검사증서의 유효기간은 다음 각 호와 같다. 〈개정 2012. 12. 18.〉

1. 해양오염방지검사증서: 5년
2. 방오시스템검사증서: 영구
3. 에너지효율검사증서: 영구

4. 협약검사증서: 5년

②해양수산부장관은 제1항의 규정에 따른 해양오염방지검사증서 및 협약검사증서의 유효기간을 해양수산부령이 정하는 기간의 범위 안에서 그 효력을 연장할 수 있다. 〈개정 2008. 2. 29., 2013. 3. 23.〉

③중간검사 또는 임시검사에 불합격한 선박의 해양오염방지검사증서 및 협약검사증서의 유효기간은 해당 검사에 합격할 때까지 그 효력이 정지된다.

④ 선박의 소유자가 제41조의2에 따른 선박에너지효율설계지수 및 제41조의5에 따른 선박에너지효율지수가 변경되는 개조를 한 경우 그 개조를 한 선박에 대하여 에너지효율검사를 다시 받아야 하며, 그 선박의 에너지효율검사증서는 해당 검사에 합격할 때까지 효력이 정지된다. 〈신설 2022. 10. 18.〉

⑤제1항의 규정에 따른 유효기간을 기산(起算)하는 기준 및 방법은 해양수산부령으로 정한다. 〈개정 2008. 2. 29., 2013. 3. 23., 2022. 10. 18.〉

제57조(해양오염방지검사증서 등을 교부받지 아니한 선박의 항해등) ①선박의 소유자는 해양오염방지검사증서·임시해양오염방지검사증서·방오시스템검사증서 또는 에너지효율검사증서를 교부받지 아니한 검사대상선박을 항해에 사용하여서는 아니 된다. 다만, 해양오염방지선박검사·에너지효율검사 또는 「선박안전법」 제7조 내지 제12조의 규정에 따른 선박검사를 받기 위하여 항해하는 경우에는 그러하지 아니하다. 〈개정 2012. 12. 18.〉

②선박의 소유자는 협약검사증서를 교부받지 아니한 선박을 국제항해에 사용하여서는 아니 된다.

③선박의 소유자는 해양오염방지검사증서·임시해양오염방지검사증서·방오시스템검사증서·에너지효율검사증서 및 협약검사증서(이하 “해양오염방지검사증서등”이라 한다)에 기재된 조건에 적합하지 아니한 방법으로 그 선박을 항해(국제항해를 포함한다)에 사용하여서는 아니 된다. 다만, 해양오염방지선박검사·에너지효율검사 또는 「선박안전법」 제7조 내지 제12조의 규정에 따른 선박검사를 받기 위하여 항해하는 경우에는 그러하지 아니하다. 〈개정 2012. 12. 18.〉

④해양오염방지검사증서등을 교부받은 선박의 소유자는 그 선박안에 해양오염방지검사증서등을 비치하여야 한다.

제58조(부적합 선박에 대한 조치) ①해양수산부장관은 해양오염방지설비등, 방오시스템 또는 연료유의 황함유량 등이 제25조제1항, 제26조제1항·제2항, 제27조제1항·제2항, 제40조제2항, 제41조제1항 또는 제44조제1항에 따른 설치기준, 기술기준 또는 황함유량 기준 등에 적합하지 아니하다고 인정되는 경우에는 그 선박의 소유자에 대하여 그 해양오염방지설비등, 방오시스템 또는 연료유의 교체·개조·변경·수리 그 밖에 필요한 조치를 명령할 수 있다. 〈개정 2008. 2. 29., 2013. 3. 23., 2020. 3. 24.〉

② 해양수산부장관은 선박의 소유자가 제1항에 따른 개선명령 중 해양오염방지설비등 및 방오시스템의 중대한 결함으로 인한 교체 등의 명령을 이행하지 아니하고 선박을 계속하여 사용하려고 하거나 사용하면 그 선박에 대하여 항해정지처분을 할 수 있다. 다만, 해양오염 우려 없이 개선명령을 이행하기 위하여 수리할 수 있는 항으로 항해하는 경우 등 정당한 사유가 있는 경우에는 그러하지 아니하다. 〈개정 2009. 12. 29., 2013. 3. 23.〉

③ 해양수산부장관은 다음 각 호의 어느 하나에 해당하는 경우에는 그 선박의 소유자에 대하여 수정·교체·개조·비치 등 필요한 조치를 명령할 수 있다. 〈신설 2012. 12. 18., 2013. 3. 23., 2022. 10. 18.〉

1. 선박에너지효율이 제41조의2에 따른 선박에너지효율설계지수의 계산방법 및 허용값, 추진기관의 최소 출력기준에 적합하지 아니하다고 인정되는 경우

2. 선박에너지효율이 제41조의5에 따른 선박에너지효율지수 및 제41조의6에 따른 선박운항탄소집약도지수의 계산방법 및 허용값에 적합하지 아니하다고 인정되는 경우

3. 선박에너지효율관리계획서를 비치하지 아니한 경우

제59조(해양오염방지를 위한 항만국통제) ①해양수산부장관은 우리나라의 항만·항구 또는 연안에 있는 외국선박에 설치된 해양오염방지설비등과 방오시스템, 외국선박이 사용하는 연료유의 황함유량 또는 선박에너지효율이 해양오염방지에 관한 국제협약에 따른 기술상의 기준 또는 황함유량 기준에 적합하지 아니하다고 인정되는 경우에는 그 선박의 선장에게 해양오염방지설비등과 방오시스템, 연료유 또는 선박에너지효율 관련 설비 등의 교체·개조·변경·수리·개선

이나 그 밖에 필요한 조치(이하 "항만국통제"라 한다)를 명령할 수 있다. 〈개정 2008. 2. 29., 2012. 12. 18., 2013. 3. 23., 2020. 3. 24.〉

②항만국통제의 시행에 필요한 절차는 「선박안전법」 제68조 내지 제70조의 규정을 준용한다.

제60조(재검사) ①해양오염방지선박검사, 예비검사 및 에너지효율검사를 받은 자가 그 검사결과에 대하여 불복이 있는 때에는 그 결과에 관한 통지를 받은 날부터 90일 이내에 그 사유를 갖추어 해양수산부장관에게 재검사를 신청할 수 있다. 〈개정 2008. 2. 29., 2012. 12. 18., 2013. 3. 23.〉

②제1항의 규정에 따라 재검사 신청을 받은 해양수산부장관은 소속 공무원으로 하여금 재검사를 하게 하고 그 결과를 신청인에게 60일 이내에 통보하여야 한다. 다만, 부득이한 사유가 있는 때에는 30일의 범위 안에서 통보시한을 연장할 수 있다. 〈개정 2008. 2. 29., 2013. 3. 23.〉

③해양오염방지선박검사, 예비검사 및 에너지효율검사에 대하여 불복이 있는 자는 제1항 및 제2항의 규정에 따른 재검사의 절차를 거치지 아니하고는 행정소송을 제기할 수 없다. 다만, 「행정소송법」 제18조제2항 및 제3항에 해당하는 경우에는 그러하지 아니하다. 〈개정 2012. 12. 18.〉

제6장 해양오염방제를 위한 조치

제61조(국가긴급방제계획의 수립·시행) ①해양경찰청장은 해양수산부령으로 정하는 오염물질이 해양에 배출될 우려가 있거나 배출되는 경우를 대비하여 대통령령이 정하는 바에 따라 해양오염의 사전예방 또는 방제에 관한 국가긴급방제계획을 수립·시행하여야 한다. 이 경우 해양경찰청장은 미리 해양수산부장관의 의견을 들어야 한다. 〈개정 2008. 2. 29., 2013. 3. 23., 2014. 11. 19., 2017. 7. 26.〉

②국가긴급방제계획은 「해양수산발전 기본법」 제7조에 따른 해양수산발전위원회의 심의를 거쳐 확정한다. 〈개정 2009. 2. 6.〉

제62조(방제대책본부 등의 설치) ① 해양경찰청장은 해양오염사고로 인한 긴급방제를 총괄지휘하며, 이를 위하여 해양경찰청장 소속으로

방제대책본부를 설치할 수 있다. 〈개정 2011. 6. 15., 2014. 11. 19., 2017. 7. 26.〉

②해양경찰청장은 제1항에 따라 설치한 방제대책본부의 조치사항 및 결과에 대하여 해양수산부령으로 정하는 바에 따라 해양수산부장관에게 보고하여야 한다. 〈개정 2008. 2. 29., 2011. 6. 15., 2013. 3. 23., 2014. 11. 19., 2017. 7. 26.〉

③제1항에 따른 방제대책본부의 구성·운영 등에 필요한 사항은 대통령령으로 정한다. 〈개정 2011. 6. 15.〉

제63조(오염물질이 배출되는 경우의 신고의무) ①대통령령이 정하는 배출기준을 초과하는 오염물질이 해양에 배출되거나 배출될 우려가 있다고 예상되는 경우 다음 각 호의 어느 하나에 해당하는 자는 지체 없이 해양경찰청장 또는 해양경찰서장에게 이를 신고하여야 한다. 〈개정 2014. 11. 19., 2017. 7. 26., 2019. 8. 20.〉

1. 배출되거나 배출될 우려가 있는 오염물질이 적재된 선박의 선장 또는 해양시설의 관리자. 이 경우 해당 선박 또는 해양시설에서 오염물질의 배출원인이 되는 행위를 한 자가 신고하는 경우에는 그러하지 아니하다.
2. 오염물질의 배출원인이 되는 행위를 한 자.
3. 배출된 오염물질을 발견한 자

②제1항의 규정에 따른 신고절차 및 신고사항 등에 관하여 필요한 사항은 해양수산부령으로 정한다. 〈개정 2008. 2. 29., 2013. 3. 23., 2014. 11. 19., 2017. 7. 26.〉

제64조(오염물질이 배출된 경우의 방제조치) ①제63조제1항제1호 및 제2호에 해당하는 자(이하 "방제의무자"라 한다)는 배출된 오염물질에 대하여 대통령령이 정하는 바에 따라 다음 각 호에 해당하는 조치(이하 "방제조치"라 한다)를 하여야 한다.

1. 오염물질의 배출방지
2. 배출된 오염물질의 확산방지 및 제거
3. 배출된 오염물질의 수거 및 처리

②오염물질이 항만의 안 또는 항만의 부근 해역에 있는 선박으로부터 배출되는 경우 다음 각 호의 어느 하나에 해당하는 자는 방제의무자가 방제조치를 취하는데 적극 협조하여야 한다. 〈개정 2019. 8. 20.〉

바에 따라 침몰선박의 소유자가 부담한다. 다만, 그 소유자를 알 수 없는 경우에는 대통령령으로 정하는 바에 따라 해당 침몰선박을 처분하여 비용에 충당할 수 있다.

④ 제1항제2호의 위해도 평가방법, 같은 항 제3호에 따른 위해도 저감대책의 구체적 방법 및 절차, 제3항에 따른 비용의 산정 방법 및 납부 절차 등에 필요한 사항은 해양수산부령으로 정한다. 〈개정 2013. 3. 23.〉

[본조신설 2012. 12. 18.]

제9장 삭제 〈2024. 1. 2.〉

제84조 삭제 〈2024. 1. 2.〉

제85조 삭제 〈2024. 1. 2.〉

제86조 삭제 〈2024. 1. 2.〉

제87조 삭제 〈2024. 1. 2.〉

제88조 삭제 〈2024. 1. 2.〉

제89조 삭제 〈2024. 1. 2.〉

제90조 삭제 〈2024. 1. 2.〉

제91조 삭제 〈2024. 1. 2.〉

제92조 삭제 〈2024. 1. 2.〉

제93조 삭제 〈2024. 1. 2.〉

제94조 삭제 〈2024. 1. 2.〉

제95조 삭제 〈2024. 1. 2.〉

제10장 해양환경공단 〈개정 2017. 10. 31.〉

제96조(공단의 설립) ①해양환경의 보전·관리·개선을 위한 사업, 해양오염방제사업, 해양환경·해양오염 관련 기술개발 및 교육훈련을 위한 사업 등을 행하게 하기 위하여 해양환경공단(이하 "공단"이라 한다)을 설립한다. 〈개정 2017. 10. 31.〉

②공단은 법인으로 한다.

③공단은 정관이 정하는 바에 따라 지사·사업소·연구기관·교육기관 등을 둘 수 있다.

제97조(사업) ①공단은 다음 각 호의 사업을 수행한다.

1. 해양환경의 보전·관리에 관한 사업

2. 해양환경개선을 위한 다음 각 목의 사업
가. 오염물질의 수거·처리를 위한 사업
나. 오염물질 저장시설의 설치·운영 및 수탁관리
다. 오염물질의 배출방지를 위한 선박의 인양·예인
라. 해양환경 관련 시험·조사·연구·설계·개발 및 공사감리
3. 해양오염방제에 필요한 다음 각 목의 사업
가. 해양오염방제업무 및 방제선등의 배치·설치(위탁·대행받은 경우를 포함한다)
나. 해양오염방제에 필요한 자재·약제의 비치 및 보관시설의 설치 등(위탁·대행받은 경우를 포함한다)
다. 그 밖에 해양오염방제와 관련한 것으로서 대통령령으로 정하는 사업
4. 제1호 내지 제3호의 사업에 부대되는 사업 중 정관으로 정하는 사업
5. 해양환경 관련 국제협력 및 기술용역사업
6. 해양환경에 대한 교육·훈련 및 홍보
7. 제1호 내지 제6호와 관련하여 국가 또는 지방자치단체로부터 위탁받은 사업
8. 그 밖에 공단의 설립목적을 달성하기 위하여 필요한 사업으로서 대통령령이 정하는 사업
②공단은 제1항의 규정에 따른 사업을 수행함에 있어 해양환경의 보전·관리를 위하여 필요한 경우에는 대통령령이 정하는 시설을 설치하거나 설치된 시설을 타인에게 양도할 수 있다.
제98조(정관) ①공단의 정관에는 다음 사항을 기재하여야 한다.
1. 목적
2. 명칭
3. 주된 사무소·지사·사업소 또는 연구기관에 관한 사항
4. 임원의 자격 및 직원에 관한 사항
5. 이사회에 관한 사항
6. 업무 및 그 집행에 관한 사항
7. 재산 및 회계에 관한 사항
8. 정관의 변경 및 공고의 방법에 관한 사항
9. 내부규약·규정의 제정 및 개정에 관한 사항

②공단의 정관은 해양수산부장관의 인가를 받아야 한다. 공단의 정관을 변경하고자 하는 때에도 또한 같다. 〈개정 2008. 2. 29., 2013. 3. 23.〉

제99조(임원) ①공단의 임원은 이사장 1인을 포함한 5인 이상 9인 이내의 이사 및 감사 1인으로 한다. 이 경우 이사의 정수는 정관으로 정한다.

②제1항의 규정에 따른 이사 중 4인은 상임으로, 나머지는 비상임으로 한다.

③해양수산부장관은 이사장 및 감사를 임명한다. 이 경우 해양수산부장관은 이사장 또는 감사가 그 직무를 담당하기 곤란하다고 인정되는 때에는 그 임기 중이라도 각각 해임할 수 있다. 〈개정 2008. 2. 29., 2013. 3. 23.〉

④이사장은 해양수산부장관의 승인을 얻어 이사를 임명한다. 이 경우 이사장은 이사가 그 직무를 담당하기 곤란하다고 인정되는 때에는 그 임기 중이라도 해임할 수 있다. 〈개정 2008. 2. 29., 2013. 3. 23.〉

⑤임원의 임기는 3년으로 하되, 연임할 수 있다.

제100조(임원의 직무) ①이사장은 공단을 대표하고 그 업무를 총괄한다.

②이사는 이사장을 보좌하고 정관이 정하는 바에 따라 공단의 업무를 분장하며, 이사장이 불가피한 사유로 인하여 직무를 수행할 수 없는 때에는 정관이 정하는 순위에 따라 그 직무를 대행한다.

③감사는 공단의 업무 및 회계를 감사한다.

제101조(임원의 결격사유) ①다음 각 호의 어느 하나에 해당하는 자는 임원이 될 수 없다. 〈개정 2014. 5. 21.〉

1. 대한민국 국민이 아닌 자
2. 피성년후견인 및 피한정후견인
3. 파산선고를 받고 복권되지 아니한 자
4. 금고 이상의 형의 선고를 받고 그 집행이 종료(집행이 종료된 것으로 보는 경우를 포함한다)되거나 집행을 받지 아니하기로 확정된 후 2년이 경과되지 아니한 자
5. 금고 이상의 형의 선고유예를 받은 경우에 그 선고유예기간 중에 있는 자

6. 법원의 판결 또는 다른 법률에 따라 자격이 상실 또는 정지된 자

②임원이 제1항 각 호의 규정에 해당하게 되거나 임명 당시 그에 해당하는 자이었음이 판명된 때에는 당연 퇴직한다.

③제2항의 규정에 따라 퇴직한 임원이 퇴직 전에 행한 행위는 그 효력을 잃지 아니한다.

제102조(이사회) ①공단의 업무에 관한 중요 사항을 의결하기 위하여 공단에 이사회를 둔다.

②이사회는 이사장과 이사로 구성하고, 이사장은 이사회를 소집하고 그 의장이 된다.

③이사회는 재적구성원 과반수의 출석과 출석구성원 과반수의 찬성으로 의결한다.

④감사는 이사회에 출석하여 의견을 진술할 수 있다.

⑤이사회의 운영에 관하여 필요한 사항은 대통령령으로 정한다.

제103조(재원) 공단의 운영 및 사업에 소요되는 자금은 다음 각 호의 재원으로 조성한다. 〈개정 2017. 10. 31., 2021. 4. 13.〉

1. 방제분담금 및 제69조의2제1항에 따른 가산금
2. 제97조의 규정에 따른 사업에서 발생하는 수익금
3. 제104조제3항의 규정에 따른 외부로부터의 차입금
4. 제106조의 규정에 따른 채권의 발행으로 조성되는 자금
5. 122조제3항의 규정에 따른 수수료
6. 자산운용수익금
7. 정부로부터의 지원금
8. 관계 법령에 따른 기부금
9. 그 밖에 정관으로 정하는 수입금

제104조(출자 등) ①공단은 공단의 사업을 효율적으로 수행하기 위하여 필요한 경우에는 이사회의 의결을 거쳐 제97조의 규정에 따른 사업과 관련된 분야에 출자하거나 출연할 수 있다.

②제1항의 규정에 따른 출자 또는 출연에 필요한 사항은 대통령령으로 정한다.

③공단은 제97조의 규정에 따른 사업의 수행을 위여 필요하다고 인정되는 경우에는 자금을 차입(국제기구·외국정부 또는 외국인으로부터의 차입을 포함한다)할 수 있다. 이 경우 해양수산부장관의 승인을 얻어야 한다. 〈개정 2008. 2. 29., 2013. 3. 23.〉

제105조(국·공유재산의 무상대부) 국가 또는 자방자치단체는 공단의 사업을 위하여 필요하다고 인정되는 경우에는 「국유재산법」·「물품관리법」·「지방재정법」 및 「공유재산 및 물품관리법」에 불구하고 공단에 국·공유재산을 5년의 범위에서 무상으로 대부하거나 사용·수익하게 할 수 있다. 〈개정 2016. 12. 27.〉

[법률 제14516호(2016. 12. 27.) 제105조의 개정규정은 같은 법 부칙 제2조의 규정에 의하여 2027년 6월 27일까지 유효함]

제106조(채권의 발행) ①공단은 이사회의 의결을 거쳐 채권을 발행할 수 있다. 이 경우 해양수산부장관의 승인을 얻어야 한다. 〈개정 2008. 2. 29., 2013. 3. 23.〉

②해양수산부장관은 제1항의 규정에 따른 채권발행을 승인하는 경우에는 미리 기획재정부장관과 협의하여야 한다. 〈개정 2008. 2. 29., 2013. 3. 23.〉

③국가는 공단이 발행하는 채권의 원리금의 상환을 보증할 수 있다.

④채권의 소멸시효는 상환일부터 기산하여 원금은 5년, 이자는 2년으로 완성한다.

⑤그 밖에 채권발행에 관하여 필요한 사항은 대통령령으로 정한다.

제106조(채권의 발행) ①공단은 이사회의 의결을 거쳐 채권을 발행할 수 있다. 이 경우 해양수산부장관의 승인을 얻어야 한다. 〈개정 2008. 2. 29., 2013. 3. 23.〉

②해양수산부장관은 제1항의 규정에 따른 채권발행을 승인하는 경우에는 미리 재정경제부장관과 협의하여야 한다. 〈개정 2008. 2. 29., 2013. 3. 23., 2025. 10. 1.〉

③국가는 공단이 발행하는 채권의 원리금의 상환을 보증할 수 있다.

④채권의 소멸시효는 상환일부터 기산하여 원금은 5년, 이자는 2년으로 완성한다.

⑤그 밖에 채권발행에 관하여 필요한 사항은 대통령령으로 정한다.

[시행일: 2026. 1. 2.] 제106조제2항

제107조(예산 및 결산 등) ①공단의 회계연도는 정부의 회계연도에 따른다.

②공단은 대통령령이 정하는 바에 따라 매 회계연도의 사업운영계획과 예산에 관하여 해양수산부장관의 승인을 얻어야 한다. 승인을 얻은 사항을 변경하고자 하는 때에도 또한 같다. 〈개정 2008. 2. 29., 2013. 3. 23.〉

③공단은 매 회계연도 경과 후 3개월 이내에 결산서를 작성하여 해양수산부장관에게 제출하여 승인을 얻어야 한다. 〈개정 2008. 2. 29., 2013. 3. 23.〉

제108조(업무의 지도 · 감독) ①해양수산부장관은 공단의 업무를 지도 · 감독하며, 필요하다고 인정되는 때에는 공단에 대하여 그 사업에 관한 지시 또는 명령을 할 수 있다. 다만, 제97조제1항제3호에 따른 사업 중 긴급방제조치에 필요한 업무에 대하여는 해양수산부령으로 정하는 바에 따라 해양경찰청장이 지도 · 감독할 수 있다. 〈개정 2008. 2. 29., 2011. 6. 15., 2013. 3. 23., 2014. 11. 19., 2017. 7. 26.〉

②해양수산부장관은 필요하다고 인정하는 때에는 공단에 대하여 그 업무 · 회계 및 재산에 관한 사항을 보고하게 하거나 소속 공무원으로 하여금 공단의 장부 · 서류 그 밖의 물건을 검사하게 할 수 있다. 〈개정 2008. 2. 29., 2013. 3. 23.〉

제109조(민법의 준용) 공단에 관하여 이 법에 규정된 사항을 제외하고는 「민법」 중 재단법인에 관한 규정을 준용한다.

제11장 보칙

제110조(해양오염방지설비 등의 형식승인 등) ① 삭제 〈2023. 10. 24.〉

② 삭제 〈2023. 10. 24.〉

③해양수산부령으로 정하는 해양오염방지설비(유해액체물질오염방지설비를 제외한다), 방오시스템 및 선박소각설비(이하 "형식승인대상설비"라 한다)를 제작 · 제조하거나 수입하려는 자는 해양수산부령으로 정하는 바에 따라 해양수산부장관의 형식승인을 받아야 하고, 형식승인을 받은 내용을 변경하려는 경우에는 해양수산부장관의 변경승인을 받아야 한다. 다만, 시험 · 연구 또는 개발을 목적으로 제작 · 제조하거나 수입하는 형식승인대상설비에 대하여 해양수산부령으로 정하는 바에 따라 해양수산부장관의 확인을 받은 경우에는 그

러하지 아니하다. 〈개정 2008. 2. 29., 2012. 6. 1., 2013. 3. 23., 2023. 10. 24.〉

④제66조제1항에 따라 오염물질의 방제·방지에 사용하는 자재·약제를 제작·제조하거나 수입하려는 자는 해양수산부령으로 정하는 바에 따라 해양경찰청장의 형식승인을 받아야 한다. 다만, 시험·연구 또는 개발을 목적으로 제작·제조하거나 수입하는 오염물질의 방제·방지에 사용하는 자재·약제에 대하여 해양수산부령으로 정하는 바에 따라 해양경찰청장의 확인을 받은 경우에는 그러하지 아니하다. 〈개정 2008. 2. 29., 2012. 6. 1., 2013. 3. 23., 2014. 11. 19., 2017. 7. 26.〉

⑤해양수산부령으로 정하는 바에 따라 제3항 및 제4항의 규정에 따른 형식승인을 받고자 하는 자는 미리 해양수산부장관 또는 해양경찰청장으로부터 형식승인대상설비 또는 자재·약제에 대한 성능시험을 받아야 한다. 〈개정 2008. 2. 29., 2013. 3. 23., 2014. 11. 19., 2017. 7. 26., 2023. 10. 24.〉

⑥제3항 및 제4항의 규정에 따른 형식승인을 얻은 자가 형식승인대상설비 또는 자재·약제를 제작·제조하거나 수입한 때에는 해당 물품에 대하여 각각 해양수산부장관 또는 해양경찰청장의 검정을 받아야 한다. 이 경우 검정에 합격한 형식승인대상설비 또는 자재·약제에 대하여는 해양오염방지선박검사 중 최초로 실시하는 검사에 합격한 것으로 본다. 〈개정 2008. 2. 29., 2013. 3. 23., 2014. 11. 19., 2017. 7. 26., 2023. 10. 24.〉

⑦협약당사국에서 선박에 형식승인대상설비를 설치하거나 자재·약제를 비치·보관한 자는 해양수산부령으로 정하는 바에 따라 해양수산부장관 또는 해양경찰청장의 인정을 받아야 한다. 이 경우 인정을 받은 물품에 대하여는 제3항부터 제5항까지의 규정에 따른 형식승인·성능시험 및 검정을 받은 것으로 본다. 〈개정 2008. 2. 29., 2012. 6. 1., 2013. 3. 23., 2014. 11. 19., 2017. 7. 26.〉

⑧제60조는 제6항에 따른 형식승인대상설비 또는 자재·약제의 검정에 대한 불복에 대하여 이를 준용한다. 이 경우 제60조 중 "검사"는 "검정"으로, "재검사"는 "재검정"으로 본다. 〈개정 2012. 6. 1.〉

⑨해양수산부장관 또는 해양경찰청장은 제3항 및 제4항의 규정에 따라 형식승인을 받은 자가 다음 각 호의 어느 하나에 해당하는 때

에는 해양수산부령으로 정하는 바에 따라 그 승인을 취소하거나 6개월 이내의 기간을 정하여 업무정지를 명할 수 있다. 다만, 제1호에 해당하는 때에는 그 승인을 취소하여야 한다. 〈개정 2008. 2. 29., 2013. 3. 23., 2014. 11. 19., 2016. 12. 27., 2017. 7. 26., 2023. 10. 24.〉

1. 거짓 그 밖의 부정한 방법으로 형식승인 또는 변경승인을 얻은 경우

2. 검정을 받지 아니하거나 거짓 그 밖의 부정한 방법으로 검정을 받은 경우

2의2. 변경승인을 받지 아니한 경우

3. 기준에 미달하는 형식승인대상설비 또는 자재·약제를 판매한 때

4. 정당한 사유 없이 2년 이상 계속하여 사업실적이 없는 때

⑩ 제9항에 따라 형식승인을 취소하는 경우 제5항에 따른 성능시험의 합격도 취소하여야 한다. 〈신설 2023. 10. 24.〉

⑪ 해양수산부장관은 형식승인대상설비의 품질관리를 위하여 필요하다고 인정할 때에는 형식승인 및 검정을 받은 형식승인대상설비의 성능을 검사할 수 있다. 〈신설 2023. 10. 24.〉

⑫ 해양수산부장관은 제11항에 따른 성능검사 결과 해양수산부령으로 정하는 중대한 결함이 있다고 인정되는 형식승인대상설비에 대하여 그 제조자 및 수입자에게 보완 또는 교환을 명하고, 형식승인 및 성능시험의 합격을 취소할 수 있다. 〈신설 2023. 10. 24.〉

⑬ 해양수산부장관은 제12항에 따라 보완 또는 교환을 명하거나 형식승인을 취소할 때에는 그 사실을 해양수산부 인터넷 홈페이지 등에 공표할 수 있다. 〈신설 2023. 10. 24.〉

⑭ 제11항부터 제13항까지에 따른 성능검사, 보완·교환 또는 형식승인의 취소 및 그 사실의 공표 등에 필요한 절차 및 방법은 해양수산부령으로 정한다. 〈신설 2023. 10. 24.〉

[제목개정 2023. 10. 24.]

제110조의2(성능인증) ① 제110조제4항에 따라 형식승인을 받아야 하는 자재·약제를 제외한 오염물질의 방제·방지에 사용하는 자재·약제(이하 "형식승인대상외 자재·약제"라 한다)를 제작·제조하거나 수입하려는 자는 해양수산부령으로 정하는 절차와 방법에 따라 해양경찰청장으로부터 성능인증을 받을 수 있다. 〈개정 2013. 3.

23., 2014. 11. 19., 2016. 12. 27., 2017. 7. 26.〉

② 제1항의 성능인증을 받으려는 자는 미리 해양경찰청장으로부터 형식승인대상외 자재ㆍ약제에 대하여 해양수산부령으로 정하는 바에 따라 성능시험을 받아야 한다. 〈개정 2013. 3. 23., 2014. 11. 19., 2016. 12. 27., 2017. 7. 26.〉

③ 제1항에 따라 성능인증을 받은 자가 인증받은 형식승인대상외 자재ㆍ약제를 제작ㆍ제조 및 수입하는 때에는 해양수산부령으로 정하는 바에 따라 해양경찰청장의 검정을 받아야 한다. 〈개정 2013. 3. 23., 2014. 11. 19., 2016. 12. 27., 2017. 7. 26.〉

④ 해양경찰청장은 제1항에 따라 성능인증을 받은 자가 다음 각 호의 어느 하나에 해당하는 경우에는 해양수산부령으로 정하는 바에 따라 그 인증을 취소할 수 있다. 〈개정 2013. 3. 23., 2014. 11. 19., 2016. 12. 27., 2017. 7. 26.〉

1. 거짓이나 그 밖의 부정한 방법으로 성능인증을 받은 경우
2. 거짓이나 그 밖의 부정한 방법으로 검정을 받은 경우
3. 정당한 사유 없이 2년 이상 계속하여 사업실적이 없는 경우

[본조신설 2011. 6. 15.]

제110조의3(형식승인 등을 받은 자의 지위 승계) ① 다음 각 호의 어느 하나에 해당하는 자는 제110조제3항 또는 제4항에 따른 형식승인 또는 제110조의2제1항에 따른 성능인증을 받은 자(이하 이 조에서 “사업자”라 한다)의 지위를 승계한다. 〈개정 2023. 10. 24.〉

1. 사업자가 그 사업을 양도한 경우 그 양수인
2. 사업자가 사망한 경우 그 상속인
3. 법인인 사업자가 다른 법인과 합병한 경우 합병 후 존속하는 법인이나 합병으로 설립되는 법인

② 제1항에 따라 사업자의 지위를 승계한 자는 지위를 승계한 날부터 1개월 이내에 해양수산부령으로 정하는 바에 따라 해양수산부장관 또는 해양경찰청장에게 신고하여야 한다.

[본조신설 2017. 10. 31.]

제111조(선박해체의 신고 등) ①선박을 해체하고자 하는 자는 선박의 해체작업과정에서 오염물질이 배출되지 아니하도록 해양수산부령으로 정하는 바에 따라 작업계획을 수립하여 작업개시 7일 전까지 해양경찰청장에게 신고하여야 한다. 다만, 육지에서 선박을 해체하

는 등 해양수산부령으로 정하는 방법에 따라 선박을 해체하는 경우에는 그러하지 아니하다. 〈개정 2008. 2. 29., 2013. 3. 23., 2014. 11. 19., 2017. 7. 26.〉

②해양경찰청장은 제1항에 따른 신고를 받은 경우 그 내용을 검토하여 이 법에 적합하면 신고를 수리하여야 하며, 제1항에 따라 신고된 작업계획이 미흡하거나 그 계획을 이행하지 아니하는 것으로 인정되는 경우에는 필요한 시정명령을 할 수 있다. 〈개정 2014. 11. 19., 2017. 7. 26., 2020. 3. 24.〉

③해역관리청은 방치된 선박의 해체 및 이의 원활한 처리를 위하여 해양수산부령이 정하는 시설기준·장비 등을 갖춘 선박처리장을 설치·운영할 수 있다. 〈개정 2008. 2. 29., 2013. 3. 23.〉

제112조(업무의 대행 등) ①해양수산부장관은 다음 각 호의 업무를 「한국해양교통안전공단법」에 따라 설립된 한국해양교통안전공단(이하 "한국해양교통안전공단"이라 한다) 또는 「선박안전법」 제60조제2항의 규정에 따른 선급법인(이하 "선급법인"이라 한다)에게 대행하게 할 수 있다. 이 경우 해양수산부장관은 대통령령으로 정하는 바에 따라 협정을 체결하여야 한다. 〈개정 2008. 2. 29., 2012. 12. 18., 2013. 3. 23., 2016. 12. 27., 2018. 12. 31., 2020. 3. 24., 2022. 10. 18., 2025. 10. 1.〉

1. 제22조의2에 따른 배출률의 승인

1의2. 제27조제3항의 규정에 따른 유해액체물질의 배출방법 및 설비에 관한 지침서의 검인

1의3. 제30조의2제2항 및 제3항에 따른 전자기록부의 검사 및 전자기록부 적합확인서의 발급

1의4. 제32조의2제1항에 따른 선박대선박 기름화물이송계획서의 검인

1의5. 제41조의2제3항에 따른 선박에너지효율설계지수 및 그 허용값의 국제해사기구 제출

1의6. 제41조의3제2항 및 제3항에 따른 선박에너지효율관리계획서의 검사 및 선박에너지효율적합확인서의 발급

1의7. 제41조의4제3항에 따른 선박연료유 사용량등의 검증 및 검증확인서의 발급

1의8. 제41조의4제5항에 따른 선박연료유 사용량등을 검증한 결

과의 국제해사기구 제출

2. 제47조제3항의 규정에 따른 유증기 배출제어장치의 검사

2의2. 제47조의2제1항에 따른 휘발성유기화합물관리계획서의 검인

3. 해양오염방지선박검사, 예비검사 및 에너지효율검사. 다만, 대기오염방지설비 중 디젤기관의 질소산화물 배출방지설비에 대한 검사대행자 지정의 경우에는 기후에너지환경부장관과 미리 협의를 하여야 한다.

4. 제49조제2항의 규정에 따른 해양오염방지검사증서, 제52조제2항의 규정에 따른 임시해양오염방지검사증서, 제53조제2항의 규정에 따른 방오시스템검사증서, 제54조제2항의 규정에 따른 예비검사증서, 제54조의2제2항에 따른 에너지효율검사증서 및 제55조제1항의 규정에 따른 협약검사증서의 교부

5. 제56조제2항의 규정에 따른 해양오염방지검사증서 및 협약검사증서의 유효기간 연장

②해양경찰청장은 선박해양오염비상계획서의 검인에 관한 업무를 한국해양교통안전공단 또는 선급법인에게 대행하게 할 수 있다. 이 경우 해양경찰청장은 대통령령이 정하는 바에 따라 협정을 체결하여야 한다. 〈개정 2014. 11. 19., 2017. 7. 26., 2018. 12. 31.〉

③해양수산부장관 또는 해양경찰청장은 제110조제4항부터 제7항까지의 규정에 따른 형식승인·성능시험·검정 및 인정, 제110조의2제2항 및 제3항에 따른 성능시험 및 검정 등에 관한 업무를 해양수산부령으로 정하는 지정기준에 적합한 자로서 해양수산부장관 또는 해양경찰청장이 정하여 고시하는 대행기관으로 하여금 대행하게 할 수 있다. 〈개정 2008. 2. 29., 2011. 6. 15., 2013. 3. 23., 2014. 11. 19., 2017. 7. 26., 2023. 10. 24.〉

④제3항의 규정에 따른 업무대행자의 지정요건 및 지도·감독에 관하여 필요한 사항은 해양수산부령으로 정한다. 〈개정 2008. 2. 29., 2013. 3. 23., 2014. 11. 19., 2017. 7. 26.〉

제113조(업무대행 등의 취소) ①해양수산부장관 또는 해양경찰청장은 제112조제1항 내지 제3항의 규정에 따른 업무대행자가 다음 각 호의 어느 하나에 해당하는 때에는 업무대행의 협정 또는 지정을 취소할 수 있다. 다만, 제1호에 해당하는 경우에는 그 협정 또는 지

정을 취소하여야 한다. 〈개정 2008. 2. 29., 2013. 3. 23., 2014. 11. 19., 2017. 7. 26.〉

1. 거짓 그 밖의 부정한 방법으로 업무대행의 협정이 체결되거나 지정된 때

2. 제112조제4항의 규정에 따른 지정요건에 미달하게 되는 때(업무대행의 지정의 경우에 한한다)

3. 정당한 사유 없이 3월 이상 대행업무를 수행하지 아니하는 때

4. 대행업무를 수행하는 자가 그 업무와 관련하여 체결된 협정에 위반한 때

②제1항의 규정에 불구하고 기후에너지환경부장관은 제112조제1항제3호 단서의 규정에 따른 협의를 거쳐 검사대행자로 지정된 자가 제112조제1항의 규정에 따른 협정을 위반하게 되는 경우에는 그 협정의 취소를 해양수산부장관에게 요청할 수 있다. 이 경우 해양수산부장관은 특별한 사유가 없는 한 이에 따라야 한다. 〈개정 2008. 2. 29., 2013. 3. 23., 2025. 10. 1.〉

③제1항 및 제2항의 규정에 따른 업무대행의 협정 또는 지정의 취소에 관하여 필요한 사항은 해양수산부령으로 정한다. 〈개정 2008. 2. 29., 2013. 3. 23., 2014. 11. 19., 2017. 7. 26.〉

제114조(관계 행정기관의 협조) ①해역관리청 또는 해양경찰청장은 이 법의 목적을 달성하기 위하여 필요하다고 인정되는 경우에는 관계 행정기관의 장에 대하여 해양환경관리 또는 해양오염방지를 위하여 필요한 자료 및 정보의 제공, 긴급한 해양오염방제를 위한 인력 및 장비의 동원을 각각 요청할 수 있다. 〈개정 2014. 11. 19., 2017. 7. 26.〉

②공단은 제97조의 규정에 따른 사업을 수행하기 위하여 필요한 때에는 관계 행정기관에 대하여 자료 또는 정보의 열람·복사 등 필요한 협조를 요청할 수 있다.

③제1항 및 제2항의 규정에 따라 해역관리청·해양경찰청장 또는 공단으로부터 협조요청을 받은 관계 행정기관의 장은 특별한 사유가 없는 한 이에 협조하여야 한다. 〈개정 2014. 11. 19., 2017. 7. 26.〉

제115조(출입검사·보고 등) ① 해양수산부장관은 대통령령으로 정하는 바에 따라 소속 공무원으로 하여금 선박에 출입하여 관계 서

류나 시설·장비 및 연료유를 확인·점검하게 할 수 있다. 〈개정 2009. 12. 29., 2013. 3. 23.〉

② 해양수산부장관 또는 시·도지사(제33조에 따른 신고에 관한 경우만 해당한다)는 대통령령으로 정하는 바에 따라 소속 공무원으로 하여금 다음 각 호의 어느 하나에 해당하는 자에게 필요한 자료를 제출하게 하거나 보고하게 할 수 있으며, 그 시설(사업장 및 사무실을 포함한다. 이하 이 조에서 같다)에 출입하여 확인·점검하거나 관계 서류나 시설·장비를 검사하게 할 수 있다. 〈개정 2017. 10. 31., 2020. 2. 18.〉

1. 해양시설의 소유자(제34조부터 제36조까지, 제66조 및 제67조에 따른 업무는 제외한다)
2. 선박급유업자
3. 제47조제2항에 따라 유증기 배출제어장치를 설치한 해양시설의 소유자
4. 삭제 〈2019. 12. 3.〉
5. 삭제 〈2019. 12. 3.〉
6. 제110조제3항에 따른 형식승인을 받은 자

③ 해양경찰청장은 대통령령으로 정하는 바에 따라 소속 공무원(제116조에 따라 해양환경감시원으로 지정된 공무원만 해당한다. 이하 이 조에서 같다)으로 하여금 다음 각 호의 어느 하나에 해당하는 자에게 필요한 자료를 제출하게 하거나 보고하게 할 수 있으며, 그 시설에 출입하여 확인·점검하거나 관계 서류나 시설·장비를 검사하게 할 수 있다. 〈개정 2017. 10. 31.〉

1. 해양시설의 소유자(제34조부터 제36조까지, 제66조 및 제67조에 따른 업무만 해당한다)
2. 제70조제1항제2호·제3호에 따른 해양오염방제업·유창청소업을 하는 자

④해양경찰청장은 제1항의 규정에 불구하고 선박에서 해양오염과 관련하여 대통령령이 정하는 긴급한 상황이 발생한 경우 또는 장기간 방치·계류된 선박 등 해양오염을 유발할 우려가 있는 선박으로서 대통령령으로 정하는 선박에 대하여 현장조사를 실시할 필요가 있다고 인정하는 경우에는 소속 공무원으로 하여금 그 선박에 출입하여 확인·점검하거나 관계 서류나 시설·장비를 검사하게 할 수

있다. 〈개정 2009. 12. 29., 2014. 11. 19., 2017. 7. 26., 2024. 12. 20.〉

⑤제1항부터 제4항까지의 규정에 따라 출입검사 등을 하는 공무원은 그 권한을 표시하는 증표를 지니고 이를 관계인에게 내보여야 하며, 출입목적·성명 등을 구체적으로 알려야 한다. 〈개정 2009. 12. 29.〉

⑥선박의 소유자 등 관계인은 제1항부터 제4항까지의 규정에 따른 공무원의 출입검사 및 자료제출·보고요구 등에 대하여 정당한 사유 없이 이를 거부·방해하거나 기피하여서는 아니 된다. 〈개정 2009. 12. 29.〉

⑦해양수산부장관 또는 해양경찰청장은 출입검사 및 보고와 관련하여 해양수산부령으로 정하는 바에 따라 지도점검사항·검사예고 및 점검결과회신 등의 업무를 전산망을 구성하여 이용하게 할 수 있다. 〈개정 2008. 2. 29., 2009. 12. 29., 2013. 3. 23., 2014. 11. 19., 2017. 7. 26.〉

제116조(해양환경감시원) ①해양수산부장관 또는 해양경찰청장은 제115조제1항부터 제4항까지의 규정에 따른 직무를 수행하게 하기 위하여 소속 공무원을 해양환경감시원으로 지정할 수 있다. 〈개정 2008. 2. 29., 2009. 12. 29., 2013. 3. 23., 2014. 11. 19., 2017. 7. 26.〉

②제1항에 따른 해양환경감시원의 임명·자격·직무 등에 필요한 사항은 대통령령으로 정한다. 〈개정 2009. 12. 29.〉

제116조의2(명예해양환경감시원) ① 해양수산부장관 또는 해양경찰청장은 효율적인 해양환경관리를 위한 지도·계몽 등을 위하여 해양환경의 보전·관리 및 해양오염방지를 위한 활동을 하는 민간단체의 회원 또는 해양환경관리를 위한 활동을 성실하게 수행하고 있는 사람을 명예해양환경감시원으로 위촉할 수 있다.

② 해양수산부장관 또는 해양경찰청장은 예산의 범위에서 명예해양환경감시원에게 그 활동에 필요한 경비를 지급할 수 있다.

③ 제1항에 따른 명예해양환경감시원의 자격, 위촉방법, 직무범위 및 임무 등에 필요한 사항은 해양수산부령으로 정한다.

[본조신설 2019. 1. 8.]

제117조(정선·검색·나포·입출항금지 등) 선박이 이 법의 규정을

위반한 혐의가 있다고 인정되는 경우에는 해역관리청 또는 해양경찰청장은 정선·검색·나포·입출항금지 그 밖에 필요한 명령이나 조치를 할 수 있다. 〈개정 2014. 11. 19., 2017. 7. 26.〉

제118조(비밀누설금지 등) ①공단의 임원 또는 직원이나 그 직에 있었던 자는 그 직무상 알게 된 비밀을 누설하거나 도용하여서는 아니 된다. 〈개정 2024. 1. 2.〉

②제112조의 규정에 따라 대행업무를 수행하는 기관 또는 단체의 임원 또는 직원이나 그 직에 있었던 자는 그 직무상 알게 된 비밀을 누설하거나 도용하여서는 아니 된다. 〈개정 2024. 1. 2.〉

제119조(국고보조 등) ①국가는 지방자치단체가 다음 각 호의 어느 하나에 해당하는 조치를 하는 경우에는 그 비용의 전부 또는 일부를 국고에서 보조할 수 있다.

1. 제18조의 규정에 따른 해양환경개선조치
2. 삭제 〈2019. 12. 3.〉
3. 제38조제1항의 규정에 따른 오염물질저장시설의 설치·운영

②국가는 해양오염방지설비, 오염물질저장시설 그 밖의 해양오염방지에 관한 시설의 설치 또는 개선에 소요되는 비용에 대한 재정적인 지원을 할 수 있다.

③국가 또는 지방자치단체는 해양환경의 보전·관리 및 해양오염방지를 위한 활동을 하는 민간단체에 대하여 필요한 행정적·재정적·기술적 지원을 할 수 있다. 〈개정 2024. 12. 20.〉

④ 제3항에 따른 행정적·재정적·기술적 지원의 대상·절차 및 방법 등에 필요한 사항은 대통령령으로 정한다. 〈신설 2024. 12. 20.〉

제119조의2(신고포상금) ① 해양수산부장관, 해양경찰청장, 시·도지사 또는 시장·군수·구청장은 다음 각 호의 어느 하나에 해당하는 자를 관계 행정기관 또는 수사기관에 신고 또는 고발한 자에 대하여 예산의 범위에서 신고포상금을 지급할 수 있다. 〈개정 2013. 3. 23., 2014. 11. 19., 2017. 7. 26., 2019. 12. 3.〉

1. 제22조제1항 및 제2항을 위반하여 선박 또는 해양시설등에서 발생하는 오염물질을 배출한 자
2. 「해양폐기물 및 해양오염퇴적물 관리법」 제7조제1항을 위반하여 폐기물을 해양에 배출한 자

② 제1항에 따른 신고포상금의 지급의 기준·방법과 절차, 구체적

인 지급액 등에 필요한 사항은 대통령령으로 정한다.

[본조신설 2009. 12. 29.]

제120조(청문) 해양수산부장관 또는 해양경찰청장은 다음 각 호의 어느 하나에 해당하는 처분을 하려는 때에는 「행정절차법」이 정하는 바에 따라 청문을 실시하여야 한다. 〈개정 2008. 2. 29., 2011. 6. 15., 2013. 3. 23., 2014. 11. 19., 2017. 7. 26., 2023. 10. 24.〉

1. 제13조제3항의 규정에 따른 측정·분석능력인증의 취소

1의2. 제38조의3제1항에 따른 시설의 폐쇄

2. 제75조의 규정에 따른 등록의 취소

3. 제82조의 규정에 따른 지정의 취소

4. 삭제 〈2024. 1. 2.〉

5. 제110조제9항 및 제12항의 규정에 따른 형식승인의 취소

6. 제110조의2제4항에 따른 성능인증의 취소

제121조(해양오염 방지 및 방제 교육·훈련) 해양수산부장관은 대통령령으로 정하는 바에 따라 해양오염 방지 및 방제에 관한 다음 각 호의 교육·훈련과정을 운영할 수 있다.

1. 제32조제1항에 따른 선박 해양오염방지관리인의 자격 관련 교육·훈련과정

2. 제36조제1항에 따른 해양시설 해양오염방지관리인의 자격 관련 교육·훈련과정

3. 제70조제2항에 따른 기술요원의 자격 관련 교육·훈련과정

4. 그 밖에 해양오염 방지 및 방제에 관한 교육·훈련과정으로 해양수산부장관이 필요하다고 인정하는 교육·훈련과정

[전문개정 2020. 3. 24.]

제122조(수수료) ①이 법에 따른 형식승인·인증·검인·승인(제22조의2에 따른 배출률 승인에 한정한다)·검사·성능시험·검정·인정·검증(제41조의4제3항에 따른 선박연료유 사용량등의 검증에 한정한다)·지정(제42조제3항에 따른 업체 또는 단체의 지정에 한정한다) 및 성능인증을 받으려는 자는 해양수산부령으로 정하는 바에 따라 수수료를 납부하여야 한다. 〈개정 2008. 2. 29., 2011. 6. 15., 2013. 3. 23., 2014. 11. 19., 2016. 12. 27., 2017. 7. 26., 2020. 3. 24., 2023. 10. 24.〉

② 제38조에 따른 오염물질저장시설의 설치·운영자는 오염물질

을 수거·처리할 경우 오염물질을 발생시킨 자에게 해양수산부령으로 정하는 바에 따라 수거·처리 비용을 부담하게 할 수 있다. 〈신설 2021. 4. 13.〉

③공단은 제97조의 규정에 따른 사업을 수행하기 위하여 정관이 정하는 바에 따라 자재·약제의 비치 또는 방제 및 방제선등의 배치·설치에 따른 수수료를 징수할 수 있다. 〈개정 2021. 4. 13.〉

④제112조에 따른 업무대행자가 형식승인·검인·승인(제22조의2에 따른 배출률 승인에 한정한다)·검사·성능시험·검정·인정 및 검증(제41조의4제3항에 따른 선박연료유 사용량등의 검증에 한정한다)을 행하는 경우에는 수수료를 징수할 수 있다. 이 경우 해양수산부장관 또는 해양경찰청장으로부터 미리 승인을 받아야 한다. 〈개정 2008. 2. 29., 2011. 6. 15., 2013. 3. 23., 2014. 11. 19., 2016. 12. 27., 2017. 7. 26., 2020. 3. 24., 2021. 4. 13., 2023. 10. 24.〉

제123조(위임 및 위탁) ① 이 법에 따른 해양수산부장관 또는 해양경찰청장의 권한은 대통령령으로 정하는 바에 따라 그 일부를 소속기관의 장 또는 다른 행정기관·지방자치단체의 장에게 위임하거나 위탁할 수 있다. 〈개정 2008. 2. 29., 2013. 3. 23., 2014. 11. 19., 2017. 7. 26.〉

②이 법에 따른 시·도지사의 권한은 대통령령이 정하는 바에 따라 그 일부를 시장·군수·구청장에게 위임할 수 있다.

③ 이 법에 따른 해양수산부장관 및 시·도지사의 업무는 대통령령으로 정하는 바에 따라 그 일부를 공단의 이사장에게 위탁할 수 있다. 〈개정 2020. 3. 24.〉

[제목개정 2012. 12. 18.]

제124조(벌칙 적용에서의 공무원 의제) 공단의 임·직원, 제112조에 따른 형식승인·검사·성능시험·검정 등과 관련한 업무대행기관의 임원 및 직원은 「형법」 제129조부터 제132조까지의 규정에 따른 벌칙의 적용에서는 공무원으로 본다. 〈개정 2011. 6. 15., 2024. 1. 2.〉

제125조 삭제 〈2017. 3. 21.〉

제12장 벌칙

제126조(벌칙) 다음 각 호의 어느 하나에 해당하는 자는 5년 이하의 징역 또는 5천만원 이하의 벌금에 처한다. 〈개정 2016. 12. 27.〉

1. 제22조제1항 및 제2항의 규정을 위반하여 선박 또는 해양시설로부터 기름·유해액체물질·포장유해물질을 배출한 자

2. 삭제 〈2024. 1. 2.〉

제127조(벌칙) 다음 각 호의 어느 하나에 해당하는 자는 3년 이하의 징역 또는 3천만원 이하의 벌금에 처한다. 〈개정 2016. 12. 27.〉

1. 제22조제1항 및 제2항의 규정을 위반하여 선박 및 해양시설로부터 폐기물을 배출한 자

2. 과실로 제22조제1항 및 제2항의 규정을 위반하여 선박 또는 해양시설로부터 기름·유해액체물질·포장유해물질을 배출한 자

3. 제57조제1항 내지 제3항의 규정을 위반하여 선박을 항해에 사용한 자

4. 제64조제1항 또는 제3항의 규정에 따른 방제조치를 하지 아니하거나 조치명령을 위반한 자

5. 제65조의 규정에 따른 오염물질의 배출방지를 위한 조치를 하지 아니하거나 조치명령을 위반한 자

제128조(벌칙) 다음 각 호의 어느 하나에 해당하는 자는 2년 이하의 징역 또는 2천만원 이하의 벌금에 처한다. 〈개정 2011. 6. 15., 2012. 6. 1., 2016. 12. 27., 2023. 10. 24., 2024. 1. 2.〉

1. 과실로 제22조제1항 및 제2항의 규정을 위반하여 선박 또는 해양시설로부터 폐기물을 배출한 자

2. 제25조제1항의 규정에 따른 폐기물오염방지설비를 설치하지 아니하고 선박을 항해에 사용한 자

3. 제26조제1항의 규정에 따른 기름오염방지설비를 설치하지 아니하고 선박을 항해에 사용한 자

4. 제26조제2항의 규정에 따른 선체구조 등을 설치하지 아니하고 선박을 항해에 사용한 자

5. 제27조제1항의 규정에 따른 유해액체물질오염방지설비를 설치하지 아니하고 선박을 항해에 사용한 자

6. 제27조제2항의 규정을 위반하여 선박의 화물창을 설치한 자

6의2. 제38조의3에 따라 시설폐쇄명령을 받고 시설을 운영하거나 시설의 운영정지명령을 받고 운영정지기간 중 시설을 운영한 자

7. 제40조제1항 및 제2항의 규정을 위반하여 유해방오도료·유해방오시스템을 사용하거나 적법한 기준 및 방법에 따른 방오도료·방오시스템을 사용·설치하지 아니한 자

8. 제67조제1항의 규정을 위반하여 방제선등을 배치 또는 설치하지 아니한 자

9. 제67조제3항의 규정에 따른 선박입출항금지명령 또는 시설사용정지명령을 위반한 자

10. 제70조제1항의 규정에 따른 등록을 하지 아니하고 해양환경관리업을 한 자

11. 제75조의 규정에 따라 등록이 취소된 자가 영업을 하거나 또는 영업정지명령을 받은 자가 영업정지기간 중 영업을 한 자

12. 제77조제1항의 규정에 따른 해양오염영향조사를 실시하지 아니한 자

13. 제82조제1항에 따라 지정이 취소된 자가 업무를 하거나 또는 업무정지명령을 받은 자가 업무정지기간 중 업무를 한 자

14. 삭제 〈2024. 1. 2.〉

15. 삭제 〈2024. 1. 2.〉

16. 삭제 〈2024. 1. 2.〉

16의2. 제110조제3항 단서 및 제4항 단서에 따라 형식승인이 면제된 형식승인대상설비 또는 오염물질의 방제·방지에 사용하는 자재·약제를 판매한 자

17. 제110조제9항의 규정에 따라 형식승인 또는 검정이 취소되거나 업무정지명령을 받은 자가 업무정지기간 중 업무를 한 자

17의2. 제110조의2제1항에 따라 형식승인대상외 자재·약제에 대한 성능인증을 받지 아니하거나 성능인증이 취소되었음에도 성능인증을 받은 것으로 표시하여 형식승인대상외 자재·약제를 제작·제조 및 수입하여 판매한 자

18. 제117조의 규정에 따른 정선·검색·나포·입출항금지 그 밖에 필요한 명령이나 조치를 거부·방해 또는 기피한 자

제129조(벌칙) ①다음 각 호의 어느 하나에 해당하는 자는 1년 이하의 징역 또는 1천만원 이하의 벌금에 처한다. 〈개정 2009. 12.

29., 2011. 6. 15., 2019. 1. 8., 2020. 3. 24.〉
1. 제15조의2제2항의 규정을 위반하여 특별관리해역 내에 시설을 설치하거나 오염물질의 총량배출을 위반한 자
2. 삭제 〈2019. 12. 3.〉
3. 제41조제1항의 규정에 따른 대기오염방지설비를 설치하지 아니하고 선박을 항해에 사용한 자
4. 제42조제1항의 규정을 위반하여 오존층파괴물질을 배출한 자
5. 제43조제1항의 규정을 위반하여 질소산화물의 배출허용기준을 초과하여 디젤기관을 작동한 자
6. 제44조제1항을 위반하여 황함유량 기준을 초과하는 연료유를 사용한 자
6의2. 제44조의2를 위반하여 황함유량 기준을 초과하는 연료유를 선박에 적재한 자
7. 제45조제1항의 규정을 위반하여 품질기준에 미달하거나 황함유량 기준을 초과하는 연료유를 공급한 자
8. 제47조제2항의 규정을 위반하여 유증기 배출제어장치를 설치하지 아니하거나 작동시키지 아니한 자
9. 제47조제3항의 규정을 위반하여 검사를 받지 아니하고 유증기 배출제어장치를 설치한 자
10. 제63조제1항제1호 또는 제2호에 해당하는 자로서 신고를 하지 아니하거나 거짓으로 신고한 자
11. 삭제 〈2024. 1. 2.〉
12. 삭제 〈2024. 1. 2.〉
13. 삭제 〈2024. 1. 2.〉

②다음 각 호의 어느 하나에 해당하는 자는 1년 이하의 징역 또는 500만원 이하의 벌금에 처한다. 〈개정 2007. 12. 21., 2009. 12. 29., 2011. 6. 15., 2012. 12. 18., 2016. 12. 27., 2023. 10. 24., 2024. 1. 2.〉
1. 삭제 〈2019. 12. 3.〉
2. 제25조제2항의 규정에 따른 기준을 위반하여 폐기물오염방지설비를 설치하거나 이를 유지·작동한 자
3. 제26조제3항의 규정을 위반하여 기름오염방지설비를 설치하거나 이를 유지·작동한 자

4. 제27조제4항의 규정을 위반하여 유해액체물질오염방지설비를 설치하거나 이를 유지·작동한 자

5. 제28조의 규정을 위반하여 선박평형수 또는 기름을 적재한 자

6. 제29조의 규정을 위반하여 포장유해물질을 운송한 자

7. 제37조의 규정을 위반하여 선박 및 해양시설에서 오염물질을 수거·처리하게 한 자

8. 제49조 내지 제53조의 규정에 따른 해양오염방지선박검사를 받지 아니한 선박을 항해에 사용한 자

8의2. 제54조의2를 위반하여 에너지효율검사를 받지 아니한 선박을 항해에 사용한 자

9. 제58조 또는 제59조의 규정에 따른 명령 또는 처분을 이행하지 아니한 자

9의2. 제64조제6항을 위반하여 제110조제4항·제6항 및 제7항에 따른 형식승인, 검정, 인정을 받지 아니하거나 제110조의2제3항에 따른 검정을 받지 아니한 자재·약제를 방제조치에 사용한 자

10. 제66조제1항을 위반하여 자재·약제를 보관시설 또는 선박 및 해양시설에 비치·보관하지 아니한 자

11. 제73조의 규정에 따른 처리명령을 위반한 자

12. 삭제 〈2023. 10. 24.〉

13. 제110조제3항부터 제7항까지에 따른 형식승인, 변경승인, 성능시험, 검정 또는 인정을 받지 아니하고 제작·제조하거나 수입한 자

13의2. 제110조제3항부터 제7항까지를 위반하여 거짓이나 그 밖의 부정한 방법으로 형식승인, 변경승인, 성능시험, 검정 또는 인정을 받은 자

13의3. 제110조제12항에 따른 명령을 정당한 사유 없이 위반한 자

14. 제111조제1항의 규정에 따른 신고를 하지 아니하고 선박을 해체한 자

15. 제115조제6항을 위반하여 출입검사·보고요구 등을 정당한 사유 없이 거부·방해 또는 기피한 자

16. 제118조제1항 및 제2항을 위반하여 직무상 알게 된 비밀을 누설하거나 도용한 자

제130조(양벌규정) 법인의 대표자나 법인 또는 개인의 대리인, 사용인, 그 밖의 종업원이 그 법인 또는 개인의 업무에 관하여 제126조

부터 제129조까지의 어느 하나에 해당하는 위반행위를 하면 그 행위자를 벌하는 외에 그 법인 또는 개인에게도 해당 조문의 벌금형을 과(科)한다. 다만, 법인 또는 개인이 그 위반행위를 방지하기 위하여 해당 업무에 관하여 상당한 주의와 감독을 게을리하지 아니한 경우에는 그러하지 아니하다.

[전문개정 2009. 12. 29.]

제131조(외국인에 대한 벌칙적용의 특례) ①외국인에 대하여 제127조 및 제128조의 규정을 적용함에 있어서 고의로 우리나라의 영해안에서 위반행위를 한 경우를 제외하고는 각 해당 조의 벌금형에 처한다.

②제1항의 규정에 따른 외국인의 범위에 관하여는 「배타적 경제수역에서의 외국인어업 등에 대한 주권적 권리의 행사에 관한 법률」 제2조의 규정을 적용하고, 외국인에 대한 사법절차에 관하여는 동법 제23조 내지 제25조의 규정을 준용한다.

제132조(과태료) ①다음 각 호의 어느 하나에 해당하는 자는 1천만원 이하의 과태료를 부과한다. 〈개정 2017. 10. 31.〉

1. 제77조제1항의 규정에 따른 해양오염영향조사의 결과를 거짓으로 통보한 자

2. 삭제 〈2011. 6. 15.〉

②다음 각 호의 어느 하나에 해당하는 자에게는 500만원 이하의 과태료를 부과한다. 〈개정 2011. 6. 15., 2014. 3. 24., 2017. 10. 31., 2020. 3. 24.〉

1. 제22조제2항의 규정을 위반하여 해양공간으로부터 대통령령이 정하는 오염물질을 배출한 자

2. 제33조제1항을 위반하여 해양시설의 신고 또는 변경신고를 하지 아니한 자

2의2. 제36조의2제1항에 따른 안전점검을 실시하지 아니한 자

2의3. 제36조의2제2항에 따른 보고를 하지 아니하거나 거짓으로 보고한 자

2의4. 제36조의2제3항에 따라 안전점검 결과를 보관하지 아니한 자

3. 제42조제2항의 규정을 위반하여 오존층파괴물질이 포함된 설비를 선박에 설치한 자

4. 제45조제2항의 규정을 위반하여 연료유공급서의 사본 및 연료

유견본을 제공하지 아니하거나 거짓으로 연료유공급서 사본 및 연료유견본을 제공한 자

5. 제64조제2항의 규정을 위반하여 방제조치의 협조를 하지 아니한 자

6. 제70조제3항의 규정에 따른 변경등록을 하지 아니한 자

7. 삭제 〈2019. 12. 3.〉

8. 제74조제3항의 규정을 위반하여 해양환경관리업자의 권리·의무 승계에 대한 신고를 하지 아니하거나 거짓으로 신고한 자

9. 삭제 〈2019. 12. 3.〉

10. 삭제 〈2024. 1. 2.〉

11. 삭제 〈2024. 1. 2.〉

12. 삭제 〈2024. 1. 2.〉

③다음 각 호의 어느 하나에 해당하는 자는 200만원 이하의 과태료를 부과한다. 〈개정 2008. 2. 29., 2013. 3. 23., 2017. 10. 31.〉

1. 제41조제2항의 규정을 위반하여 기준에 적합하지 아니하게 대기오염방지설비를 유지·작동한 자

2. 제42조제3항의 규정을 위반하여 오존층파괴물질이 포함된 설비를 해양수산부장관이 지정·고시하는 업체 또는 단체 외의 자에게 인도한 자

3. 제46조제1항의 규정을 위반하여 소각이 금지된 물질을 선박안에서 소각한 자

4. 제46조제2항 및 제4항의 규정을 위반하여 소각설비를 설치하거나 이를 유지·작동한 자

5. 제46조제3항의 규정을 위반하여 소각이 금지된 해역에서 주기관·보조기관 또는 보일러를 사용하여 물질을 소각한 자

④다음 각 호의 어느 하나에 해당하는 자에게는 100만원 이하의 과태료를 부과한다. 〈개정 2009. 12. 29., 2011. 6. 15., 2016. 12. 27., 2017. 10. 31., 2020. 3. 24., 2022. 10. 18.〉

1. 제22조의2제1항을 위반하여 배출률의 승인을 받지 아니하거나 승인받은 배출률을 위반하여 폐기물을 배출한 자

1의2. 제22조의2제2항을 위반하여 폐기물을 배출한 장소, 배출량 등을 그 선박의 기관일지에 기재하지 아니한 자

1의3. 제26조제1항의 규정에 따른 폐유저장을 위한 용기를 비치하지 아니한 자

2. 제27조제3항의 규정에 따라 검인받은 유해액체물질의 배출방법 및 설비에 관한 지침서를 제공하지 아니한 자

3. 제30조 및 제34조의 규정에 따른 오염물질기록부를 비치하지 아니하거나 기록·보존하지 아니한 자 또는 거짓으로 기재한 자

3의2. 제30조의2제4항을 위반하여 전자기록부 적합확인서를 비치하지 아니한 자

4. 제31조 및 제35조의 규정에 따른 검인받은 선박해양오염비상계획서 및 해양시설오염비상계획서를 비치하지 아니하거나 선박해양오염비상계획서 및 해양시설오염비상계획서에 따른 조치 등을 이행하지 아니한 자

5. 제32조제1항 및 제36조제1항의 규정에 따른 해양오염방지관리인을 임명하지 아니한 자

6. 제32조제2항에 따른 해양오염방지관리인의 임명증빙서류를 비치하지 아니한 자

6의2. 제32조제3항 또는 제36조제3항에 따른 해양오염방지관리인의 대리자를 지정하지 아니한 자

6의3. 제32조제4항 또는 제36조제4항에 따라 오염물질 등을 이송 또는 배출하는 작업을 지휘·감독하게 하지 아니한 자

6의4. 제32조의2제1항에 따른 검인받은 선박대선박 기름화물이송계획서를 비치하지 아니하거나 준수하지 아니한 자

6의5. 제32조의2제2항에 따른 선박대선박 기름화물이송작업에 관하여 기록하지 아니하거나 거짓으로 기록한 자 또는 기록을 보관하지 아니한 자

6의6. 제32조의2제3항에 따른 작업계획을 보고하지 아니하거나 거짓으로 보고한 자

6의7. 제36조제2항을 위반하여 해양오염방지관리인의 임명 신고를 하지 아니한 자

6의8. 제41조의3제1항 또는 제4항을 위반하여 선박에너지효율관리계획서 또는 선박에너지효율적합확인서를 선박에 비치하지 아니한 자

6의9. 제41조의4제1항 또는 제2항을 위반하여 선박연료유 사용

량등을 보고하지 아니하거나 거짓으로 보고한 자

6의10. 제41조의4제4항을 위반하여 선박연료유 사용량등 검증확인서를 5년 이상 선박에 비치하지 아니한 자

6의11. 제42조제4항에 따른 오존층파괴물질을 포함하고 있는 설비의 목록을 작성하지 아니하거나 거짓으로 작성한 자 또는 관리하지 아니한 자

6의12. 제42조제5항에 따른 오존층파괴물질기록부를 작성하지 아니하거나 거짓으로 작성한 자 또는 비치하지 아니한 자

6의13. 제43조제4항을 위반하여 기관일지를 기재하지 아니한 자

7. 제44조제3항의 규정을 위반하여 기관일지를 기재하지 아니한 자

8. 제44조제4항의 규정을 위반하여 기관일지를 1년간 보관하지 아니한 자

8의2. 제44조제5항에 따른 연료유전환절차서를 비치하지 아니한 자

9. 제45조제3항의 규정을 위반하여 연료유공급서 또는 그 사본을 3년간 보관하지 아니한 자

10. 제45조제4항의 규정을 위반하여 연료유견본을 보관하지 아니한 자

11. 제47조제4항의 규정을 위반하여 유증기 배출제어장치의 작동에 관한 기록을 3년간 보관하지 아니한 자

11의2. 제47조의2제1항에 따른 검인 받은 휘발성유기화합물관리계획서를 비치하지 아니하거나 준수하지 아니한 자

12. 제57조제4항의 규정을 위반하여 해양오염방지검사증서등을 선박에 비치하지 아니한 자

13. 제72조제1항의 규정을 위반하여 처리실적서를 작성하여 제출하지 아니하거나 처리대장을 작성·비치하지 아니한 자

14. 제72조제2항의 규정을 위반하여 오염물질수거확인증을 작성하지 아니하거나 사실과 다르게 작성한 자

15. 삭제 〈2019. 12. 3.〉

15의2. 제72조제4항을 위반하여 고의로 오염물질 방제업무를 지연하거나 방제의무자 등의 방제조치를 방해한 자

16. 삭제 〈2019. 12. 3.〉

17. 삭제 〈2019. 12. 3.〉

17의2. 제76조제5항 후단을 위반하여 권리·의무의 승계신고를

하지 아니한 자

18. 제111조제2항의 규정에 따른 시정명령을 이행하지 아니한 자

19. 삭제 〈2020. 3. 24.〉

제133조(과태료의 부과ㆍ징수 등) 제132조에 따른 과태료는 대통령령으로 정하는 바에 따라 해양수산부장관, 해양경찰청장 또는 시ㆍ도지사가 부과ㆍ징수한다. 〈개정 2013. 3. 23., 2014. 11. 19., 2017. 7. 26., 2020. 2. 18.〉

[전문개정 2009. 12. 29.]

부칙 〈제8260호, 2007. 1. 19.〉

제1조 (시행일) 이 법은 공포 후 1년이 경과한 날부터 시행한다. 다만, 제19조제1항제2호의 규정은 공포 후 2년이 경과한 날부터, 제110조제1항의 규정은 공포 후 3년이 경과한 날부터, 제40조 및 제53조의 규정은 이 법 시행 후 「선박 유해방오시스템의 규제에 관한 국제협약」이 우리나라에서 효력을 발생하는 날부터 시행한다.

제2조 (폐지법률) 「해양오염방지법」은 이를 폐지한다.

제3조 (공단의 설립준비) ①해양수산부장관은 종전의 「해양오염방지법」 제52조의2의 규정에 따른 한국해양오염방제조합(이하 "방제조합"이라 한다)의 해산과 공단의 설립에 관한 사무를 처리하기 위하여 공단설립추진위원회(이하 "설립위원회"라 한다)를 설치한다.

②설립위원회는 해양수산부장관이 임명 또는 위촉하는 위원장을 포함한 15인 이내의 위원으로 구성하되, 정부ㆍ방제조합 및 학계 등의 전문가를 참여시켜야 하며, 위원장은 해양수산부차관이 된다.

③설립위원회는 공단의 정관을 작성하여 설립위원회의 위원이 기명날인하거나 서명한 후 해양수산부장관의 인가를 받아 그 설립등기를 하여야 한다.

제4조 (사무 및 재산의 인계) ①설립위원회는 공단의 설립 등기 후 지체 없이 이사장에게 그 사무와 재산을 인계하여야 한다.

②설립위원회 및 설립위원은 제1항의 규정에 따른 사무와 재산의 인계가 끝난 때에 해산 또는 해임ㆍ해촉된 것으로 본다.

제5조 (설립비용) 방제조합의 해산 및 공단의 설립비용은 공단이 부담한다.

제6조 (공단의 설립에 따른 경과조치) ①이 법 시행 당시 종전의

「해양오염방지법」에 따라 설립된 방제조합은 운영위원회의 결의에 따라 모든 권리·의무 및 재산을 이 법에 따라 설립될 공단이 승계하도록 해양수산부장관에게 그 승인을 신청할 수 있다.

②제1항의 신청에 따라 해양수산부장관의 승인을 얻은 방제조합은 공단의 설립과 동시에 「민법」 중 법인의 해산 및 청산에 관한 규정에 불구하고 해산된 것으로 보며, 방제조합의 명의로 행한 행위 그 밖의 법률 관계에 있어서는 공단의 설립과 동시에 이를 공단의 명의로 행한 것으로 본다.

③이 법 시행 당시 다른 법령에서 방제조합을 인용하고 있는 경우에는 공단의 설립과 동시에 그에 갈음하여 공단을 인용한 것으로 본다.

④이 법 시행 당시 방제조합의 재산과 권리·의무는 공단의 설립과 동시에 공단이 이를 포괄하여 승계한다. 이 경우 공단이 승계한 재산의 가액은 승계 당시의 장부가액으로 한다.

⑤제4항에 따라 포괄하여 승계된 재산과 권리·의무에 관한 등기부 그 밖의 공부상에 표시된 방제조합의 명의는 공단의 설립과 동시에 공단의 명의로 본다.

제7조 (임·직원에 관한 조치) ①이 법 시행 당시 방제조합의 이사장·이사 및 감사는 이 법 시행과 동시에 임기가 종료된 것으로 본다. 다만, 이사의 경우 잔여 임기와 그 업무수행능력을 감안하여 공단의 정관이 정하는 바에 따라 종전의 직위에 상응하는 직무를 부여할 수 있다.

②제99조제3항 및 제4항의 규정에 불구하고 공단의 최초 이사장·감사 및 이사는 설립위원회의 제청으로 해양수산부장관이 임명한다.

③이 법 시행 당시 방제조합의 직원은 공단의 직원으로 본다.

제8조 (유해방오도료 등의 사용금지 등에 관한 적용례) ①제40조의 규정은 이 법 시행 후 해양시설에 유해방오도료 또는 유해방오시스템을 사용하는 분부터 적용한다.

②제40조 및 제53조제1항의 규정은 이 법 시행 후 건조되는 선박부터 적용한다. 다만, 이 법 시행 당시 건조된 선박에 대하여는 이 법 시행 후 최초로 입거(入渠)하여 검사하는 날부터 적용한다.

제9조 (바다골재채취예정지의 지정 등에 대한 해역이용협의에 관한

적용례) 제84조제1항제4호 내지 제6호의 규정은 이 법 시행 후 바다골재채취예정지의 지정, 바다골재채취의 허가 및 바다골재채취단지의 지정을 위하여 최초로 처분기관에 신청하는 분부터 적용한다.

제10조 (해역이용영향평가에 관한 적용례) 제85조의 규정은 동조제1항 각 호의 어느 하나에 해당하는 행위를 위한 면허등을 받기 위하여 최초로 처분기관에 신청하는 분부터 적용한다.

제11조 (일반적 경과조치) 이 법 시행 당시 종전의 「해양오염방지법」에 따라 행정기관이 행한 처분 그 밖의 행위 또는 행정기관에 대한 각종 신청 그 밖의 행위는 그에 해당하는 이 법에 따른 행정기관의 행위 또는 행정기관에 대한 행위로 본다.

제12조 (해양환경보전종합계획 등에 관한 경과조치) ①이 법 시행 당시 종전의 「해양오염방지법」 제4조의 규정에 따라 수립되어 시행 중인 해양환경보전종합계획은 이 법 제14조의 규정에 따라 수립된 해양환경관리종합계획으로 본다.

②이 법 시행 당시 종전의 「해양오염방지법」 제4조의5의 규정에 따라 수립되어 시행 중인 환경관리해역관리기본계획은 이 법 제16조의 규정에 따라 수립된 환경관리기본계획으로 본다.

③이 법 시행 당시 「기름 및 위험·유해물질오염 대비·대응 및 협력에 관한 국제협약」에 따라 수립되어 시행 중인 기름오염대비·대응을 위한 국가긴급방제계획은 이 법 제61조의 규정에 따라 수립된 국가긴급방제계획으로 본다.

제13조 (환경보전해역 등에 관한 경과조치) ①이 법 시행 당시 종전의 「해양오염방지법」 제4조의4제1항의 규정에 따른 환경보전해역은 이 법 제15조제1항제1호의 규정에 따라 환경보전해역으로 지정된 것으로 본다.

②이 법 시행 당시 종전의 「해양오염방지법」 제4조의4제2항의 규정에 따른 특별관리해역은 이 법 제15조제1항제2호의 규정에 따라 특별관리해역으로 지정된 것으로 본다.

③이 법 시행 당시 종전의 「해양오염방지법」 제4조의4의 규정에 따라 환경보전해역 등에서 행하여진 행위제한은 이 법 제15조제2항 및 제3항의 규정에 따라 환경보전해역 또는 특별관리해역에서 행위제한 또는 조치 등을 행한 것으로 본다.

제14조 (해역이용협의에 관한 경과조치) 이 법 시행 당시 종전의

「해양오염방지법」 제4조의8의 규정에 따른 해역이용협의는 이 법 제84조의 규정에 따라 해역이용협의를 행한 것으로 본다.

제15조 (해양오염방제대책위원회 등에 대한 경과조치) 이 법 시행 당시 종전의 「해양오염방지법」에 따라 설치된 해양오염방제대책위원회·해양오염영향조사평가위원회 및 해양환경보전자문위원회는 이 법 제17조의 규정에 따라 해양환경관리위원회가 구성되기 전까지는 이 법에 따른 해양환경관리위원회로 본다. 이 경우 해양오염방제대책위원회·해양오염영향조사평가위원회 및 해양환경보전자문위원회의 위원회별 소관사항은 종전의 「해양오염방지법」 제51조·제52조의12 및 제63조의 구분에 따른다.

제16조 (기름오염방지설비 등을 설치한 선박에 관한 경과조치) ①이 법 시행 당시 종전의 「해양오염방지법」 제6조제1항, 제12조제1항·제2항, 제17조제1항 및 제23조의3제1항의 규정에 따라 기름오염방지설비·선체·유해액체물질방지설비·화물창·폐기물오염방지설비 및 대기오염방지설비를 설치한 선박은 이 법 제25조제1항, 제26조제1항·제2항, 제27조제1항·제2항 및 제41조제1항의 규정에 따른 폐기물오염방지설비·기름오염방지설비·선체·유해액체물질방지설비·화물창 및 대기오염방지설비를 설치한 것으로 본다.

②이 법 시행 당시 종전의 「해양오염방지법」 제25조의 규정에 따라 해양수산부장관이 교부한 해양오염방지증서 및 임시해양오염방지증서는 이 법 제49조제2항 및 제52조제2항의 규정에 따라 교부한 해양오염방지검사증서 및 임시해양오염방지검사증서로 본다.

제17조 (오존층파괴물질이 포함된 설비의 설치에 관한 경과조치) ①제42조제2항의 규정에 불구하고 오존층파괴물질에 염화불화탄화수소가 포함된 경우에는 2020년 1월 1일까지는 당해 오존층파괴물질이 포함된 설비를 선박에 설치할 수 있다.

②2006년 6월 29일 전에 오존층파괴물질이 포함된 설비를 설치한 선박은 제42조제2항의 규정에 불구하고 그 설비를 계속 사용할 수 있다.

제18조 (질소산화물의 배출규제에 관한 경과조치) 제43조제1항의 규정에 불구하고 다음 각 호의 디젤기관은 동조제1항 각 호 외의 부분 본문의 규정에 따른 배출허용기준(이하 이 조에서 “배출허용기준”이라 한다)을 초과하여 작동할 수 있다.

1. 2006년 6월 29일 전에 건조된 선박에 설치된 제43조제1항제1호의 디젤기관(2006년 6월 29일 이후 제작된 디젤기관, 배출허용기준을 초과하여 작동하도록 개조된 디젤기관 및 연속 최대출력이 100분의 10 이상 증가하도록 개조된 디젤기관을 제외한다)

2. 2000년 1월 1일 전에 건조된 선박에 설치된 제43조제1항제2호의 디젤기관(2000년 1월 1일 이후 제작된 디젤기관, 배출허용기준을 초과하여 작동하도록 개조된 디젤기관 및 연속 최대출력이 100분의 10 이상 증가하도록 개조된 디젤기관을 제외한다)

제19조 (유증기 배출제어장치 설치에 관한 경과조치) 제47조제2항 및 제3항의 규정에 불구하고 2006년 6월 29일 전에 기름·유해액체물질을 선박에 싣기 위한 시설의 설치를 시작하였거나 동 설치를 완료한 해양시설의 소유자는 2009년 5월 19일까지는 당해 해양시설에 유증기 배출제어장치를 설치하지 아니할 수 있다.

제20조 (분담금 등에 관한 경과조치) ①이 법 시행 당시 종전의 「해양오염방지법」 제52조의4제1항의 규정에 따라 납부한 분담금은 이 법 제69조제1항의 규정에 따른 방제분담금을 납부한 것으로 본다.

②이 법 시행 당시 종전의 「해양오염방지법」 제52조의4제3항의 규정에 따라 방제선등의 배치를 위탁하거나 방제대행자를 지정한 것으로 보는 경우에는 해당 위탁기간 또는 지정기간이 종료하는 날까지는 종전의 규정에 따른다.

제21조 (폐기물해양배출업 등의 등록에 관한 경과조치) ①이 법 시행 당시 종전의 「해양오염방지법」 제18조의 규정에 따라 폐기물해양배출업으로 등록한 자는 이 법 제70조제1항제1호의 규정에 따라 폐기물해양배출업으로 등록한 것으로 본다.

②이 법 시행 당시 종전의 「해양오염방지법」 제37조제1항제1호의 규정에 따라 방제업으로 등록한 자는 이 법 제70조제1항제2호의 규정에 따라 해양오염방제업으로 등록한 것으로 본다.

③이 법 시행 당시 종전의 「해양오염방지법」 제37조제1항제2호의 규정에 따라 유창청소업으로 등록한 자는 이 법 제70조제1항제3호의 규정에 따라 유창청소업으로 등록한 것으로 본다.

제22조 (벌칙 등에 관한 경과조치) 이 법 시행 전의 행위에 대한 벌칙 및 과태료의 적용에서는 종전의 「해양오염방지법」에 따른다.

제23조 (다른 법률의 개정) ①골재채취법 일부를 다음과 같이 개정

한다.

제34조제2항 전단중 "해양오염방지법"을 "「해양환경관리법」"으로 한다.

②공유수면관리법 일부를 다음과 같이 개정한다.

제9조제1항제8호중 "해양오염방지법 제2조제1호 내지 제3호·제4호의2 또는 제6호의 규정에 따른 오염물질"을 "「해양환경관리법」 제2조제11호의 규정에 따른 오염물질"로 한다.

③대기환경보전법 일부를 다음과 같이 개정한다. 〈개정 2007. 4. 27.〉

제2조제14호 중 "「해양오염방지법」 제2조제8호"를 "「해양환경관리법」 제2조제16호"로 한다.

제76조제1항 중 "「해양오염방지법」 제23조의5제1항"을 "「해양환경관리법」 제43조제1항"으로 하고, 동조제3항중 "「해양오염방지법」 제24조제1항"을 "「해양환경관리법」 제49조 내지 제52조"로 한다.

④보건환경연구원법 일부를 다음과 같이 개정한다.

제5조제1항제3호중 "해양오염방지법"을 "「해양환경관리법」"으로 한다.

⑤부담금관리기본법 일부를 다음과 같이 개정한다.

별표 제95호중 "해양오염방지법 제46조의3"을 "「해양환경관리법」 제19조"로 하고, 같은 표 제96호중 "해양오염방지법 제52조의4의 규정에 의한 분담금"을 "「해양환경관리법」 제69조의 규정에 따른 방제분담금"으로 한다.

⑥산업표준화법 일부를 다음과 같이 개정한다.

제34조제13호중 "「해양오염방지법」 제64조의 규정에 의한 해양오염방지설비·자재의 형식승인"을 "「해양환경관리법」 제110조의 규정에 따른 해양환경측정기기 등의 형식승인 등"으로 한다.

⑦수산물품질관리법 일부를 다음과 같이 개정한다.

제24조의3제1항제1호를 다음과 같이 하고, 동항제2호중 "해양오염방지법 제2조제1호 내지 제3호·제4호의2 또는 제6호의 규정에 따른 오염물질"을 "「해양환경관리법」 제2조제11호의 규정에 따른 오염물질"로 한다.

1. 「해양환경관리법」 제22조제1항제1호 내지 제3호 및 동조제2항의 규정에 불구하고 동법 제2조제11호의 규정에 따른 오염물질

을 배출하는 행위

⑧수산업법 일부를 다음과 같이 개정한다. 〈개정 2007. 4. 11.〉

제80조제1항제2호 중 "「해양오염방지법」 제2조제10호의 해양시설"을 "「해양환경관리법」 제2조제17호의 규정에 따른 해양시설"로 한다.

⑨수질환경보전법 일부를 다음과 같이 개정한다.

제2조제10호 단서중 "「해양오염방지법」 제2조의 규정에 따른 선박 및 해양시설"을 "「해양환경관리법」 제2조제16호 및 제17호에 따른 선박 및 해양시설"로 한다.

⑩어업협정체결에 따른 어업인 등의 지원 및 수산업발전특별법 일부를 다음과 같이 개정한다.

제23조제1항제7호중 "해양오염방지법 제46조의3 및 제46조의4"를 "「해양환경관리법」 제19조 및 제20조"로 한다.

⑪유선 및 도선사업법 일부를 다음과 같이 개정한다.

제9조제1항제4호중 "해양오염방지법"을 "「해양환경관리법」"으로 한다.

⑫해양생태계의 보전 및 관리에 관한 법률 일부를 다음과 같이 개정한다.

제9조제3항중 "해양오염방지법 제63조의 규정에 의한 해양환경보전자문위원회"를 "「해양환경관리법」 제17조의 규정에 따른 해양환경관리위원회"로 하고, 제26조제1항 각 호 외의 부분 본문중 "「해양오염방지법」 제63조의 규정에 의한 해양환경보전자문위원회"를 "「해양환경관리법」 제17조의 규정에 따른 해양환경관리위원회"로 하며, 동항 각 호 외의 부분 단서중 "해양환경보전자문위원회"를 "해양환경관리위원회"로 한다.

⑬지방세법 일부를 다음과 같이 개정한다.

제286조제3항 각 호 외의 부분 본문중 "「해양오염방지법」에 의한 한국해양오염방제조합이 동법 제52조의3의 규정에 의한 사업"을 "「해양환경관리법」에 따른 해양환경관리공단이 동법 제97조의 규정에 따른 사업"으로, "해양오염방제용"을 "해양오염방제 및 해양환경관리용"으로 하고, 동항제1호중 "「해양오염방지법」 제52조의3제2호"를 "「해양환경관리법」 제97조제1항제3호가목 및 나목"으로 하며, 동항제2호중 "「해양오염방지법」 제52조의3제3호 및 제6호"를 "「해

양환경관리법」 제97조제1항제2호나목 및 제6호"로 한다.

⑭토지이용규제 기본법 일부를 다음과 같이 개정한다.

별표의 제201호 근거법률란 중 "「해양오염방지법」 제4조의4제1항"을 "「해양환경관리법」 제15조"로 하고, 동표의 제202호 근거법률란중 "「해양오염방지법」 제4조의4제2항을"「해양환경관리법」 제15조"로 한다.

⑮폐기물관리법 일부를 다음과 같이 개정한다.

제3조제2항중 "해양오염방지법"을 "「해양환경관리법」"으로 한다.

제25조제1항중 "해양오염방지법 제18조"를 "「해양환경관리법」 제70조제1항제1호"로 한다.

⑯폐기물의국가간이동및그처리에관한법률 일부를 다음과 같이 개정한다.

제3조제2항중 "해양오염방지법"을 "「해양환경관리법」"으로 한다.

⑰해상교통안전법 일부를 다음과 같이 개정한다. 〈개정 2007. 4. 11.〉

제2조제2호 중 "「해양오염방지법」 제2조제10호"를 "「해양환경관리법」 제2조제17호"로 한다.

제61조제1항제2호 중 "「해양오염방지법」 제2조제3호"를 "「해양환경관리법」 제2조제7호"로 한다.

제24조 (다른 법령과의 관계) 이 법 시행 당시 다른 법령에서 종전의 「해양오염방지법」 및 그 규정을 인용하고 있는 경우 이 법에 그에 해당하는 규정이 있는 때에는 종전의 규정에 갈음하여 이 법 또는 이 법의 해당 규정을 인용한 것으로 본다.

부칙 〈제8371호, 2007. 4. 11.〉 (폐기물관리법)

제1조 (시행일) 이 법은 공포한 날부터 시행한다. 다만, ···〈생략〉···부칙 제9조제42항의 개정규정은 2008년 1월 20일부터 ···〈생략〉··· 시행한다.

제2조 내지 제8조 생략

제9조 (다른 법률의 개정) ①내지 ㊶생략

㊷법률 제8260호 해양환경관리법 일부를 다음과 같이 개정한다.

제37조제1항 각 호 외의 부분 단서 중 "제26조"를 "제25조"로 한다.

㊸내지 ㊻생략
제10조 생략

부칙 〈제8377호, 2007. 4. 11.〉 (수산업법)
제1조 (시행일) 이 법은 공포한 날부터 시행한다. 다만, …생략…부칙 제15조제24항의 개정규정은 2008년 1월 20일부터 시행한다.
제2조 내지 제14조 생략
제15조 (다른 법률의 개정) ①내지 ㉓생략
㉔법률 제8260호 해양환경관리법 일부를 다음과 같이 개정한다.
부칙 제23조제8항 중 "제82조제1항중 "해양오염방지법 제2조제10호의 규정에 따른 해양시설""을 "제80조제1항제2호 중 "「해양오염방지법」 제2조제10호의 해양시설"로 한다.
제16조 생략

부칙 〈제8379호, 2007. 4. 11.〉 (항만법)
제1조 (시행일) 이 법은 공포한 날부터 시행한다. 다만, …생략… 부칙 제10조제11항의 개정규정은 2008년 1월 20일부터 시행한다.
제2조 내지 제9조 생략
제10조 (다른 법률의 개정) ①내지 ⑩생략
⑪법률 제8260호 해양환경관리법 일부를 다음과 같이 개정한다.
제2조제19호 중 "「항만법」 제22조"를 "「항만법」 제23조"로 한다.
제11조 생략

부칙 〈제8380호, 2007. 4. 11.〉 (해상교통안전법)
제1조 (시행일) 이 법은 공포한 날부터 시행한다. 다만, 부칙 제5조제4항의 개정규정은 2008년 1월 20일부터 시행한다.
제2조 내지 제4조 생략
제5조 (다른 법률의 개정) ①내지 ③생략
④법률 제8260호 해양환경관리법 일부를 다음과 같이 개정한다.
부칙 제23조제17항 중 "제2조제1호의2중 "해양오염방지법 제2조제10호""를 "제2조제2호 중 "「해양오염방지법」 제2조제10호""로, ""「해양환경관리법」 제2조제16호""를 ""「해양환경관리법」 제2조제17호""로 하고, "제49조의2제1항제2호중 "해양오염방지법 제2조제3호

“”를 “제61조제1항제2호 중 ”「해양오염방지법」 제2조제3호“”로, “”「해양환경관리법」 제2조제6호“”를 “”「해양환경관리법」 제2조제7호“”로 한다.
제6조 생략

부칙 〈제8404호, 2007. 4. 27.〉 (대기환경보전법)
제1조 (시행일) 이 법은 공포한 날부터 시행한다. 다만, ···〈생략〉··· 부칙 제13조제25항의 개정규정은 2008년 1월 20일부터 ···〈생략〉··· 시행한다.
제2조 부터 제12조 생략
제13조 (다른 법률의 개정) ①부터 ㉔생략
㉕법률 제8260호 해양환경관리법 일부를 다음과 같이 개정한다.
제2조제15호 중 “「대기환경보전법」 제2조제8호의2”를 “「대기환경보전법」 제2조제10호”로 한다.
제43조제1항 각 호 외의 부분 본문 중 “「대기환경보전법」 제43조제1항”을 “「대기환경보전법」 제76조제1항”으로 한다.
제47조제3항 단서 중 “「대기환경보전법」 제10조제1항”을 “「대기환경보전법」 제23조제1항”으로, “동법 제28조의2제1항”을 “같은 법 제44조제1항”으로 한다.
부칙 제23조제3항 중 “제2조제11호의2중”을 “제2조제14호 중”으로, “제43조제1항중”을 “제76조제1항 중”으로 한다.
㉖부터 ㉚생략
제14조 생략

부칙 〈제8788호, 2007. 12. 21.〉 (선박평형수 (선박평형수) 관리법)
제1조 (시행일) 이 법은 「선박평형수 관리협약」이 우리나라에서 효력을 발생하는 날부터 시행한다.
제2조 부터 제4조까지 생략
제5조 (다른 법률의 개정) 해양환경관리법 일부를 다음과 같이 개정한다.
제2조제6호를 다음과 같이 한다.
6. “선박평형수(船舶平衡水)”란 「선박평형수 관리법」 제2조제2호

에 따른 선박평형수를 말한다.

제22조제1항제2호나목·다목 및 같은 항 제3호나목 중 "밸러스트수"를 각각 "선박평형수"로 한다.

제28조의 제목 및 같은 조 제1항 본문 중 "밸러스트수"를 각각 "선박평형수"로 한다.

제129조제2항제5호 중 "밸러스트수"를 "선박평형수"로 한다.

부칙 〈제8852호, 2008. 2. 29.〉 (정부조직법)

제1조 (시행일) 이 법은 공포한 날부터 시행한다. 다만, ···〈생략〉··· 부칙 제6조에 따라 개정되는 법률 중 이 법의 시행 전에 공포되었으나 시행일이 도래하지 아니한 법률을 개정한 부분은 각각 해당 법률의 시행일부터 시행한다.

제2조 부터 제5조까지 생략

제6조 (다른 법률의 개정) ① 부터 〈692〉 까지 생략

〈693〉 해양환경관리법 일부를 다음과 같이 개정한다.

제2조제7호부터 제10호까지 및 제14호·제16호·제17호, 제8조제3항, 제9조제1항, 제11조제3항, 제12조제1항, 제13조제1항, 같은 조 제2항 단서 및 제4항, 제18조제1항제4호, 같은 조 제2항 전단 및 제4항, 제22조제1항제1호가목·나목 및 제2호가목부터 다목까지, 같은 항 제3호가목 및 나목, 같은 조 제2항제1호·제2호 및 제3항제3호, 제23조제1항 단서 및 제3항·제5항, 제24조제2항, 제25조제1항 및 제2항, 제26조제1항 후단, 같은 조 제2항 후단 및 제3항, 제27조제1항부터 제4항까지, 제28조제1항 본문·단서 및 제2항, 제29조, 제30조제1항제1호 본문 및 제2호 단서, 같은 조 제2항, 제31조제2항, 제32조제1항 전단, 제33조제2항, 제34조제1항 및 제2항, 제35조제2항, 제36조제1항, 제37조제1항 각 호 외의 부분 본문 및 제2항, 제38조제2항 후단 및 제3항, 제39조제1항 전단 및 후단, 제40조제2항, 제41조제1항 및 제2항, 제42조제3항 후단, 제43조제1항제1호 및 제2항, 제44조제2항 단서 및 제3항, 제45조제2항 단서 및 제5항, 제46조제1항 각 호 외의 부분 단서 및 제2항, 같은 조 제3항 본문·단서 및 제4항, 제47조제2항, 같은 조 제3항 본문 및 제4항, 제48조제3호, 제49조제1항 및 제2항, 제50조제1항 및 제3항, 제51조제1항, 제52조제1항 및 제2항, 제53조제1

항부터 제3항까지, 제54조제1항부터 제4항까지, 제55조제1항, 제56조제2항 및 제4항, 제61조제1항 전단, 제62조제2항, 제63조제2항, 제65조제1항, 제66조제3항, 제67조제1항 각 호 외의 부분, 제70조제1항제3호 및 제2항 · 제3항, 제72조제2항부터 제4항까지, 제73조, 제74조제3항, 제75조제2항, 제76조제1항 전단 · 후단 및 제2항, 제77조제4항, 제82조제2항, 제84조제3항 및 제5항, 제85조제2항 · 제3항 및 제5항, 제86조제1항 전단 · 후단 및 제2항, 제88조제2호, 제89조제2항, 제95조제2항 전단, 제110조제1항부터 제5항까지, 같은 조 제7항 전단 및 제9항 각 호 외의 부분 본문, 제111조제1항 본문 · 단서 및 제3항, 제112조제3항 및 제4항, 제113조제3항, 제115조제6항, 제121조 단서, 제122조제1항 및 제125조제3항 중 "해양수산부령"을 각각 "국토해양부령"으로 한다.

제2조제20호 각 목 외의 부분, 제6조제1항 · 제2항 전단 및 제3항, 제8조제1항 전단 · 후단 및 제2항 전단 · 후단, 제9조제1항 및 제2항 전단 · 후단, 제10조 전단, 제11조제1항 및 제2항 전단, 제12조제1항 및 제2항, 제13조제1항, 같은 조 제2항 본문 및 제3항 각 호 외의 부분, 제14조제1항 전단 · 후단, 같은 조 제4항 및 제5항 전단, 제15조제1항 각 호 외의 부분 전단, 같은 조 제2항 및 제3항 각 호 외의 부분, 제16조제1항 각 호 외의 부분 전단, 같은 조 제3항 및 제4항 전단, 제17조제1항, 같은 조 제2항 각 호 외의 부분 및 제3항, 제18조제2항 전단 · 후단 및 제3항, 제19조제1항 각 호 외의 부분 및 제3항 · 제4항, 제20조제1항 전단, 제23조제1항 단서 및 제2항부터 제4항까지, 제24조제1항 전단, 제27조제3항, 제33조제1항, 제39조제1항 전단 및 후단, 같은 조 제2항 전단 및 제3항 전단, 제42조제3항 전단, 제45조제6항 각 호 외의 부분, 제46조제1항제3호, 제47조제1항 및 제3항 본문, 제49조제1항 및 제2항, 제50조제1항 및 제2항, 제51조제1항 및 제2항, 제52조제1항 및 제2항, 제53조제1항부터 제4항까지, 제54조제1항 및 제2항, 제55조제1항 및 제3항, 제56조제2항, 제58조제1항 및 제2항, 제59조제1항, 제60조제1항 및 제2항 본문, 제61조제1항 후단, 제62조제2항, 제70조제1항 각 호 외의 부분, 제72조제1항 및 제3항, 제73조, 제74조제3항, 제75조제1항 각 호 외의 부분 본문, 제76조제1항 전단, 제77조제2항부터 제4항까지, 제82조제1항 각 호 외의 부분 본문,

제84조제1항 각 호 외의 부분 전단, 같은 조 제2항제2호 및 제3항, 제85조제1항 각 호 외의 부분 본문 및 제2항, 제86조제1항 전단, 제89조제1항 각 호 외의 부분 본문, 제91조제1항 · 제2항 · 제3항 및 제4항, 제92조제1항 전단 및 제2항 본문, 제93조제1항 전단 및 제2항, 제95조제1항 전단, 같은 조 제2항 전단 · 후단 및 제3항 전단 · 후단, 제98조제2항 전단, 제99조제3항 전단 · 후단 및 제4항 전단, 제104조제3항 후단, 제106조제1항 후단 및 제2항, 제107조제2항 전단 및 제3항, 제108조제1항 및 제2항, 제110조제1항부터 제3항까지, 같은 조 제5항 및 제6항 전단, 같은 조 제7항 전단 및 제9항 각 호 외의 부분 본문, 제112조제1항 각 호 외의 부분 전단 · 후단 및 제3항, 제113조제1항 각 호 외의 부분 본문 및 제2항 전단 · 후단, 제115조제1항 및 제6항, 제116조제1항, 제120조 각 호 외의 부분, 제122조제3항 후단, 제132조제3항제2호, 제133조제1항부터 제3항까지 중 "해양수산부장관"을 각각 "국토해양부장관"으로 한다.

제95조제3항을 삭제한다.

제106조제2항 중 "재정경제부장관"을 "기획재정부장관"으로 한다.

제123조제1항을 다음과 같이 한다.

① 이 법에 따른 국토해양부장관 또는 해양경찰청장의 권한은 대통령령으로 정하는 바에 따라 그 일부를 소속 기관의 장 또는 다른 행정기관 · 지방자치단체의 장에게 위임하거나 위탁할 수 있다.

〈694〉 부터 〈760〉 까지 생략

제7조 생략

부칙 〈제9037호, 2008. 3. 28.〉 (환경영향평가법)

제1조 (시행일) 이 법은 2009년 1월 1일부터 시행한다.

제2조 부터 제17조까지 생략

제18조 (다른 법률의 개정) ① 부터 ⑳ 까지 생략

㉑ 해양환경관리법 일부를 다음과 같이 개정한다.

제85조제1항 단서 중 "「환경 · 교통 · 재해 등에 관한 영향평가법」"을 "「환경영향평가법」"으로 한다.

㉒ 생략

제19조 생략

부칙 〈제9454호, 2009. 2. 6.〉 (해양수산발전 기본법)

제1조(시행일) 이 법은 공포 후 6개월이 경과한 날부터 시행한다.

제2조 및 제3조 생략

제4조(다른 법률의 개정) ① 해양환경관리법 일부를 다음과 같이 개정한다.

제14조제2항, 제16조제2항, 제61조제2항 및 제77조제4항 중 "제17조의 규정에 따른 해양환경관리위원회"를 각각 "「해양수산발전 기본법」 제7조에 따른 해양수산발전위원회"로 한다.

제17조를 삭제한다.

② 생략

부칙 〈제9626호, 2009. 4. 22.〉 (수산업법)

제1조(시행일) 이 법은 공포 후 1년이 경과한 날부터 시행한다.

제2조 부터 제10조까지 생략

제11조(다른 법률의 개정) ① 부터 ⑭ 까지 생략

⑮ 해양환경관리법 일부를 다음과 같이 개정한다.

제19조제4항 중 "「어업협정체결에 따른 어업인 등의 지원 및 수산업발전특별법」 제22조의 규정"을 "「수산업법」 제76조"로 한다.

제12조 생략

부칙 〈제9773호, 2009. 6. 9.〉 (항만법)

제1조(시행일) 이 법은 공포 후 6개월이 경과한 날부터 시행한다. 〈단서 생략〉

제2조 부터 제8조까지 생략

제9조(다른 법률의 개정) ① 부터 ㉕ 까지 생략

㉖ 해양환경관리법 일부를 다음과 같이 개정한다.

제2조제19호 중 "「항만법」 제23조"를 "「항만법」 제20조"로 한다.

㉗ 생략

제10조 생략

부칙 〈제9872호, 2009. 12. 29.〉

이 법은 공포한 날부터 시행한다. 다만, 제119조의2의 개정규정은 공포 후 6개월이 경과한 날부터 시행한다.

부칙 〈제10219호, 2010. 3. 31.〉 (지방세기본법)
제1조(시행일) 이 법은 2011년 1월 1일부터 시행한다.
제2조 부터 제10조까지 생략
제11조(다른 법률의 개정) ① 부터 〈58〉 까지 생략
〈59〉 해양환경관리법 일부를 다음과 같이 개정한다.
제74조제2항 중 "「지방세법」"을 "「지방세기본법」"으로 한다.
〈60〉 및 〈61〉 생략
제12조 생략

부칙 〈제10272호, 2010. 4. 15.〉 (공유수면 관리 및 매립에 관한 법률)
제1조(시행일) 이 법은 공포 후 6개월이 경과한 날부터 시행한다.
제2조 부터 제12조까지 생략
제13조(다른 법률의 개정) ① 부터 〈74〉 까지 생략
〈75〉 해양환경관리법 일부를 다음과 같이 개정한다.
제22조제1항제1호나목 중 "「공유수면매립법」 제9조 및 동법 제38조의 규정"을 "「공유수면 관리 및 매립에 관한 법률」 제28조 및 같은 법 제35조"로 한다.
제84조제1항제1호를 다음과 같이 하고, 같은 항 제2호를 삭제한다.
1. 「공유수면 관리 및 매립에 관한 법률」 제8조에 따른 공유수면의 점용·사용허가(제5호 및 제6호에 따른 바다골재채취의 허가 및 바다골재채취단지의 지정에 따른 공유수면의 점용·사용허가는 제외한다) 및 같은 법 제28조에 따른 공유수면의 매립면허
제84조제2항 각 호 외의 부분 본문 중 "「공유수면관리법」에 따른 공유수면의 점용·사용의 허가 또는 「공유수면매립법」에 따른 공유수면매립의 면허"를 "「공유수면 관리 및 매립에 관한 법률」에 따른 공유수면의 점용·사용허가 또는 매립면허"로 한다.
제85조제1항제1호 및 제2호를 각각 다음과 같이 한다.
1. 「공유수면 관리 및 매립에 관한 법률」 제8조제1항제8호에 따른 흙·돌을 공유수면에 버리는 행위
2. 「공유수면 관리 및 매립에 관한 법률」 제8조제1항제11호에 따른 행위 중 해양자원의 이용·개발
제14조 생략

부칙 〈제10803호, 2011. 6. 15.〉

제1조(시행일) 이 법은 공포한 날부터 시행한다. 다만, 제32조의2제1항 및 제4항(제1항과 관련된 부분에 한정한다)은 이 법 공포 후 해당 선박의 첫 번째 중간검사 또는 정기검사 날부터 시행하고, 제32조의2제2항 · 제3항 및 제4항(제1항과 관련된 부분은 제외한다)은 2012년 4월 1일부터 시행하며, 제110조의2, 제112조, 제122조, 제128조제17호의2, 제129조제2항제9호의2 및 같은 항 제13호의 개정규정은 공포 후 6개월이 경과한 날부터 시행한다.

제2조(해역이용영향평가에 대한 적용례) 제85조제1항의 개정규정은 이 법 시행 후 최초로 공유수면의 준설을 위하여 공유수면의 점용 · 사용허가를 처분기관에 신청하는 것부터 적용한다.

제3조(해양환경관리종합계획 등에 대한 경과조치) 이 법 시행 당시 종전의 해양환경관리종합계획은 제14조의 개정규정에 따른 해양환경종합계획으로 보고, 종전의 환경관리기본계획은 제16조의 개정규정에 따른 해역별 관리계획으로 본다.

제4조(벌칙 및 과태료에 관한 경과조치) 이 법 시행 전의 행위에 대하여 벌칙 및 과태료를 적용할 때에는 종전의 규정에 따른다.

부칙 〈제10892호, 2011. 7. 21.〉 (환경영향평가법)

제1조(시행일) 이 법은 공포 후 1년이 경과한 날부터 시행한다. 〈단서 생략〉

제2조 부터 제8조까지 생략

제9조(다른 법률의 개정) ①부터 ㉘까지 생략

㉙ 해양환경관리법 일부를 다음과 같이 개정한다.

제85조제1항 각 호 외의 부분 단서 중 "「환경영향평가법」 제4조제3항"을 "「환경영향평가법」 제22조"로 한다.

㉚부터 ㉟까지 생략

제10조 생략

부칙 〈제10893호, 2011. 7. 21.〉 (환경정책기본법)

제1조(시행일) 이 법은 공포 후 1년이 경과한 날부터 시행한다.

제2조 부터 제4조까지 생략

제5조(다른 법률의 개정) ①부터 ㉔까지 생략

㉕ 해양환경관리법 일부를 다음과 같이 개정한다.

제8조제1항 전단 중 "「환경정책기본법」 제11조의 규정"을 "「환경정책기본법」 제13조"로 한다.

㉖부터 ㉝까지 생략

제6조 생략

부칙 〈제10911호, 2011. 7. 25.〉 (원자력안전법)

제1조(시행일) 이 법은 공포 후 3개월이 경과한 날부터 시행한다.

제2조 및 제3조 생략

제4조(다른 법률의 개정) ①부터 ⑭까지 생략

⑮ 해양환경관리법 일부를 다음과 같이 개정한다.

제3조제1항 각 호 외의 부분 단서 중 "「원자력법」"을 "「원자력안전법」"으로 한다.

⑯ 및 ⑰ 생략

제5조 생략

부칙 〈제11479호, 2012. 6. 1.〉

제1조(시행일) 이 법은 공포 후 6개월이 경과한 날부터 시행한다.

제2조(형식승인 면제 대상인 해양환경측정기기 등에 관한 적용례) 제110조의 개정규정은 이 법 시행 후 최초로 제작·제조 또는 수입하는 해양환경측정기기, 형식승인대상설비 및 오염물질의 방제·방지에 사용하는 자재·약제부터 적용한다.

제3조(피예인선에 대한 선박해양오염비상계획서의 비치 등에 관한 경과조치) 제31조제1항의 개정규정에도 불구하고 이 법 시행 당시 종전의 규정에 따른 피예인선의 소유자는 이 법 시행일부터 1년 이내에 선박해양오염비상계획서를 작성하여 해양경찰청장의 검인을 받은 후 해당 피예인선에 비치하여야 한다.

부칙 〈제11597호, 2012. 12. 18.〉

제1조(시행일) 이 법은 2013년 1월 1일부터 시행한다. 다만, 제70조제1항제3호, 제115조제3항 및 제123조제3항의 개정규정은 공포한 날부터 시행하고, 제83조의2의 개정규정은 공포 후 6개월이 경과한 날부터 시행한다.

제2조(선박에너지효율설계지수의 계산에 관한 적용례) 제41조의2 및 제41조의3의 개정규정은 2013년 1월 1일 이후에 선박의 건조계약이 이루어진 선박(건조계약이 없는 경우에는 2013년 7월 1일 이후에 용골이 거치되거나 그와 동등한 건조단계에 착수한 선박을 말한다), 2015년 7월 1일 이후에 선박의 소유자에게 인도되는 선박 또는 2013년 1월 1일 이후에 개조를 하려는 선박부터 적용한다.
제3조(선박에너지효율관리계획서의 비치에 관한 적용례) 제41조의3제1항의 개정규정에 따른 선박 중 제41조의2제1항의 개정규정에 따라 건조 또는 개조하는 선박을 제외한 선박의 소유자는 이 법 시행 후 처음으로 도래하는 대기오염방지설비에 대한 정기검사 또는 중간검사를 받을 때까지 선박에너지효율관리계획서를 작성하여 선박에 비치하여야 한다.
제4조(에너지효율검사에 관한 경과조치) ① 제41조의2제1항의 개정규정에 따른 선박의 소유자는 건조하거나 개조한 선박을 항해에 사용하기 전까지 제54조의2의 개정규정에 따라 에너지효율검사를 받아야 한다.
② 제41조의3제1항의 개정규정에 따른 선박 중 제1항에 따른 선박을 제외한 선박의 소유자는 이 법 시행 후 처음으로 도래하는 대기오염방지설비에 대한 정기검사 또는 중간검사를 받을 때에 제54조의2의 개정규정에 따라 에너지효율검사를 받아야 한다.

부칙 〈제11690호, 2013. 3. 23.〉 (정부조직법)
제1조(시행일) ① 이 법은 공포한 날부터 시행한다.
② 생략
제2조 부터 제5조까지 생략
제6조(다른 법률의 개정) ①부터 〈667〉까지 생략
〈668〉 해양환경관리법 일부를 다음과 같이 개정한다.
제2조제7호부터 제10호까지 · 제14호 · 제16호 · 제17호, 제8조제3항, 제9조제1항, 제11조제3항, 제12조제1항, 제13조제1항, 같은 조 제2항 단서, 같은 조 제4항, 제18조제1항제4호, 같은 조 제3항 전단, 같은 조 제5항, 제22조제1항제1호가목 · 나목, 같은 항 제2호가목부터 다목까지, 같은 항 제3호가목 · 제3호나목, 같은 조 제2항제1호, 같은 항 제2호, 같은 조 제3항제3호, 제23조제1항 단서, 같

은 조 제3항·제5항, 제24조제2항, 제25조제1항·제2항, 제26조제1항 후단, 같은 조 제2항 후단, 같은 조 제3항, 제27조제1항부터 제4항까지, 제28조제1항 본문 및 단서, 같은 조 제2항, 제29조, 제30조제1항제1호 본문, 같은 항 제2호 단서, 같은 조 제2항, 제31조제2항, 제32조제1항 전단, 제32조의2제1항·제2항·제4항, 제33조제2항, 제34조제1항·제2항, 제35조제2항, 제36조제1항, 제37조제1항 각 호 외의 부분 본문, 같은 조 제2항, 제38조제2항 후단, 같은 조 제3항, 제39조제1항 전단 및 후단, 제40조제2항, 제41조제1항·제2항, 제41조의2제1항 각 호 외의 부분, 같은 항 제1호·제3호·제4호, 같은 조 제2항, 제41조의3제1항·제2항, 제42조제3항 후단, 같은 조 제6항, 제43조제1항 본문, 같은 조 제2항·제3항, 제44조제2항 단서, 같은 조 제3항, 제45조제2항 단서, 같은 조 제5항, 제46조제1항 각 호 외의 부분 단서, 같은 조 제2항, 같은 조 제3항 본문 및 단서, 같은 조 제4항, 제47조제2항, 같은 조 제3항 본문, 같은 조 제4항, 제47조의2제2항, 제48조제3호, 제49조제1항·제2항, 제50조제1항·제3항, 제51조제1항, 제52조제1항·제2항, 제53조제1항부터 제3항까지, 제54조제1항부터 제4항까지, 제54조의2제1항부터 제3항까지, 제55조제1항, 제56조제2항·제4항, 제61조제1항 전단, 제62조제2항, 제63조제2항, 제65조제1항, 제66조제3항, 제67조제1항 각 호 외의 부분, 제70조제1항제3호, 같은 조 제2항·제3항, 제70조의2제2항, 제72조제2항부터 제4항까지, 제73조, 제74조제3항, 제75조제2항, 제76조제1항 전단 및 후단, 같은 조 제2항, 제76조의2제2항, 제77조제4항, 제82조제2항, 제83조의2제2항·제4항, 제84조제3항·제6항, 제85조제2항, 같은 조 제3항 본문, 같은 조 제5항, 제86조제1항 전단 및 후단, 같은 조 제3항, 제88조제2호, 제89조제2항, 제95조제2항 전단, 제108조제1항 단서, 제110조제1항 본문 및 단서, 같은 조 제2항, 같은 조 제3항 본문 및 단서, 같은 조 제4항 본문 및 단서, 같은 조 제5항, 같은 조 제7항 전단, 같은 조 제9항 각 호 외의 부분 본문, 제110조의2제1항부터 제3항까지, 같은 조 제4항 각 호 외의 부분, 제111조제1항 본문 및 단서, 같은 조 제3항, 제112조제3항·제4항, 제113조제3항, 제115조제7항, 제119조의2제1항제2호, 제121조 단서, 제122조제1항 및 제125조제3항 중 "국토해양부령"을 각각 "해양수산부령"으로 한다.

제2조제20호 각 목 외의 부분, 같은 조 제22호, 제6조제1항, 같은 조 제2항 전단, 같은 조 제3항, 제8조제1항 전단 및 후단, 같은 조 제2항 전단 및 후단, 제9조제1항, 같은 조 제2항 전단 및 후단, 제10조 전단, 제11조제1항, 같은 조 제2항 전단, 제12조제1항·제2항, 제13조제1항, 같은 조 제2항 본문, 같은 조 제3항 각 호 외의 부분, 제14조제1항 전단 및 후단, 같은 조 제4항, 같은 조 제5항 전단, 제15조제1항 각 호 외의 부분 전단, 같은 조 제2항, 같은 조 제3항 각 호 외의 부분, 제16조제1항 각 호 외의 부분 전단, 같은 조 제3항, 같은 조 제4항 전단, 제18조제2항 전단 및 후단, 같은 조 제3항 전단 및 후단, 같은 조 제4항, 제19조제1항 각 호 외의 부분, 같은 조 제4항·제5항, 제20조제1항 전단, 제23조제1항 단서, 같은 조 제2항부터 제4항까지, 제24조제1항 전단, 제27조제3항, 제32조의2제1항·제3항, 제33조제1항, 제39조제1항 전단 및 후단, 같은 조 제2항 전단, 같은 조 제3항 전단, 제41조의2제1항 각 호 외의 부분, 제42조제3항 전단, 제45조제6항 각 호 외의 부분, 제46조제1항제3호, 제47조제1항, 같은 조 제3항 본문, 제47조의2제1항, 제49조제1항·제2항, 제50조제1항·제2항, 제51조제1항·제2항, 제52조제1항·제2항, 제53조제1항부터 제4항까지, 제54조제1항·제2항, 제54조의2제1항·제2항, 제55조제1항·제3항, 제56조제2항, 제58조제1항, 같은 조 제2항 본문, 같은 조 제3항 각 호 외의 부분, 제59조제1항, 제60조제1항, 같은 조 제2항 본문, 제61조제1항 후단, 제62조제2항, 제70조제1항 각 호 외의 부분, 제70조의2제1항, 제72조제1항·제3항, 제73조, 제74조제3항, 제75조제1항 각 호 외의 부분 본문, 제76조제1항 전단, 제76조의2제1항, 제77조제2항부터 제4항까지, 제82조제1항 각 호 외의 부분 본문, 제83조의2제1항 각 호 외의 부분, 같은 조 제2항, 제84조제1항 각 호 외의 부분 전단, 같은 조 제2항제2호, 같은 조 제3항, 제85조제1항 각 호 외의 부분 본문, 같은 조 제2항, 제86조제1항 전단, 같은 조 제2항, 제89조제1항 각 호 외의 부분 본문, 제91조제1항, 같은 조 제2항 본문, 같은 조 제3항·제4항, 제92조제1항 전단, 같은 조 제2항 본문, 제93조제1항 전단, 같은 조 제2항, 제95호제1항 전단, 같은 조 제2항 전단 및 후단, 제98조제2항 전단, 제99조제3항 전단 및 후단, 같은 조 제4항 전단, 제104조제3항 후단, 제106조제

1항 후단, 같은 조 제2항, 제107조제2항 전단, 같은 조 제3항, 제108조제1항 본문, 같은 조 제2항, 제110조제1항 본문 및 단서, 같은 조 제2항, 같은 조 제3항 본문 및 단서, 같은 조 제5항, 같은 조 제6항 전단, 같은 조 제7항 전단, 같은 조 제9항 각 호 외의 부분 본문, 제110조의2제1항부터 제3항까지, 같은 조 제4항 각 호 외의 부분, 제112조제1항 각 호 외의 부분 전단 및 후단, 같은 조 제3항, 제113조제1항 각 호 외의 부분 본문, 같은 조 제2항 전단 및 후단, 제115조제1항 · 제2항 · 제7항, 제116조제1항, 제119조의2제1항 각 호 외의 부분, 제120조 각 호 외의 부분, 제122조제3항 후단, 제123조제1항, 같은 조 제3항 각 호 외의 부분, 제132조제3항 제2호 및 제133조 중 "국토해양부장관"을 각각 "해양수산부장관"으로 한다.

제85조제3항 단서를 삭제한다.

〈669〉부터 〈710〉까지 생략

제7조 생략

부칙 〈제12300호, 2014. 1. 21.〉 (오존층 보호를 위한 특정물질의 제조규제 등에 관한 법률)

제1조(시행일) 이 법은 공포 후 6개월이 경과한 날부터 시행한다. 〈단서 생략〉

제2조 부터 제4조까지 생략

제5조 (다른 법률의 개정) 해양환경관리법 일부를 다음과 같이 개정한다.

제2조제12호 중 "「오존층보호를 위한 특정물질의 제조규제 등에 관한 법률」"을 "「오존층 보호를 위한 특정물질의 제조규제 등에 관한 법률」"로 한다.

부칙 〈제12549호, 2014. 3. 24.〉

이 법은 공포 후 6개월이 경과한 날부터 시행한다.

부칙 〈제12662호, 2014. 5. 21.〉

제1조(시행일) 이 법은 공포한 날부터 시행한다.

제2조(금치산자 등에 대한 경과조치) 제71조제1호(제74조제4항에

따라 준용되는 경우를 포함한다), 제81조제1호, 제87조제1호 및 제101조제1항제2호의 개정규정에 따른 피성년후견인 및 피한정후견인에는 법률 제10429호 민법 일부개정법률 부칙 제2조에 따라 금치산 또는 한정치산 선고의 효력이 유지되는 사람을 포함하는 것으로 본다.

부칙 〈제12844호, 2014. 11. 19.〉 (정부조직법)

제1조(시행일) 이 법은 공포한 날부터 시행한다. 다만, 부칙 제6조에 따라 개정되는 법률 중 이 법 시행 전에 공포되었으나 시행일이 도래하지 아니한 법률을 개정한 부분은 각각 해당 법률의 시행일부터 시행한다.

제2조 부터 제5조까지 생략

제6조(다른 법률의 개정) ①부터 〈241〉까지 생략

〈242〉 해양환경관리법 일부를 다음과 같이 개정한다.

제31조제1항, 제35조제1항 본문, 제61조제1항 전단·후단, 제62조제1항·제2항, 제64조제3항, 같은 조 제4항 전단, 같은 조 제6항 단서, 제67조제3항, 같은 조 제4항 전단, 제68조제1항·제3항, 제70조제1항 각 호 외의 부분, 제72조제1항, 제73조, 제74조제3항, 제75조제1항 각 호 외의 부분 본문, 제83조의2제2항, 제108조제1항 단서, 제110조제4항 본문·단서, 같은 조 제5항, 같은 조 제6항 전단, 같은 조 제7항 전단, 같은 조 제9항 각 호 외의 부분 본문, 제110조의2제1항부터 제3항까지, 같은 조 제4항 각 호 외의 부분, 제111조제1항 본문, 같은 조 제2항, 제112조제2항 전단·후단, 같은 조 제3항, 제113조제1항 각 호 외의 부분 본문, 제115조제3항·제4항·제7항, 제116조제1항, 제119조의2제1항 각 호 외의 부분, 제120조 각 호 외의 부분, 제122조제3항 후단, 제123조제1항 및 제133조 중 "해양경찰청장"을 각각 "국민안전처장관"으로 한다.

제31조제2항, 제35조제2항, 제70조제1항제3호, 같은 조 제2항·제3항, 제72조제2항·제4항, 제73조, 제74조제3항, 제75조제2항, 제108조제1항 단서, 제110조제5항, 같은 조 제7항 전단, 같은 조 제9항 각 호 외의 부분 본문, 제110조의2제1항부터 제3항까지, 같은 조 제4항 각 호 외의 부분, 제112조제3항·제4항, 제113조제3항, 제115조제7항 및 제122조제1항 중 "해양수산부령"을 각각 "총

리령 또는 해양수산부령"으로 한다.

제43조제1항 단서 중 "해양경찰청함정"을 "국민안전처함정"으로 한다.

제61조제1항 전단, 제63조제2항, 제110조제4항 본문·단서 및 제111조제1항 본문·단서 중 "해양수산부령"을 각각 "총리령"으로 한다.

제62조제2항 중 "해양경찰청장"을 "국민안전처장관"으로, "해양수산부령"을 "총리령"으로, "보고하여야"를 "통보하여야"로 한다.

제63조제1항 각 호 외의 부분 중 "해양경찰청장"을 "국민안전처장관"으로, "해양경찰서장"을 "해양경비안전서장"으로 한다.

제83조의2제2항 중 "해양경찰청 소속"을 "국민안전처 소속"으로 한다.

제114조제1항 및 제117조 중 "해역관리청 또는 해양경찰청장"을 각각 "국민안전처장관 또는 해역관리청"으로 한다.

제114조제3항 중 "해역관리청·해양경찰청장"을 "국민안전처장관·해역관리청"으로 한다.

〈243〉부터 〈258〉까지 생략

제7조 생략

부칙 〈제13084호, 2015. 1. 28.〉 (산업표준화법)

제1조(시행일) 이 법은 공포 후 6개월이 경과한 날부터 시행한다.

제2조(다른 법률의 개정) ① 및 ② 생략

③ 해양환경관리법 일부를 다음과 같이 개정한다.

제10조 후단 중 "「산업표준화법」 제10조의 규정에 따른 한국산업규격이 고시되어 있는 경우에는 특별한 사유가 없는 한 고시된 한국산업규격"을 "「산업표준화법」 제12조제1항에 따른 한국산업표준이 고시되어 있는 경우에는 특별한 사유가 없으면 고시된 한국산업표준"으로 한다.

부칙 〈제13383호, 2015. 6. 22.〉 (수산업·어촌 발전 기본법)

제1조(시행일) 이 법은 공포 후 6개월이 경과한 날부터 시행한다. 〈단서 생략〉

제2조 및 제3조 생략

제4조(다른 법률의 개정) ①부터 〈56〉까지 생략
〈57〉 해양환경관리법 일부를 다음과 같이 개정한다.
제19조제5항 중 "「수산업법」 제76조에 따른 수산발전기금"을 "「수산업 · 어촌 발전 기본법」 제46조에 따른 수산발전기금"으로 한다.
〈58〉부터 〈63〉까지 생략

부칙 〈제14476호, 2016. 12. 27.〉 (지방세징수법)

제1조(시행일) 이 법은 공포 후 3개월이 경과한 날부터 시행한다. 〈단서 생략〉
제2조 및 제3조 생략
제4조(다른 법률의 개정) ①부터 〈59〉까지 생략
〈60〉 해양환경관리법 일부를 다음과 같이 개정한다.
제74조제2항 중 "「지방세기본법」"을 "「지방세징수법」"으로 한다.
〈61〉부터 〈65〉까지 생략
제5조 생략

부칙 〈제14516호, 2016. 12. 27.〉

제1조(시행일) 이 법은 공포한 날부터 시행한다. 다만, 제21조제8호 · 제9호, 제31조제1항, 제33조, 제35조제1항, 제75조제1항제8호, 제89조제1항제2호의2, 제105조, 제126조제1호, 제127조제1호 · 제2호, 제128조제1호 및 제132조제4항제1호 · 제1호의2 · 제4호의 개정규정은 공포 후 6개월이 경과한 날부터 시행한다.
제2조(국 · 공유재산 특례의 유효기간 등) ① 제105조의 개정규정은 같은 개정규정 시행일부터 10년간 효력을 가진다.
② 제105조의 개정규정에 따라 공단이 무상으로 대부하거나 사용 · 수익하고 있는 국 · 공유재산의 대부 또는 사용 · 수익은 제1항에 따른 유효기간이 지난 후에도 해당 국 · 공유재산의 대부 또는 사용 · 수익 기간의 범위에서 효력을 가진다.
제3조(평가대행자의 등록취소 등에 관한 적용례) 제89조제1항제2호의2의 개정규정은 같은 개정규정 시행 이후 평가대행자가 제86조제1항 후단에 따라 변경등록을 하여야 하는 사유가 발생하는 경우부터 적용한다.

제4조(폐기물 배출률 승인에 관한 경과조치) 이 법 시행 전에 「1978년 의정서에 의하여 개정된 선박으로부터의 오염방지를 위한 1973년 국제협약」에 따라 해양수산부장관의 승인을 받은 배출률은 제22조의2의 개정규정에 따라 배출률의 승인을 받은 것으로 본다.
제5조(해양환경관리업자의 행정처분에 관한 경과조치) 제75조제1항제8호의 개정규정 시행 전에 해양환경관리업자가 종전의 제75조제1항제8호에 해당하게 된 경우의 행정처분에 관하여는 같은 개정규정에도 불구하고 종전의 규정에 따른다.
제6조(국·공유재산 무상대부 등에 관한 경과조치) 제105조의 개정규정 시행 전에 공단이 무상으로 대부하거나 사용·수익하고 있는 국·공유재산의 대부 또는 사용·수익 기간에 관하여는 같은 개정규정에도 불구하고 종전의 규정에 따른다.
제7조(벌칙에 관한 경과조치) 이 법 시행 전의 행위에 대하여 벌칙을 적용할 때에는 종전의 규정에 따른다.

부칙 〈제14532호, 2017. 1. 17.〉 (물환경보전법)
제1조(시행일) 이 법은 공포 후 1년이 경과한 날부터 시행한다. 다만, 부칙 제6조에 따라 개정되는 법률 중 이 법 시행 전에 공포되었으나 시행일이 도래하지 아니한 법률을 개정한 부분은 각각 해당 법률의 시행일부터 시행한다.
제2조 부터 제5조까지 생략
제6조(다른 법률의 개정) ①부터 〈79〉까지 생략
〈80〉 해양환경관리법 일부를 다음과 같이 개정한다.
제3조제5항 및 제81조제4호 중 "「수질 및 수생태계 보전에 관한 법률」"을 각각 "「물환경보전법」"으로 한다.
〈81〉부터 〈89〉까지 생략
제7조 생략

부칙 〈제14605호, 2017. 3. 21.〉 (배타적 경제수역 및 대륙붕에 관한 법률)
제1조(시행일) 이 법은 공포한 날부터 시행한다. 〈단서 생략〉
제2조(다른 법률의 개정) ①부터 ⑫까지 생략
⑬ 해양환경관리법 일부를 다음과 같이 개정한다.

제2조제20호가목 및 제3조제1항제2호 중 “「배타적경제수역법」 제2조의 규정에 따른 배타적경제수역”을 각각 “「배타적 경제수역 및 대륙붕에 관한 법률」 제2조에 따른 배타적 경제수역”으로 한다.

부칙 〈제14747호, 2017. 3. 21.〉

이 법은 공포 후 6개월이 경과한 날부터 시행한다.

부칙 〈제14839호, 2017. 7. 26.〉 (정부조직법)

제1조(시행일) ① 이 법은 공포한 날부터 시행한다. 다만, 부칙 제5조에 따라 개정되는 법률 중 이 법 시행 전에 공포되었으나 시행일이 도래하지 아니한 법률을 개정한 부분은 각각 해당 법률의 시행일부터 시행한다.

제2조 부터 제4조까지 생략

제5조(다른 법률의 개정) ①부터 〈249〉까지 생략

〈250〉 해양환경관리법 일부를 다음과 같이 개정한다.

제31조제1항, 제35조제1항 본문, 제61조제1항 전단·후단, 제62조제1항, 제64조제3항, 같은 조 제4항 전단, 같은 조 제6항 단서, 제67조제3항, 같은 조 제4항 전단, 제68조제1항·제3항, 제70조제1항 각 호 외의 부분, 제72조제1항, 제73조, 제74조제3항, 제75조제1항 각 호 외의 부분 본문, 제83조의2제2항, 제108조제1항 단서, 제110조제4항 본문·단서, 같은 조 제5항, 같은 조 제6항 전단, 같은 조 제7항 전단, 같은 조 제9항 각 호 외의 부분 본문, 제110조의2제1항부터 제3항까지, 같은 조 제4항 각 호 외의 부분, 제111조제1항 본문, 같은 조 제2항, 제112조제2항 전단·후단, 같은 조 제3항, 제113조제1항 각 호 외의 부분 본문, 제115조제3항·제4항·제7항, 제116조제1항, 제119조의2제1항 각 호 외의 부분, 제120조 각 호 외의 부분, 제122조제3항 후단, 제123조제1항 및 제133조 중 “국민안전처장관”을 각각 “해양경찰청장”으로 한다.

제31조제2항, 제35조제2항, 제70조제1항제3호, 제72조제4항, 제75조제2항, 제108조제1항 단서, 제110조제7항 전단, 같은 조 제9항 각 호 외의 부분 본문, 제112조제4항, 제113조제3항 및 제122조제1항 중 “총리령 또는 해양수산부령”을 각각 “해양수산부령”으로 한다.

제43조제1항 단서 중 “국민안전처함정”을 “해양경찰청함정”으로

한다.

제61조제1항 전단 및 제111조제1항 본문·단서 중 "총리령이"를 각각 "해양수산부령으로"로 한다.

제62조제2항 중 "국민안전처장관"을 "해양경찰청장"으로, "총리령"을 "해양수산부령"으로, "통보하여야"를 "보고하여야"로 한다.

제63조제1항 각 호 외의 부분 중 "국민안전처장관 또는 해양경비안전서장"을 "해양경찰청장 또는 해양경찰서장"으로 한다.

제63조제2항, 제110조제4항 본문·단서, 제110조의2제1항부터 제3항까지 및 같은 조 제4항 각 호 외의 부분 중 "총리령"을 각각 "해양수산부령"으로 한다.

제70조제2항·제3항, 제72조제2항, 제73조, 제74조제3항, 제110조제5항, 제112조제3항 및 제115조제7항 중 "총리령 또는 해양수산부령이"를 각각 "해양수산부령으로"로 한다.

제83조의2제2항 중 "국민안전처 소속"을 "해양경찰청 소속"으로 한다.

제114조제1항 및 제117조 중 "국민안전처장관 또는 해역관리청"을 각각 "해역관리청 또는 해양경찰청장"으로 한다.

제114조제3항 중 "국민안전처장관·해역관리청"을 "해역관리청·해양경찰청장"으로 한다.

〈251〉부터 〈382〉까지 생략

제6조 생략

부칙 〈제15011호, 2017. 10. 31.〉 (항만운송사업법)

제1조(시행일) 이 법은 공포 후 6개월이 경과한 날부터 시행한다. 〈단서 생략〉

제2조 생략

제3조(다른 법률의 개정) ① 해양환경관리법 일부를 다음과 같이 개정한다.

제45조제1항 각 호 외의 부분 중 "선박급유업자"를 "선박연료공급업자"로 하고, 같은 항 제1호 중 "선박급유업"을 "선박연료공급업"으로 하며, 같은 조 제2항 본문·단서, 같은 조 제3항 및 같은 조 제6항 각 호 외의 부분 중 "선박급유업자"를 각각 "선박연료공급업자"로 한다.

제115조제2항 중 “선박급유업자”를 “선박연료공급업자”로 한다.
② 생략

부칙 〈제15012호, 2017. 10. 31.〉

제1조(시행일) 이 법은 공포 후 6개월이 경과한 날부터 시행한다.
제2조(선박해양오염비상계획서 등의 변경에 관한 적용례) 제31조제2항 및 제35조제2항의 개정규정은 이 법 시행 후 선박해양오염비상계획서 또는 해양시설오염비상계획서를 변경하는 경우부터 적용한다.
제3조(해양시설 안전점검 결과의 보관에 관한 적용례) 제36조의2제3항의 개정규정은 이 법 시행 후 제36조의2제1항에 따라 실시하는 해양시설에 대한 안전점검 결과부터 적용한다.
제4조(방제분담금의 강제징수에 관한 적용례) 제69조의2의 개정규정은 이 법 시행 후 부과하는 방제분담금부터 적용한다.
제5조(형식승인 등을 받은 자의 지위 승계신고에 관한 적용례) 제110조의3제2항의 개정규정은 이 법 시행 후 형식승인 등을 받은 자의 지위를 승계하는 경우부터 적용한다.
제6조(가산금에 관한 경과조치) 이 법 시행 전에 종전의 제20조제1항 후단에 따라 부과된 가산금에 대해서는 제20조제1항의 개정규정에도 불구하고 종전의 규정에 따른다.
제7조(공단의 명칭변경에 따른 경과조치) ① 이 법 시행 당시 종전의 규정에 따라 설립된 해양환경관리공단은 이 법에 따른 해양환경공단으로 본다.
② 이 법 시행 당시 종전의 규정에 따른 해양환경관리공단의 행위나 해양환경관리공단에 대한 행위는 그에 해당하는 이 법에 따른 해양환경공단의 행위나 해양환경공단에 대한 행위로 본다.
③ 해양환경공단은 이 법 시행 후 6개월 이내에 이 법의 개정규정에 따라 정관을 변경하여 해양수산부장관의 인가를 받아야 한다.
제8조(다른 법률의 개정) ① 선박의 입항 및 출항 등에 관한 법률 일부를 다음과 같이 개정한다.
제24조제2항제4호 단서 중 “해양환경관리공단”을 “해양환경공단”으로 한다.
② 수상에서의 수색·구조 등에 관한 법률 일부를 다음과 같이 개

정한다.
제28조제2호 중 “해양환경관리공단”을 “해양환경공단”으로 한다.
③ 지방세특례제한법 일부를 다음과 같이 개정한다.
제49조 각 호 외의 부분 중 “해양환경관리공단”을 “해양환경공단”으로 한다.

부칙 〈제16160호, 2018. 12. 31.〉 (한국해양교통안전공단법)
제1조(시행일) 이 법은 공포 후 6개월이 경과한 날부터 시행한다.
제2조 부터 제7조까지 생략
제8조(다른 법률의 개정) ①부터 ⑧까지 생략
⑨ 해양환경관리법 일부를 다음과 같이 개정한다.
제112조제1항 각 호 외의 부분 전단 중 “「선박안전법」 제45조의 규정에 따른 선박안전기술공단(이하 "선박안전기술공단"이라 한다) 또는 동법”을 “「한국해양교통안전공단법」에 따라 설립된 한국해양교통안전공단(이하 "한국해양교통안전공단"이라 한다) 또는 「선박안전법」”으로 하고, 같은 조 제2항 전단 중 “선박안전기술공단”을 “한국해양교통안전공단”으로 한다.
⑩ 생략
제9조 생략

부칙 〈제16215호, 2019. 1. 8.〉
이 법은 공포 후 6개월이 경과한 날부터 시행한다.

부칙 〈제16520호, 2019. 8. 20.〉
이 법은 공포한 날부터 시행한다.

부칙 〈제16568호, 2019. 8. 27.〉 (양식산업발전법)
제1조(시행일) 이 법은 공포 후 1년이 경과한 날부터 시행한다.
제2조 부터 제14조까지 생략
제15조(다른 법률의 개정) ①부터 〈59〉까지 생략
〈60〉 해양환경관리법 일부를 다음과 같이 개정한다.
제84조제1항제3호 본문을 다음과 같이 한다.
「양식산업발전법」 제10조에 따른 양식업 면허.

〈61〉 생략
제16조 생략

부칙 〈제16699호, 2019. 12. 3.〉 (해양폐기물 및 해양오염퇴적물 관리법)

제1조(시행일) 이 법은 공포 후 1년이 경과한 날부터 시행한다.

제2조 부터 제4조까지 생략

제5조(다른 법률의 개정) ①부터 ④까지 생략

⑤ 해양환경관리법 일부를 다음과 같이 개정한다. 〈개정 2020. 3. 24.〉

제18조제1항제2호 중 "오염물질"을 "오염물질(폐기물은 제외한다)"로 하고, 같은 항 제3호를 삭제한다.

제18조제5항 중 "오염물질의 수거·처리방법 및 오염된 퇴적물의 수거방법"을 "오염물질(폐기물은 제외한다)의 수거·처리방법"으로 한다.

제19조제1항제1호를 다음과 같이 하고, 같은 항에 제3호 및 제4호를 각각 다음과 같이 신설한다.

1. 「해양폐기물 및 해양오염퇴적물 관리법」 제19조제1항제1호에 따른 폐기물해양배출업을 하는 자가 폐기물을 해양에 배출하는 행위

3. 「해양폐기물 및 해양오염퇴적물 관리법」 제9조제1항제2호에 따라 폐기물을 고립시키는 방법으로 해양에 배출하는 행위

4. 「해양폐기물 및 해양오염퇴적물 관리법」 제10조제1항에 따라 이산화탄소 스트림을 해양지중저장하는 행위

제22조제1항제1호를 다음과 같이 한다.

1. 선박의 항해 및 정박 중 발생하는 폐기물을 배출하고자 하는 경우에는 해양수산부령으로 정하는 해역에서 해양수산부령으로 정하는 처리기준 및 방법에 따라 배출할 것

제22조제3항 각 호 외의 부분 중 "오염물질"을 "오염물질(폐기물은 제외한다. 이하 이조에서 같다)"로 한다.

제23조를 삭제한다.

제24조제1항을 삭제하고, 같은 조 제3항 중 "제1항 및 제2항의 규정에 따른 폐기물의 수거·처리 및 조사·측정활동"을 "제2항에

따른 조사·측정활동"으로 하며, 같은 조 제4항을 삭제한다.

제70조제1항 중 "해양수산부장관 또는 해양경찰청장"을 "해양경찰청장"으로 하고, 같은 항 제1호·제4호 및 제5호를 각각 삭제한다.

제70조의2를 삭제한다.

제72조제1항 중 "폐기물의 해양투기, 오염물질의 방제, 오염물질의 청소·수거, 부유·침적된 폐기물의 수거 및 퇴적된 오염물질의 준설·수거"를 "오염물질의 방제 및 오염물질의 청소·수거"로, "해양수산부장관 또는 해양경찰청장"을 "해양경찰청장"으로 하고, 같은 조 제3항을 삭제한다.

법률 제17110호 해양환경관리법 일부개정법률 제72조제5항 중 "제1항 내지 제3항의 규정에 따른"을 "제1항 및 제2항에 따른"으로, "처리실적서·처리대장, 오염물질수거확인증 및 폐기물인계·인수서의"를 "처리실적서·처리대장 및 오염물질수거확인증의"로 한다.

제73조 중 "해양수산부장관 또는 해양경찰청장"을 "해양경찰청장"으로 한다.

제74조제3항 중 "해양수산부장관 또는 해양경찰청장"을 "해양경찰청장"으로 한다.

제75조제1항 본문 중 "해양수산부장관 또는 해양경찰청장"을 "해양경찰청장"으로, "영업정지(운반선 또는 저장시설만의 사용정지를 포함한다)"를 "영업정지"로 한다.

제76조 및 제76조의2를 각각 삭제한다.

제115조제2항제4호 및 제5호를 각각 삭제한다.

제119조제1항제2호를 삭제한다.

제119조의2제1항제2호를 다음과 같이 한다.

2. 「해양폐기물 및 해양오염퇴적물 관리법」 제7조제1항을 위반하여 폐기물을 해양에 배출한 자

제129조제1항제2호, 같은 조 제2항제1호, 제132조제2항제7호·제9호 및 같은 조 제4항제15호부터 제17호까지를 각각 삭제한다.

제6조 생략

부칙 〈제17007호, 2020. 2. 18.〉 (중앙행정권한 및 사무 등의 지방 일괄 이양을 위한 물가안정에 관한 법률 등 46개 법률 일

부개정을 위한 법률)
제1조(시행일) 이 법은 2021년 1월 1일부터 시행한다. 〈단서 생략〉
제2조(사무이양을 위한 사전조치) ① 관계 중앙행정기관의 장은 이 법에 따른 중앙행정권한 및 사무의 지방 일괄 이양에 필요한 인력 및 재정 소요 사항을 지원하기 위하여 필요한 조치를 마련하여 이 법에 따른 시행일 3개월 전까지 국회 소관 상임위원회에 보고하여야 한다.
② 「지방자치분권 및 지방행정체제개편에 관한 특별법」 제44조에 따른 자치분권위원회는 제1항에 따른 인력 및 재정 소요 사항을 사전에 전문적으로 조사·평가할 수 있다.
제3조(행정처분 등에 관한 일반적 경과조치) 이 법 시행 당시 종전의 규정에 따라 행정기관이 행한 처분 또는 그 밖의 행위는 이 법의 규정에 따라 행정기관이 행한 처분 또는 그 밖의 행위로 보고, 종전의 규정에 따라 행정기관에 대하여 행한 신청·신고, 그 밖의 행위는 이 법의 규정에 따라 행정기관에 대하여 행한 신청·신고, 그 밖의 행위로 본다.
제4조 생략

부칙 〈제17110호, 2020. 3. 24.〉
제1조(시행일) 이 법은 공포 후 6개월이 경과한 날부터 시행한다. 다만, 제44조의2, 제48조 및 제129조제1항제6호의2의 개정규정은 공포한 날부터 시행한다.
제2조(다른 법률의 개정) 법률 제16699호 해양폐기물 및 해양오염퇴적물 관리법 일부를 다음과 같이 개정한다.
부칙 제5조제5항 중 "제72조제4항"을 "법률 제17110호 해양환경관리법 일부개정법률 제72조제5항"으로 한다.
제3조(다른 법령과의 관계) 이 법 시행 당시 다른 법령에서 종전의 「해양환경관리법」의 규정을 인용한 경우에 이 법 가운데 그에 해당하는 규정이 있는 때에는 종전의 규정을 갈음하여 이 법의 해당 규정을 인용한 것으로 본다.

부칙 〈제18066호, 2021. 4. 13.〉
이 법은 공포 후 6개월이 경과한 날부터 시행한다.

부칙 〈제19002호, 2022. 10. 18.〉 (오존층 보호 등을 위한 특정물질의 관리에 관한 법률)

제1조(시행일) 이 법은 공포 후 6개월이 경과한 날부터 시행한다.

제2조 부터 제4조까지 생략

제5조(다른 법률의 개정) ①부터 ④까지 생략

⑤ 해양환경관리법 일부를 다음과 같이 개정한다.

제2조제12호 중 "「오존층 보호를 위한 특정물질의 제조규제 등에 관한 법률」 제2조제1호"를 "「오존층 보호 등을 위한 특정물질의 관리에 관한 법률」 제2조제1호가목"으로 한다.

부칙 〈제19013호, 2022. 10. 18.〉

제1조(시행일) 이 법은 공포 후 6개월이 경과한 날부터 시행한다. 다만, 제41조의4부터 제41조의6까지, 제54조의2, 제56조, 제58조, 제112조의 개정규정은 2022년 11월 1일부터 시행한다.

제2조(사용 중인 연료유의 견본채취 장소의 지정 및 설비의 설치에 관한 적용례) 제44조제6항 및 제7항의 개정규정은 2022년 4월 1일 이후 건조된 선박(2022년 4월 1일 이후 용골이 거치된 선박을 말한다)부터 적용한다. 다만, 2022년 4월 1일 이전 건조된 선박은 2023년 4월 1일 이후 해당 선박의 정기검사를 신청하는 날부터 적용한다.

제3조(에너지효율검사에 관한 적용례) 제54조의2의 개정규정은 2023년 1월 1일 이후에 신청하는 정기검사 또는 중간검사부터 적용한다.

부칙 〈제19779호, 2023. 10. 24.〉

이 법은 공포 후 6개월이 경과한 날부터 시행한다.

부칙 〈제19910호, 2024. 1. 2.〉 (해양이용영향평가법)

제1조(시행일) 이 법은 공포 후 1년이 경과한 날부터 시행한다.

제2조 부터 제7조까지 생략

제8조(다른 법률의 개정) ①부터 ⑦까지 생략

⑧ 해양환경관리법 일부를 다음과 같이 개정한다.

제9장(제84조부터 제95조까지)을 삭제한다.

제118조제1항을 삭제하고, 같은 조 제2항 및 제3항을 각각 제1항 및 제2항으로 한다.

제120조제4호를 삭제한다.

제124조 중 “제91조제2항에 따른 해역이용영향검토기관, 공단”을 “공단”으로 한다.

제126조제2호를 삭제한다.

제128조제13호 중 “제82조제1항 및 제89조제1항의 규정”을 “제82조제1항”으로 하고, 같은 조 제14호부터 제16호까지를 각각 삭제한다.

제129조제1항제11호부터 제13호까지를 각각 삭제하고, 같은 조 제2항제16호 중 “제118조제2항 및 제3항의 규정”을 “제118조제1항 및 제2항”으로 한다.

제132조제2항제10호부터 제12호까지를 각각 삭제한다.

제9조 생략

부칙 〈제20604호, 2024. 12. 20.〉

이 법은 공포 후 6개월이 경과한 날부터 시행한다.

부칙 〈제21065호, 2025. 10. 1.〉 (정부조직법)

제1조(시행일) 이 법은 공포한 날부터 시행한다. 다만, 부칙 제7조에 따라 개정되는 법률 중 이 법 시행 전에 공포되었으나 시행일이 도래하지 아니한 법률을 개정한 부분은 각각 해당 법률의 시행일부터 시행하고, 다음 각 호의 개정규정은 해당 호에서 정하는 날부터 시행한다.

1. 다음 각 목의 개정규정은 2026년 1월 2일부터 시행한다. 다만, 부칙 제7조에 따라 개정되는 법률(가목 및 나목의 개정규정과 관련되는 부분으로 한정한다) 중 본문에 따른 시행일 전에 공포되었으나 본문에 따른 시행일이 도래하지 아니한 법률을 개정한 부분은 각각 해당 법률의 시행일부터 시행한다.

가. 제19조제4항, 제23조, 제29조제1항제1호 및 제30조의 개정규정

나. 제12조제2항, 제19조제3항, 제22조 및 제29조제2항 단서의 개정규정(재정경제부장관 및 재정경제부에 관한 부분으로 한정한다)

다. 부칙 제7조에 따라 개정되는 법률(가목 및 나목의 개정규정과 관련되는 부분으로 한정한다)

2. 생략

제2조 부터 제6조까지 생략

제7조(다른 법률의 개정) ①부터 〈525〉까지 생략

〈526〉 해양환경관리법 일부를 다음과 같이 개정한다.

제106조제2항 중 “기획재정부장관”을 “재정경제부장관”으로 한다.

제112조제1항제3호 단서 및 제113조제2항 전단 중 “환경부장관”을 각각 “기후에너지환경부장관”으로 한다.

〈527〉부터 〈626〉까지 생략

제8조 생략

해양환경관리법 시행령

[시행 2025. 10. 1.] [대통령령 제35811호, 2025. 10. 1., 타법개정]

제1장 총칙

제1조(목적)

제2조삭 제

제3조삭 제

제4조(해역의 범위)

제5조삭 제

제2장 해양환경의 보전 · 관리를 위한 조치

제6조삭 제

제7조(정도관리 대상기관)

제7조의2(정도관리계획 수립기관)

제8조(측정 · 분석능력인증의 취소)

제9조(환경관리해역의 지정 등)

제10조(환경관리해역에서의 시설 설치 제한)

제11조(오염물질 총량규제 실시해역)

제12조(오염물질 총량규제 항목 등)

제13조(사업장별 오염부하량의 할당 등)

제14조(오염물질 총량관리 이행평가 등)

제15조(재정상의 지원 등)

제16조(환경관리해역기본계획 등의 내용)

제17조(사업관리단의 구성)

제18조삭 제

제19조삭 제

제20조삭 제

제21조삭 제

제22조삭 제

제23조삭 제

제24조(해역관리청의 해양환경개선조치)

제24조의2(해양수산부장관의 해양환경개선조치)

제25조(폐기물해양배출업자에 대한 해양환경개선부담금의 산정)

제25조의2(선박 등에 대한 해양환경개선부담금의 산정)
제26조(해양환경개선부담금의 부과 및 징수)
제27조(부담금의 분할납부)
제28조(분할납부금액의 산정 등)
제29조(부담금의 조정)
제30조(부담금의 조정신청)
제31조삭　제
제32조(가산금)
제32조의2(독촉)
제33조(부담금 관련사업)
제3장 해양오염방지를 위한 규제
제34조(해양공간)
제35조삭　제
제35조의2삭　제
제36조삭　제
제37조(조사 · 측정활동)
제38조삭　제
제39조(선박 해양오염방지관리인의 자격 · 업무내용 등)
제40조(해양시설 해양오염방지관리인의 자격 · 업무내용 등)
제40조의2(안전진단 전문기관)
제40조의3(오염물질저장시설의 설치 · 운영 신고 등)
제41조(측정 · 조사에 필요한 자료제출 요청)
제4장 해양에서의 대기오염방지를 위한 규제
제42조(연료유의 황함유량 기준)
제43조(연료유의 품질기준)
제5장 해양오염방제를 위한 조치
제44조(국가긴급방제계획의 수립 · 시행 등)
제45조(방제대책본부의 구성 · 운영 등)
제46조삭　제
제47조(오염물질의 배출시 신고기준 등)
제48조(오염물질이 배출된 경우의 방제조치)
제49조(방제조치 명령)
제50조(비용부담의 범위 등)
제51조(방제선등의 배치 등)
제52조(행정기관의 방제조치와 비용부담 등)
제53조(비용부담의 면제사유)

제54조(방제분담금의 부과기준 및 절차)
제54조의2(가산금)
제54조의3(독촉)
제54조의4(방제분담금 산정 등을 위한 자료제출)
제6장 해양환경관리업 등
제55조(해양환경관리업의 등록)
제56조(해양환경관리업의 기술요원)
제56조의2삭 제
제57조삭 제
제7장 해양오염영향조사
제58조(해양오염영향조사)
제59조(해양오염영향조사의 분야별 세부항목)
제60조(해양오염영향조사의 비용)
제60조의2(침몰선박에 대한 위해도 저감대책의 실행 비용 등)
제8장 삭제 〈2024. 12. 31.〉
제61조삭 제
제62조삭 제
제63조삭 제
제64조삭 제
제65조삭 제
제66조삭 제
제67조삭 제
제68조삭 제
제69조삭 제
제70조삭 제
제71조삭 제
제9장 해양환경공단 〈개정 2018. 4. 30.〉
제72조(공단의 사업)
제73조(이사회 운영 등)
제74조(출자)
제75조(차입)
제76조(채권의 형식)
제77조(채권의 발행방법)
제78조(채권의 응모 등)
제79조(총액인수의 방법)
제80조(채권발행총액)

제81조(채권인수가액의 납입 등)
제82조(채권의 기재사항)
제83조(채권원부)
제84조(이권흠결의 경우)
제85조(채권소지인 등에 대한 통지 등)
제86조(사업운영계획 및 예산)
제87조(결산서의 제출)
제10장 보칙
제88조(협정의 체결)
제89조(출입검사 · 보고 등)
제90조(해양환경감시원)
제91조(행정적 · 재정적 · 기술적 지원)
제91조의2(신고포상금의 지급)
제92조(해양오염방지관리인 등에 대한 교육 · 훈련)
제93조(수수료 징수에 대한 예외)
제94조(권한의 위임)
제95조(업무의 위탁)
제96조(자료제출)
제96조의2(고유식별정보의 처리)
제96조의3(규제의 재검토)
제11장 벌칙
제97조(오염물질)
제98조(과태료의 부과기준)

**개정 예정 법률 밑줄 별도 표시.

해양환경관리법 시행령

[시행 2025. 10. 1.] [대통령령 제35811호, 2025. 10. 1., 타법개정]

제1장 총칙

제1조(목적) 이 영은 「해양환경관리법」에서 위임된 사항과 그 시행에 필요한 사항을 규정함을 목적으로 한다.

제2조 삭제 〈2017. 9. 19.〉

제3조 삭제 〈2017. 9. 19.〉

제4조(해역의 범위) 「해양환경관리법」(이하 "법"이라 한다) 제3조제1항제1호에서 "대통령령이 정하는 해역"이란 다음 각 호의 해역을 말한다. 〈개정 2019. 7. 2.〉

1. 「영해 및 접속수역법」 제3조에 따른 내수
2. 「해양법에 관한 국제연합협약」에 따라 대한민국이 해양환경의 보전에 관한 관할권을 갖는 해역

제5조 삭제 〈2017. 9. 19.〉

제2장 해양환경의 보전·관리를 위한 조치

제6조 삭제 〈2017. 9. 19.〉

제7조(정도관리 대상기관) 법 제12조제1항에서 "대통령령이 정하는 기관"이란 다음 각 호의 기관을 말한다. 〈개정 2016. 12. 30., 2020. 12. 1.〉

1. 법 제9조에 따른 해양환경측정망을 운영하기 위하여 해양환경을 측정·분석하는 기관이나 단체
2. 「해양폐기물 및 해양오염퇴적물 관리법」 제25조제1항제2호·제3호에 따라 지정된 해양오염퇴적물 조사기관 및 해양배출 검사기관
3. 법 제77조제1항에 따른 해양오염영향조사기관

4. 법 제86조제1항에 따른 평가대행자

5. 「해양심층수의 개발 및 관리에 관한 법률」 제25조제1항에 따른 해양심층수 수질검사기관

6. 「어장관리법」 제6조제1항에 따른 어장환경조사망을 운영하기 위하여 해양환경을 측정 · 분석하는 기관이나 단체

7. 「소금산업 진흥법」 제28조제2항에 따라 바닷물에 대한 안전성 조사를 실시하기 위하여 해양환경을 측정 · 분석하는 기관이나 단체

8. 그 밖에 국가 · 지방자치단체 또는 국공립 연구기관의 예산으로 해양환경을 측정 · 분석하는 기관이나 단체

제7조의2(정도관리계획 수립기관) 법 제12조의3제1항에서 "대통령령으로 정하는 해양환경종합조사 실시기관" 및 같은 조 제2항에서 "대통령령으로 정하는 조사기관"이란 각각 제7조제1호에 따른 기관이나 단체를 말한다.

[본조신설 2017. 9. 19.]

제8조(측정 · 분석능력인증의 취소) 법 제13조제3항제3호에서 "대통령령이 정하는 사유에 해당하는 때"란 측정 · 분석능력인증 취득 후 정당한 사유 없이 1년 동안 측정 · 분석 실적이 없는 경우를 말한다. 〈개정 2024. 10. 22.〉

제9조(환경관리해역의 지정 등) ① 해양수산부장관은 법 제15조에 따라 같은 조 제1항에 따른 환경관리해역(이하 "환경관리해역"이라 한다)을 지정, 해제 또는 변경하려는 경우에는 해당 지역에 거주하는 지역주민 및 해당 해역에서 어업활동을 하는 어업인 등 이해관계자(이하 "지역주민등"이라 한다)의 의견을 미리 들어야 한다.

② 해양수산부장관은 제1항에 따라 지역주민등의 의견을 듣기 위하여 필요한 경우 직접 공청회를 개최하거나, 광역시장 · 도지사 · 특별자치도지사(이하 "시 · 도지사"라 한다) 또는 시장 · 군수 · 구청장(자치구의 구청장을 말한다. 이하 같다)에게 공청회를 개최하여 줄 것을 요청할 수 있다.

③ 해양수산부장관은 법 제15조제1항 및 제2항에 따라 환경관리해역의 지정, 해제 또는 변경에 관하여 고시하는 경우 다음 각 호의 사항을 포함해야 한다.

1. 지정, 해제 또는 변경되는 환경관리해역의 명칭

2. 지정, 해제 또는 변경되는 환경관리해역의 위치 · 면적 및 범위

3. 환경관리해역의 지정, 해제 또는 변경의 연월일
[본조신설 2019. 7. 2.]

제10조(환경관리해역에서의 시설 설치 제한) ① 삭제 〈2019. 7. 2.〉

② 삭제 〈2019. 7. 2.〉

③ 법 제15조의2제1항에서 "대통령령이 정하는 시설"이란 다음 각 호의 어느 하나에 해당하는 시설을 말한다. 〈개정 2009. 12. 31., 2010. 10. 14., 2017. 1. 17., 2019. 7. 2.〉

1. 1일 폐수배출량이 2천 세제곱미터 이상인 시설. 다만, 해당 시설에서 배출하는 폐수를 공공폐수처리시설 및 공공하수처리시설로 유입시키거나 그 해당 지역에 적용되는 법령에 따른 방류수 수질기준 이하로 처리하는 시설은 제외한다.

2. 「공유수면 관리 및 매립에 관한 법률」 제8조제1항제1호에 따라 신축·개축·증축 또는 변경하는 경우 관리청의 허가를 받아야 하는 부두·방파제·교량·수문 또는 건축물

④ 법 제15조의2제2항에 따라 법 제15조제1항제2호에 따른 특별관리해역(이하 "특별관리해역"이라 한다) 안에서 설치 또는 변경이 제한되는 시설은 다음 각 호의 어느 하나에 해당하는 시설로 한다. 〈개정 2009. 12. 31., 2010. 10. 14., 2017. 1. 17., 2019. 7. 2., 2020. 8. 26., 2023. 1. 10.〉

1. 1일 폐수배출량이 1천 세제곱미터 이상인 시설. 다만, 해당 시설에서 배출하는 폐수를 공공폐수처리시설 및 공공하수처리시설로 유입시키거나 그 해당 지역에 적용되는 법령에 따른 방류수 수질기준 이하로 처리하는 시설은 제외한다.

2. 「공유수면 관리 및 매립에 관한 법률」 제8조제1항제1호에 따라 신축·개축·증축 또는 변경하는 경우 관리청의 허가를 받아야 하는 부두·방파제·교량·수문 또는 건축물

3. 「수산업법」 제7조에 따른 면허어업을 위한 시설

4. 「양식산업발전법」 제10조제1항 각 호(제7호는 제외한다)에 따른 면허 양식업을 위한 시설

⑤ 해양수산부장관은 법 제15조의2에 따라 환경관리해역에서 시설의 설치 또는 변경을 제한하려면 관계 중앙행정기관의 장과 협의하여 그 제한의 내용 및 기간을 고시하여야 한다. 〈개정 2008. 2. 29., 2013. 3. 23., 2019. 7. 2.〉

[제목개정 2019. 7. 2.]

제11조(오염물질 총량규제 실시해역) ① 해양수산부장관은 법 제15조의2제2항제2호에 따른 오염물질의 총량규제(이하 "오염물질 총량규제"라 한다)를 하려는 경우 관계 중앙행정기관의 장 및 시·도지사와 협의하여 오염물질 총량규제를 실시하는 해역(이하 "오염물질 총량규제 실시해역"이라 한다)을 지정·고시해야 한다. 〈개정 2019. 7. 2.〉

② 제1항에 따른 오염물질 총량규제 실시해역을 지정할 때 「낙동강수계 물관리 및 주민지원 등에 관한 법률 시행령」 제12조제2항제1호, 「금강수계 물관리 및 주민지원 등에 관한 법률 시행령」 제10조제2항제1호, 「영산강·섬진강수계 물관리 및 주민지원 등에 관한 법률 시행령」 제10조제2항제1호에 따라 고시된 수계구간 및 그 영향을 주는 유역은 제외한다. 〈개정 2019. 7. 2.〉

제12조(오염물질 총량규제 항목 등) ① 오염물질 총량규제의 항목은 다음 각 호의 항목 중에서 해양수산부장관이 해양환경기준, 해역의 이용현황 및 수질상태 등을 종합적으로 고려하여 해당 오염물질 총량규제 실시해역의 관할 시·도지사와 협의하여 결정한다. 〈개정 2008. 2. 29., 2013. 3. 23., 2017. 9. 19., 2019. 7. 2.〉

1. 화학적 산소요구량
2. 질소
3. 인
4. 중금속

② 해양수산부장관은 제1항의 항목에 대한 오염물질 총량규제를 실시하기 위하여 다음 각 호의 사항이 포함된 총량관리에 관한 기본방침(이하 "총량관리기본방침"이라 한다)을 수립하여 해당 오염물질 총량규제 실시해역을 관할하는 시·도지사에게 알려야 한다. 〈개정 2008. 2. 29., 2013. 3. 23., 2019. 7. 2.〉

1. 오염물질 총량규제 항목 및 목표수질
2. 오염원 조사 및 오염부하량 산정방법
3. 유역별, 행정구역별 및 오염원별 오염부하량의 할당
4. 제3항에 따라 시·도지사가 수립하는 총량관리기본계획의 승인기준
5. 제4항에 따라 광역시장·특별자치도지사·시장·군수(광역시의

군수는 제외한다. 이하 이 조부터 제15조까지에서 같다)가 수립하는 총량관리시행계획에 대한 승인기준

6. 제3항 및 제4항에 따라 수립한 총량관리기본계획 및 총량관리시행계획의 변경 시 승인을 요하지 아니하는 경미한 사항

③ 총량관리기본방침에 따라 해당 시·도지사는 다음 각 호의 사항이 포함된 총량관리기본계획을 수립하여 해양수산부장관의 승인을 받아야 한다. 총량관리기본계획을 변경(제2항제6호에 따른 경미한 사항의 변경은 제외한다)하는 경우에도 또한 같다. 〈개정 2008. 2. 29., 2013. 3. 23., 2019. 7. 2.〉

1. 지역개발계획의 구체적인 내용

2. 관할 지방자치단체별 오염부하량의 할당

3. 지역 및 해역에서 배출되는 오염부하량의 총량 및 삭감계획

4. 지역개발계획으로 인하여 추가로 배출되는 오염부하량 및 그 삭감계획

④ 광역시장·특별자치도지사·시장·군수는 제3항에 따른 총량관리기본계획(이하 "총량관리기본계획"이라 한다)에 따라 총량관리시행계획을 수립하여 다음 각 호의 구분에 따라 조치해야 한다. 총량관리시행계획을 변경(제2항제6호에 따른 경미한 사항의 변경은 제외한다)하는 경우에도 또한 같다. 〈개정 2019. 7. 2.〉

1. 광역시장·특별자치도지사는 수립한 총량관리시행계획에 대해 해양수산부장관의 승인을 받을 것

2. 시장·군수는 수립한 총량관리시행계획에 대해 도지사의 승인을 받은 후 해양수산부장관에게 제출할 것

⑤ 해양수산부장관은 총량관리기본계획과 제4항에 따른 총량관리시행계획(이하 "총량관리시행계획"이라 한다)의 수립에 필요한 연구 및 조사 등을 시행하고 그 결과를 해당 계획 수립에 반영하도록 요구할 수 있으며, 특별한 사정이 없으면 시·도지사 또는 시장·군수는 이를 반영하여야 한다. 〈개정 2008. 2. 29., 2013. 3. 23., 2019. 7. 2.〉

⑥ 해양수산부장관은 오염물질 총량규제를 위한 항목과 목표수질의 결정 및 조정, 오염물질 총량규제의 시행 등에 관한 조사·연구를 위하여 관계 전문가 등으로 협의회를 구성·운영할 수 있다. 〈개정 2008. 2. 29., 2013. 3. 23., 2019. 7. 2.〉

제13조(사업장별 오염부하량의 할당 등) ① 해양수산부장관은 총량관리기본방침에서 정한 목표수질을 달성·유지하기 위하여 다음 각 호의 어느 하나를 적용받는 시설에 대하여 기후에너지환경부장관에게 오염부하량의 할당 또는 배출량의 지정을 요청할 수 있다. 〈개정 2008. 2. 29., 2013. 3. 23., 2017. 1. 17., 2018. 1. 16., 2019. 7. 2., 2025. 10. 1.〉

1. 「물환경보전법」 제12조제3항에 따른 방류수 수질기준이 적용되는 공공폐수처리시설

2. 「하수도법」 제7조에 따른 방류수 수질기준이 적용되는 시설(공공하수처리시설·분뇨처리시설 및 개인하수처리시설로 한정한다)

3. 「가축분뇨의 관리 및 이용에 관한 법률」 제13조에 따른 방류수 수질기준이 적용되는 정화시설

② 해양수산부장관은 제1항에 따라 기후에너지환경부장관에게 오염부하량의 할당 또는 배출량의 지정을 요청할 때에는 총량관리기본계획 및 총량관리시행계획을 기후에너지환경부장관에게 보내야 한다. 〈개정 2008. 2. 29., 2013. 3. 23., 2019. 7. 2., 2025. 10. 1.〉

③ 기후에너지환경부장관은 제1항에 따라 오염부하량의 할당 또는 배출량의 지정 요청을 받은 경우 최종방류구별·단위기간별로 오염부하량을 할당하거나 배출량을 지정할 수 있다. 〈개정 2025. 10. 1.〉

④ 광역시장·특별자치도지사·시장·군수는 총량관리기본방침에서 정한 목표수질을 달성·유지하기 위하여 필요하다고 인정되면 「물환경보전법」 제32조에 따른 배출허용기준 및 「하수도법」 제7조에 따른 방류수 수질기준의 적용을 받는 시설(개인하수처리시설로 한정한다)에 대하여 최종방류구별·단위기간별로 오염부하량을 할당하거나 배출량을 지정할 수 있다. 〈개정 2018. 1. 16., 2019. 7. 2.〉

⑤ 기후에너지환경부장관 또는 광역시장·특별자치도지사·시장·군수는 제3항 또는 제4항에 따라 오염부하량을 할당하거나 배출량을 지정하는 경우에는 이해관계자의 의견을 청취하여야 한다. 〈개정 2019. 7. 2., 2025. 10. 1.〉

⑥ 제3항 또는 제4항에 따라 오염부하량을 할당받거나 배출량을 지정받은 자는 「물환경보전법」, 「가축분뇨의 관리 및 이용에 관한 법률」 또는 「하수도법」으로 정하는 바에 따라 오염부하량 및 배출량을 측정하고, 그 측정결과를 사실대로 기록하여 보존하여야 한다.

〈개정 2018. 1. 16.〉

⑦ 해양수산부장관은 제3항에 따라 할당된 오염부하량 또는 지정된 배출량을 초과하여 배출하는 시설에 대하여 해당 시설을 관할하는 광역시장·특별자치도지사·시장·군수에게 처리시설의 개선 등 필요한 조치를 하도록 요청할 수 있다. 〈개정 2008. 2. 29., 2013. 3. 23., 2019. 7. 2.〉

⑧ 광역시장·특별자치도지사·시장·군수는 제4항에 따라 할당된 오염부하량이나 지정된 배출량을 초과하여 배출하는 경우 또는 제7항에 따른 해양수산부장관의 요청이 있는 경우에는 해당 사업자에게 일정기간을 정하여 시설개선 등의 조치를 명할 수 있으며 조치명령을 받은 자는 이를 이행하여야 한다. 〈개정 2008. 2. 29., 2013. 3. 23., 2019. 7. 2.〉

⑨ 제8항에 따른 조치명령의 방법 및 절차와 조치명령의 이행확인 등에 관하여는 해양수산부장관이 정하여 고시한다. 〈개정 2008. 2. 29., 2013. 3. 23.〉

제14조(오염물질 총량관리 이행평가 등) ① 광역시장·특별자치도지사·시장·군수는 총량관리시행계획에 대한 전년도의 이행사항을 해양수산부장관이 고시하는 바에 따라 평가하고 그 보고서(이하 "평가보고서"라 한다)를 해양수산부장관에게 제출하여야 한다. 이 경우 시장·군수는 관할 도지사를 거쳐 제출하여야 한다. 〈개정 2008. 2. 29., 2013. 3. 23., 2019. 7. 2.〉

② 해양수산부장관은 제1항에 따라 제출된 평가보고서를 검토한 후 오염물질 총량규제의 목적달성을 위하여 필요하다고 인정되면 광역시장·특별자치도지사·시장·군수에게 필요한 조치나 대책을 수립·시행하도록 요구할 수 있다. 이 경우 광역시장·특별자치도지사·시장·군수는 특별한 사유가 없으면 그 요구에 따라야 한다. 〈개정 2008. 2. 29., 2013. 3. 23., 2019. 7. 2.〉

③ 광역시장·특별자치도지사·시장·군수는 해양수산부장관이 정하는 바에 따라 오염원의 증감을 파악할 수 있도록 오염물질 총량규제 대장을 작성·보관하여야 한다. 〈개정 2008. 2. 29., 2013. 3. 23., 2019. 7. 2.〉

제15조(재정상의 지원 등) ① 국가는 오염물질 총량규제를 시행하는 지방자치단체나 사업자에 대하여 오염물질 총량규제에 따른 시설개

선 등 필요한 비용을 다른 지방자치단체나 사업자보다 우선하여 보조 또는 융자하거나 지원할 수 있다. 〈개정 2019. 7. 2.〉

② 관계 행정기관의 장은 제12조제3항에 따라 지방자치단체별로 할당된 오염부하량을 초과하거나 특별한 사유 없이 총량관리기본계획 또는 총량관리시행계획을 수립·시행하지 아니하는 지방자치단체에 대하여는 다음 각 호에 해당하는 사항에 대한 승인·허가 등을 하여서는 아니 된다. 〈개정 2008. 2. 29., 2011. 11. 16., 2013. 3. 23., 2019. 7. 2.〉

1. 「도시개발법」 제2조제1항제2호에 따른 도시개발사업의 시행

2. 「산업입지 및 개발에 관한 법률」 제2조제8호에 따른 산업단지의 개발

3. 「관광진흥법」 제2조제6호 및 제7호에 따른 관광지 및 관광단지의 개발

4. 해양수산부령으로 정하는 규모 이상의 건축물 등 시설물의 설치

③ 해양수산부장관 또는 관계 중앙행정기관의 장은 관계 행정기관의 장이 제2항을 위반하거나 오염물질 총량규제를 시행하는 광역시장·특별자치도지사·시장·군수가 제14조제2항에 따른 요구를 특별한 사유 없이 이행하지 아니하면 재정지원의 중단이나 삭감, 그 밖에 필요한 조치를 할 수 있다. 〈개정 2008. 2. 29., 2013. 3. 23., 2019. 7. 2.〉

제16조(환경관리해역기본계획 등의 내용) 법 제16조제1항제5호에 따라 대통령령으로 정하는 환경관리해역의 관리에 필요한 사항은 다음 각 호와 같다. 〈개정 2008. 2. 29., 2011. 9. 22., 2013. 3. 23., 2021. 1. 5.〉

1. 환경관리해역기본계획 및 해역별 관리계획 이행 실태의 평가·관리

2. 해역의 수질오염 총량 관리에 관한 사항

3. 해역의 수질·밑바닥 퇴적물(저질) 및 생태계 관리에 관한 사항

4. 해역의 환경개선 투자계획 수립

5. 퇴적물 준설, 인공서식지 조성 등 해역의 환경용량 확대에 관한 사항

6. 해양오염방지와 해양환경개선 시설의 설치 및 운영·관리에 필요한 기술 및 재정 지원

7. 해양환경보전의 홍보 및 교육에 관한 사항

8. 그 밖에 해양수산부장관이 필요하다고 인정하는 사항

[제목개정 2011. 9. 22.]

제17조(사업관리단의 구성) 법 제16조제4항에 따른 사업관리단은 다음 각 호의 자로 구성한다. 〈개정 2008. 2. 29., 2013. 3. 23.〉

1. 해양수산부 소속 공무원

2. 관계 중앙행정기관 및 지방자치단체 공무원

3. 학계, 연구기관 등 해양환경관리 관련 전문가 등

제18조 삭제 〈2009. 7. 7.〉

제19조 삭제 〈2009. 7. 7.〉

제20조 삭제 〈2009. 7. 7.〉

제21조 삭제 〈2009. 7. 7.〉

제22조 삭제 〈2009. 7. 7.〉

제23조 삭제 〈2009. 7. 7.〉

제24조(해역관리청의 해양환경개선조치) ① 법 제18조제1항 각 호의 규정에 따라 해역관리청이 할 수 있는 해양환경개선조치의 세부사항은 다음 각 호와 같다. 〈개정 2020. 12. 1., 2021. 1. 5.〉

1. 부유차단막 또는 수질오염 방지막의 설치

2. 해양공간에서의 오염물질(폐기물은 제외한다)의 수거·처리

3. 삭제 〈2020. 12. 1.〉

② 해역관리청은 공공폐수처리시설, 분뇨 또는 축산폐수처리시설의 설치·운영과 관련하여 개선이 필요하다고 인정되면 관계 행정기관의 장에게 필요한 조치를 요청할 수 있다. 이 경우 관계 행정기관의 장은 특별한 사유가 없으면 그 요청에 따라야 한다. 〈개정 2017. 1. 17.〉

제24조의2(해양수산부장관의 해양환경개선조치) 법 제18조제2항 전단에서 "해양환경개선조치의 대상 해역 또는 구역이 둘 이상의 시·도지사의 관할에 속하는 등 대통령령으로 정하는 경우"란 다음 각 호의 어느 하나에 해당하는 경우를 말한다.

1. 해양환경개선조치의 대상 해역 또는 구역이 둘 이상의 시·도지사의 관할에 속하는 경우

2. 재해 발생 등으로 인하여 해양환경개선조치를 긴급히 시행하여야 할 필요성이 인정되는 경우

[본조신설 2012. 11. 27.]

[제목개정 2013. 3. 23.]

제25조(폐기물해양배출업자에 대한 해양환경개선부담금의 산정) ① 법 제19조제1항제1호에 따른 폐기물해양배출업자의 폐기물 해양배출행위에 대한 해양환경개선부담금은 다음 산식에 따라 산출한 금액으로 한다.

폐기물해양배출량(세제곱미터) × 단위당 부과금액 × 부과계수

② 제1항의 산식에서 폐기물해양배출량은 「해양폐기물 및 해양오염퇴적물 관리법」 제21조제1항에 따른 처리실적서를 근거로 산정한다. 〈개정 2020. 12. 1.〉

③ 법 제19조제3항에 따른 폐기물의 단위당 부과금액과 종류별 부과계수는 별표 3과 같다. 〈개정 2011. 9. 22.〉

[전문개정 2009. 12. 31.]

제25조의2(선박 등에 대한 해양환경개선부담금의 산정) ① 법 제19조제1항제2호에서 “대통령령이 정하는 규모 이상의 오염물질”이란 별표 3의2와 같다.

②법 제19조제1항제2호에 따른 선박 또는 해양시설에서의 오염물질 해양배출행위에 대한 해양환경개선부담금은 다음 산식에 따라 산출한 금액으로 한다. 〈개정 2018. 4. 30.〉

오염물질의 해양배출량(리터) × 단위당 부과금액 × 부과계수

③ 제2항의 산식에서 오염물질의 해양배출량은 배출 전에 선적 또는 저장한 양에서 배출 후 이적 또는 잔존한 양(선박 연료유의 경우에는 선적한 양에서 선박의 운항 중 사용량을 포함한다)을 제외한 값으로 산정한다. 다만, 침몰·파손 등으로 잔존한 양을 알 수 없는 등 부득이한 경우에는 오염물질의 종류와 기상조건을 고려하여 유체역학적 원리 등을 이용하여 산정할 수 있다. 〈개정 2025. 3. 4.〉

④ 법 제19조제2항제3호에서 “대통령령으로 정하는 경우”란 법 제3조제1항제1호 및 제2호의 해역·수역 밖에서 배출된 오염물질이 같은 해역·수역 안으로 유입되지 아니한 경우를 말한다. 〈신설 2011. 9. 22.〉

⑤ 법 제19조제3항에 따른 오염물질의 단위당 부과금액과 종류별

부과계수는 별표 3의3과 같다. 〈개정 2011. 9. 22.〉

⑥ 삭제 〈2011. 9. 22.〉

[본조신설 2009. 12. 31.]

제26조(해양환경개선부담금의 부과 및 징수) ① 해양수산부장관은 법 제19조제1항제1호 및 제2호에 따른 해양환경개선부담금(이하 "부담금"이라 한다)을 다음 각 호의 구분에 따라 산정·부과하고, 해양수산부령으로 정하는 바에 따라 그 분기 또는 산정한 달의 다음 달 15일까지 납부고지를 하여야 한다. 〈개정 2009. 12. 31., 2013. 3. 23.〉

1. 법 제19조제1항제1호: 매분기별
2. 법 제19조제1항제2호: 배출행위 발생 시

② 삭제 〈2009. 12. 31.〉

③ 부담금의 납부기한은 납부고지를 한 달의 마지막 날로 한다.

④ 제1항 및 제3항에도 불구하고 폐기물해양배출업이 분기 중에 종료되는 경우에는 그 종료된 것을 안 날부터 15일 이내에 해당 분기의 부담금에 대한 납부고지를 할 수 있다. 이 경우 해당 분기의 부담금 납부기한은 납부고지를 한 날부터 15일 이내로 한다. 〈개정 2009. 12. 31.〉

[제목개정 2009. 12. 31.]

제27조(부담금의 분할납부) ① 법 제19조제4항에 따라 부담금을 분할납부하려는 자는 납부고지를 받은 날부터 5일 이내에 부담금분할납부신청서(전자문서로 된 신청서를 포함한다)를 해양수산부장관에게 제출하여야 한다. 〈개정 2008. 2. 29., 2011. 9. 22., 2013. 3. 23.〉

② 해양수산부장관은 납부의무자가 다음 각 호의 어느 하나에 해당하는 경우에는 부담금의 분할납부를 허가할 수 있다. 이 경우 해양수산부장관은 그 허가 여부를 신청인에게 서면으로 알려야 한다. 〈개정 2008. 2. 29., 2013. 3. 23.〉

1. 납부하여야 할 부담금이 1천만원 이상인 경우
2. 천재지변 또는 재해로 인하여 재산에 현저한 손실을 받은 경우

③ 해양수산부장관은 분할납부허가 통지를 받은 납부의무자가 다음 각 호의 어느 하나에 해당하면 그 분할납부허가를 취소하고 분할납부와 관계되는 금액을 일시에 징수할 수 있다. 이 경우 해양수산부장관은 납부의무자에게 그 뜻을 서면으로 알려야 한다. 〈개정

2008. 2. 29., 2013. 3. 23., 2021. 2. 17.〉

1. 분할납부금액을 지정된 기한까지 납부하지 아니한 경우

2. 「국세징수법」 제9조제1항 각 호의 어느 하나에 해당하거나 그에 준하는 사유로 그 분할납부기한까지 그 분할납부와 관계되는 금액의 전액을 징수할 수 없다고 인정되는 경우

제28조(분할납부금액의 산정 등) ① 제27조제2항에 따른 분할납부의 횟수는 3회로 한정하며, 분할납부의 첫 회분의 납부기한은 해당 부담금의 납부고지를 한 달의 마지막 날로 한다. 〈개정 2009. 12. 31.〉

② 제1항에 따라 분할하여 납부할 금액은 월별로 동일하게 나누어 정하는 것을 원칙으로 하며, 매회의 납부기한은 매월 마지막 날로 한다. 〈신설 2009. 12. 31., 2025. 3. 4.〉

③ 분할납부의무자는 분할납부금액의 총액에서 바로 전회까지 납부한 분할납부금액 또는 분할납부금액의 합계액을 뺀 잔액을 기초로 하여 바로 전회의 분할납부기한의 다음날부터 각 회분의 분할납부기한까지의 일수에 대하여 계산한 이자금액을 합하여 납부하여야 한다. 이 경우 이자는 납부할 금액에 연 100분의 6의 이자율을 곱하여 산출한다. 〈개정 2009. 12. 31.〉

제29조(부담금의 조정) ① 해양수산부장관은 다음 각 호의 어느 하나에 해당하면 부담금을 다시 산정하여 조정하되, 이미 납부한 금액과 조정된 금액에 차이가 있으면 그 차액을 다시 부과하거나 환급하여야 한다. 〈개정 2008. 2. 29., 2013. 3. 23.〉

1. 부담금의 부과대상 또는 산정방법이 잘못 적용된 경우

2. 분할납부금액 및 그 이자금액의 산정이 잘못된 경우

3. 그 밖의 사유로 부담금액이 잘못 부과된 경우

② 해양수산부장관은 제1항에 따라 부담금을 조정하여 부과하거나 환급하려면 그 금액ㆍ납부기한ㆍ납부장소 및 그 밖에 필요한 사항을 적은 문서로써 알려야 한다. 〈개정 2008. 2. 29., 2013. 3. 23.〉

제30조(부담금의 조정신청) ① 부담금의 납부고지를 받거나 분할납부허가를 받은 자는 제29조제1항 각 호의 어느 하나에 해당하는 경우에는 부담금의 납부고지를 받거나 분할납부허가를 받은 날부터 30일 이내에 그 부담금의 조정을 신청할 수 있다.

② 해양수산부장관은 제1항에 따른 조정신청이 있으면 30일 이내에 그 처리결과를 그 신청인 또는 새로운 납부대상자에게 알려야

하고, 이미 납부한 금액과 조정된 금액에 차이가 있으면 제29조제2항에 따라 그 차액을 다시 부과하거나 환급하여야 한다. 〈개정 2008. 2. 29., 2013. 3. 23.〉

③ 제1항에 따른 조정신청은 부담금의 납부기한에 영향을 미치지 아니한다.

제31조 삭제 〈2018. 4. 30.〉

제32조(가산금) ① 법 제20조제1항 전단에서 "대통령령으로 정하는 가산금"이란 체납기간 1일당 체납된 부담금의 1천분의 1에 해당하는 금액을 말한다. 〈개정 2018. 4. 30.〉

② 해양수산부장관은 법 제20조제1항에 따른 가산금을 분할하여 납부하게 할 수 있다. 〈개정 2016. 6. 30., 2018. 4. 30.〉

③ 제2항에 따른 가산금의 분할납부에 관하여는 제27조(제2항제1호는 제외한다) 및 제28조를 준용한다. 이 경우 "부담금"은 "가산금"으로, "부담금분할납부신청서"는 "가산금분할납부신청서"로 본다. 〈신설 2016. 6. 30.〉

제32조의2(독촉) 해양수산부장관은 법 제20조제2항에 따라 독촉하려는 경우 내야 할 부담금·가산금 및 그 납부기한·장소를 납부의무자에게 알려 주어야 한다.

[본조신설 2018. 4. 30.]

제33조(부담금 관련사업) ① 법 제21조제8호에서 "대통령령으로 정하는 사업"이란 다음 각 호의 사업을 말한다.

1. 친환경 선박의 핵심기술에 관한 연구개발 및 기반조성 사업
2. 국내외 친환경 선박에 대한 기술개발 정보의 수집 및 활용에 관한 사업
3. 선박에너지효율 향상에 관한 사업
4. 친환경 선박의 매입(買入)·개조, 친환경 선박에 사용되는 기자재의 설치·교체에 대한 지원사업
5. 그 밖에 해양수산부장관이 친환경 선박의 기술개발 및 이용·보급에 필요하다고 인정하는 사업

② 법 제21조제9호에서 "대통령령이 정하는 사업"이란 다음 각 호의 사업을 말한다.

1. 해양오염 저감대책의 시행 및 지원에 관한 사업
2. 해양환경의 보전·관리 및 해양오염방지 활동을 위한 민간단체

지원사업
[전문개정 2017. 6. 27.]

제3장 해양오염방지를 위한 규제

제34조(해양공간) 법 제22조제2항에 따른 해양공간의 범위는 별표 4와 같다.

제35조 삭제 〈2020. 12. 1.〉

제35조의2 삭제 〈2020. 12. 1.〉

제36조 삭제 〈2020. 12. 1.〉

제37조(조사·측정활동) ① 해역관리청은 「해양환경 보전 및 활용에 관한 법률」 제10조제1항에 따른 해양환경종합계획을 효율적으로 수립·시행하기 위하여 오염물질의 종류별·오염원별 배출량 또는 유입량을 조사·측정하여야 한다. 〈개정 2017. 9. 19., 2020. 12. 1.〉

② 해역관리청은 법 제24조제2항에 따른 조사·측정활동을 위하여 관계 기관의 장에게 관할 출입제한구역의 출입, 필요한 자료의 제출 또는 지원을 요청할 수 있다. 이 경우 관계 기관의 장은 특별한 사유가 없으면 그 요청에 따라야 한다.

③ 해역관리청은 법 제24조제2항에 따른 조사·측정활동을 매년 실시하고, 시·도지사가 해역관리청인 경우에는 그 결과를 다음 해 2월 말까지 해양수산부장관에게 제출해야 한다. 〈개정 2008. 2. 29., 2013. 3. 23., 2023. 11. 16.〉

제38조 삭제 〈2020. 12. 1.〉

제39조(선박 해양오염방지관리인의 자격·업무내용 등) ① 법 제32조제1항 및 제3항에서 "대통령령으로 정하는 자격을 갖춘 사람"이란 각각 별표 5에 따른 선박 해양오염방지관리인 및 그 대리자의 자격을 갖춘 사람을 말한다. 〈개정 2020. 12. 29.〉

② 법 제32조제1항 및 제3항에 따른 해양오염방지관리인 및 대리자의 업무내용 및 준수사항은 다음 각 호와 같다. 〈개정 2017. 6. 27., 2018. 4. 30., 2020. 12. 29.〉

1. 폐기물기록부와 기름기록부(유해액체물질을 산적하여 운반하는 선박의 경우 유해액체물질기록부를 포함한다)의 기록 및 보관
2. 오염물질 및 대기오염물질을 이송 또는 배출하는 작업의 지휘

· 감독

3. 해양오염방지설비의 정비 및 작동상태의 점검

4. 대기오염방지설비의 정비 및 점검

5. 해양오염방제를 위한 자재 및 약제의 관리

6. 법 제63조제1항 및 법 제64조제1항에 따른 오염물질의 배출이 있는 경우 신속한 신고 및 필요한 응급조치

7. 법 제121조에 따른 해양오염 방지 및 방제에 관한 교육·훈련의 이수 및 해당 선박의 승무원에 대한 교육의 실시(해양오염방지관리인만 해당한다)

8. 그 밖에 해당 선박으로부터의 오염사고를 방지하는 데 필요한 사항

[제목개정 2018. 4. 30.]

제40조(해양시설 해양오염방지관리인의 자격·업무내용 등) ① 법 제36조제1항 및 제3항에서 "대통령령으로 정하는 자격을 갖춘 사람"이란 각각 별표 5에 따른 해양시설 해양오염방지관리인 및 그 대리자의 자격을 갖춘 사람을 말한다. 〈개정 2020. 12. 29.〉

② 법 제36조제1항 및 제3항에 따른 해양오염방지관리인 및 대리자의 업무내용 및 준수사항은 다음 각 호와 같다. 〈개정 2017. 6. 27., 2018. 4. 30., 2020. 12. 29.〉

1. 해양시설오염물질기록부의 기록 및 보관

2. 오염물질을 이송 또는 배출하는 작업의 지휘·감독

3. 해양오염방지설비의 정비 및 작동상태의 점검

4. 해양오염방제를 위한 자재 및 약제의 관리

5. 법 제63조제1항 및 법 제64조제1항에 따른 오염물질 배출이 있는 경우 신속한 신고 및 필요한 응급조치

6. 법 제121조에 따른 해양오염 방지 및 방제에 관한 교육·훈련의 이수 및 해당 시설의 직원에 대한 교육의 실시(해양오염방지관리인만 해당한다)

7. 그 밖에 해당 시설로부터의 오염사고를 방지하는 데 필요한 사항

[제목개정 2018. 4. 30.]

제40조의2(안전진단 전문기관) 법 제36조의2제5항에서 "대통령령으로 정하는 시설과 장비를 갖춘 안전진단 전문기관"이란 다음 각 호의

기관을 말한다. 〈개정 2018. 1. 16., 2018. 4. 30., 2020. 12. 29.〉

1. 「시설물의 안전 및 유지관리에 관한 특별법 시행령」 제23조제1항 및 같은 영 별표 11 제3호에 따른 안진진단 분야별 장비를 갖춘 기관

2. 「위험물안전관리법 시행령」 제14조제1항 및 같은 영 별표 7 제3호에 따른 장비를 갖춘 기관

[본조신설 2014. 9. 24.]

제40조의3(오염물질저장시설의 설치·운영 신고 등) ① 법 제38조제2항 전단에 따라 같은 조 제1항에 따른 오염물질저장시설(이하 "오염물질저장시설"이라 한다)의 설치·운영에 관한 신고를 하려는 자는 해양수산부령으로 정하는 설치·운영 신고서에 다음 각 호의 서류를 첨부하여 해역관리청에 제출해야 한다.

1. 오염물질저장시설의 설치명세서와 그 도면

2. 오염물질저장시설의 위치도(설치 예정지가 표시된 축척 2만5천분의 1의 지형도를 말한다)

3. 오염물질저장시설의 운영계획서

② 법 제38조제2항 후단에 따라 오염물질저장시설의 설치·운영에 관한 변경신고를 하려는 자는 해양수산부령으로 정하는 설치·운영 변경신고서에 다음 각 호의 서류를 첨부하여 해역관리청에 제출해야 한다.

1. 제3항에 따라 발급받은 신고증명서

2. 변경하려는 사항을 확인할 수 있는 서류

③ 해역관리청은 법 제38조제3항에 따라 오염물질저장시설의 설치·운영에 관한 신고 또는 변경신고를 수리한 경우에는 해양수산부령으로 정하는 신고증명서를 발급해야 한다.

[본조신설 2024. 4. 16.]

제41조(측정·조사에 필요한 자료제출 요청) 해양수산부장관이 법 제39조제2항에 따라 관계 행정기관에 요청할 수 있는 자료는 다음 각 호와 같다. 〈개정 2008. 2. 29., 2013. 3. 23., 2017. 3. 27.〉

1. 「잔류성오염물질 관리법」 제11조에 따른 잔류성오염물질 측정망의 측정자료

2. 「잔류성오염물질 관리법」 제16조에 따른 개선명령·사용중지명령 및 폐쇄명령과 그 이행에 관한 정보

3. 「잔류성오염물질 관리법」 제18조에 따른 잔류성오염물질의 주요 배출원 배출경로 및 배출량에 관한 자료

4. 「잔류성오염물질 관리법」 제19조에 따른 잔류성오염물질의 영향조사에 관한 자료

5. 잔류성오염물질을 취급하는 업종 · 업체에 대한 정보

제4장 해양에서의 대기오염방지를 위한 규제

제42조(연료유의 황함유량 기준) 법 제44조제1항 각 호 외의 부분 본문에서 “대통령령으로 정하는 황함유량 기준”이란 다음 각 호의 기준을 말한다. 〈개정 2023. 4. 18.〉

1. 배출규제해역: 0.1퍼센트(무게 퍼센트)

2. 그 밖의 해역

가. 경유: 0.5퍼센트(무게 퍼센트). 다만, 법 제3조제1항제1호 및 제2호에 따른 영해 및 배타적 경제수역 안에서만 항해하는 선박의 경우에는 0.05퍼센트(무게 퍼센트)

나. 중유: 0.5퍼센트(무게 퍼센트)

[전문개정 2020. 12. 29.]

제43조(연료유의 품질기준) 법 제45조제1항 각 호 외의 부분 본문에서 “대통령령으로 정하는 연료유의 품질기준”이란 다음 각 호의 구분에 따른 품질기준을 말한다. 〈개정 2008. 2. 29., 2013. 3. 23., 2020. 12. 29.〉

1. 석유를 정제하는 방법에 따라 제조된 연료유의 경우 다음 각 목의 요건을 모두 갖출 것

가. 탄화수소 혼합물(성능을 향상시키기 위한 첨가제를 포함한다)일 것

나. 무기산이 포함되지 아니할 것

다. 해양수산부령으로 정하는 첨가제 또는 화학폐기물이 포함되지 아니할 것

2. 제1호 외의 방법에 따라 제조된 연료유의 경우 다음 각 목의 요건을 모두 갖출 것

가. 선박의 기관을 작동할 때 배출되는 질소산화물이 법 제43조제1항 각 호 외의 부분 본문에 따른 질소산화물의 배출허용기준을 초과하지 아니할 것

나. 혼합되는 원물질에 무기산이 포함되지 아니할 것

다. 선박의 안전을 저해하거나 기계의 성능에 나쁜 영향을 미치지 아니할 것

라. 인체에 해롭지 아니할 것

마. 대기오염을 가중시키지 아니할 것

제5장 해양오염방제를 위한 조치

제44조(국가긴급방제계획의 수립·시행 등) ① 법 제61조제1항에 따라 국가긴급방제계획에 포함되는 사항은 다음 각 호와 같다. 〈개정 2011. 9. 22.〉

1. 오염물질의 배출에 대비한 사전 예방 계획

가. 국가 방제체제 및 대응조직의 구성과 운영

나. 해양오염 대비·대응을 위한 관계 기관 등의 임무와 역할

다. 방제장비, 자재 및 약제의 확보

라. 해양오염 대비·대응을 위한 교육과 훈련

마. 인접 국가 간 방제지원·협력체제의 구성과 운영

바. 방제기술 전문가의 자문 및 지원

사. 해양오염 방제를 위한 조사·연구 및 기술개발 등

2. 오염물질 배출 시 방제조치 계획

가. 국가가 행하는 긴급 방제조치의 범위

나. 오염현장 상황조사, 방제방법 결정, 사고해역 지휘·통제 등 방제 실행

다. 방제장비, 자재 및 약제의 긴급 동원 및 지원

라. 해상안전의 확보와 위험방지 조치

마. 해양오염사고 영향과 피해조사 등 사후관리

바. 방제평가 및 방제종료의 기준 등 방제조치와 관련하여 필요한 사항

② 해양경찰청장은 국가긴급방제계획을 원활하게 시행하기 위하여 지역별 실정에 맞는 지역긴급방제실행계획을 수립·시행할 수 있다. 〈개정 2014. 11. 19., 2017. 7. 26.〉

③ 지역긴급방제실행계획에 포함되어야 할 사항은 해양수산부령으로 정한다. 〈개정 2008. 2. 29., 2013. 3. 23., 2014. 11. 19., 2017. 7. 26.〉

제45조(방제대책본부의 구성 · 운영 등) ① 법 제62조제3항에 따른 방제대책본부의 장(이하 이 조에서 "본부장"이라 한다)은 해양경찰청장이 되고, 그 구성원은 해양경찰청 소속 공무원과 관계 기관의 장이 파견한 자로 구성한다. 〈개정 2014. 11. 19., 2017. 7. 26.〉

② 본부장은 관계 기관의 장에게 방제대책본부에 근무할 자의 파견과 방제작업에 필요한 인력 및 장비 등의 지원을 요청할 수 있다. 이 경우 관계 기관의 장은 정당한 사유가 없으면 그 요청에 따라야 한다.

③ 본부장은 다음 각 호의 업무를 수행한다. 〈개정 2011. 9. 22.〉

1. 오염사고 분석 · 평가 및 방제 총괄 지휘
2. 인접 국가 간 방제지원 및 협력
3. 오염물질 유출 및 확산의 방지
4. 방제인력 · 장비 등 동원범위 결정과 현장 지휘 · 통제
5. 방제전략의 수립과 방제방법의 결정 · 시행
6. 제1호부터 제5호까지에서 규정한 사항 외에 방제조치와 관련하여 필요한 사항

④ 본부장은 해양환경 보전과 과학적인 방제를 위한 기술지원 및 자문을 위하여 관계 전문가로 구성된 방제기술지원협의회를 구성 · 운영할 수 있다.

⑤ 본부장은 오염지역에서 원활한 방제협력과 지원 등을 위하여 해양경찰서장으로 하여금 해당 지역을 관할하는 관계 기관의 소속 공무원, 유관단체 · 업체의 임직원 및 주민대표 등으로 지역방제대책협의회를 구성 · 운영하게 할 수 있다. 〈신설 2011. 9. 22., 2014. 11. 19., 2017. 7. 26.〉

⑥ 방제대책본부, 방제기술지원협의회 및 지역방제대책협의회의 구성 · 운영, 수당의 지급, 그 밖에 필요한 사항은 해양경찰청장이 따로 정한다. 〈개정 2011. 9. 22., 2014. 11. 19., 2017. 7. 26.〉

제46조 삭제 〈2011. 9. 22.〉

제47조(오염물질의 배출시 신고기준 등) 법 제63조제1항 각 호 외의 부분에서 "대통령령이 정하는 배출기준"이란 별표 6의 기준을 말한다.

제48조(오염물질이 배출된 경우의 방제조치) ① 법 제64조제1항에 따른 방제조치는 다음 각 호의 조치로서 오염물질의 배출 방지와 배출된 오염물질의 확산방지 및 제거를 위한 응급조치를 한 후 현장에서 할 수 있는 최대한의 유효적절한 조치여야 한다.

1. 오염물질의 확산방지울타리의 설치 및 그 밖에 확산방지를 위하여 필요한 조치
2. 선박 또는 시설의 손상부위의 긴급수리, 선체의 예인 · 인양조치 등 오염물질의 배출 방지조치
3. 해당 선박 또는 시설에 적재된 오염물질을 다른 선박 · 시설 또는 화물창으로 옮겨 싣는 조치
4. 배출된 오염물질의 회수조치
5. 해양오염방제를 위한 자재 및 약제의 사용에 따른 오염물질의 제거조치
6. 수거된 오염물질로 인한 2차오염 방지조치
7. 수거된 오염물질과 방제를 위하여 사용된 자재 및 약제 중 재사용이 불가능한 물질의 안전처리조치

② 해양경찰청장은 제1항에 따른 방제조치를 위하여 필요한 경우 다음 각 호의 조치를 직접 하거나 관계 기관에 지원을 요청할 수 있다. 〈개정 2014. 11. 19., 2017. 7. 26.〉
1. 오염해역을 통행하는 선박의 통제
2. 오염해역의 선박안전에 관한 조치
3. 인력 및 장비 · 시설 등의 지원 등

제49조(방제조치 명령) 법 제64조제3항에 따른 방제조치 명령에는 다음 각 호의 사항을 포함하여야 한다.
1. 방제조치의 기간
2. 방제조치 필요 해역의 지정
3. 제48조제1항에 따른 방제조치

제50조(비용부담의 범위 등) ① 법 제64조제4항 후단 또는 제68조제4항 본문에 따라 법 제63조제1항제1호 및 제2호에 해당하는 자(이하 "방제의무자"라 한다) 또는 선박 · 해양시설의 소유자에게 부담시키는 방제조치에 든 비용부담의 범위는 별표 7과 같다. 〈개정 2011. 9. 22., 2018. 4. 30.〉

② 해양경찰청장, 법 제68조제2항 각 호에 따른 지방자치단체의 장 또는 행정기관의 장은 법 제68조제4항 본문에 따라 제1항의 비용을 선박 또는 해양시설의 소유자에게 부담시키려는 경우에는 그 비용의 산출기초를 명확히 하여 방제의무자에게 통보하여야 한다. 〈개정 2011. 9. 22., 2018. 4. 30.〉

제51조(방제선등의 배치 등) ① 선박 또는 해양시설의 소유자 및 법 제96조제1항에 따른 해양환경공단(이하 “공단”이라 한다)은 법 제67조제1항 및 제2항에 따라 방제선 또는 방제장비(이하 “방제선등”이라 한다)를 배치 · 설치(공동배치 · 설치를 포함한다. 이하 이 조에서 같다)하는 경우 별표 8에 따라야 한다. 〈개정 2018. 4. 30.〉

② 제1항 외에 배치 · 설치에 필요한 사항은 해양수산부령으로 정한다. 〈개정 2008. 2. 29., 2013. 3. 23.〉

③ 법 제67조제4항 후단에 따라 방제선등의 배치를 위탁받은 공단이 방제조치 또는 배출방지조치를 하는 경우 방제의무자가 비용부담을 하여야 한다. 〈개정 2018. 4. 30.〉

제52조(행정기관의 방제조치와 비용부담 등) ① 해양경찰청장, 시장 · 군수 · 구청장 또는 제4항에 따른 시설을 관리하는 행정기관의 장(이하 “방제조치기관”이라 한다)은 방제의무자가 분명하지 아니한 오염물질이 배출된 경우 우선하여 방제조치를 하여야 한다. 〈개정 2014. 11. 19., 2017. 7. 26., 2019. 7. 2.〉

② 방제조치기관은 제1항에 따라 우선 방제조치를 하되, 다음 각 호의 어느 하나에 해당하는 경우에는 공단 이사장에게 방제조치를 요청할 수 있다. 이 경우 공단 이사장은 정당한 사유가 없으면 그 요청에 따라야 한다.

1. 제1항에 따른 방제의무자가 분명하지 아니한 오염물질이 배출된 경우

2. 법 제68조제1항에 따라 방제의무자의 방제조치만으로는 곤란하거나 긴급방제가 필요하다고 인정되는 경우

③ 제2항에 따라 공단이 방제조치를 한 경우에는 공단 이사장은 그 소요 비용을 방제조치기관에 청구할 수 있으며, 방제조치기관은 이를 공단 이사장에게 지급하여야 한다.

④ 법 제68조제2항제3호에서 “대통령령으로 정하는 시설”이란 「항만법」 제2조제5호에 따른 항만시설(수역시설은 제외한다)을 말한다. 〈개정 2009. 12. 14., 2011. 9. 22.〉

제53조(비용부담의 면제사유) 법 제68조제4항 단서에 따른 “대통령령이 정하는 사유”란 전쟁 · 사변, 그 밖에 불가항력으로 인한 사유를 말한다. 〈개정 2011. 9. 22.〉

제54조(방제분담금의 부과기준 및 절차) ① 배치의무자가 법 제69

조제3항에 따라 공단에 납부하여야 하는 방제분담금의 부과기준 및 절차는 별표 9와 같다.

② 공단은 다음 각 호의 어느 하나에 해당하는 경우 이미 부과하였거나 납부된 방제분담금을 다시 산정하여 조정하거나 환급할 수 있다. 〈신설 2011. 3. 9.〉

1. 선박 또는 해양시설 소유자의 운항계획 변경 등으로 방제분담금을 납부할 필요가 없는 경우

2. 방제분담금의 부과대상 또는 산정방법이 잘못 적용된 경우

③ 공단은 제2항에 따라 방제분담금을 조정하거나 환급할 경우에는 그 금액, 납부기한, 납부 장소, 환급 시기나 그 밖에 필요한 사항을 적은 문서로 방제분담금 납부의무자에게 통지하여야 한다. 〈신설 2011. 3. 9.〉

④ 방제분담금의 납부통지(제3항에 따른 통지를 포함한다)를 받은 자는 납부통지를 받은 날부터 90일 이내에 공단에 방제분담금의 조정을 신청할 수 있다. 이 경우 조정신청은 방제분담금의 납부기한에 영향을 미치지 아니한다. 〈신설 2011. 3. 9., 2017. 9. 19.〉

⑤ 공단은 제4항에 따른 조정신청이 있는 경우 30일 이내에 그 처리결과를 신청인에게 문서로 알려야 하며, 이미 납부한 금액과 조정된 금액에 차이가 있을 때에는 그 차액을 다시 부과하거나 환급하여야 한다. 〈신설 2011. 3. 9.〉

⑥ 방제분담금의 부과금액은 3년마다 다시 산정한다. 〈개정 2011. 3. 9., 2014. 12. 30.〉

⑦ 그 밖에 방제분담금의 부과·징수절차에 필요한 사항은 법 제98조제1항에 따른 공단의 정관으로 정한다. 〈개정 2011. 3. 9.〉

제54조의2(가산금) 법 제69조의2제1항 전단에서 "대통령령으로 정하는 가산금"이란 체납기간 1일당 체납된 방제분담금의 1천분의 1에 해당하는 금액을 말한다.

[본조신설 2018. 4. 30.]

제54조의3(독촉) 공단은 법 제69조의2제2항에 따라 독촉하려는 경우 내야 할 방제분담금·가산금 및 그 납부기한·장소를 납부의무자에게 알려 주어야 한다.

[본조신설 2018. 4. 30.]

제54조의4(방제분담금 산정 등을 위한 자료제출) ① 공단은 법 제

69조의3제1항에 따라 다음 각 호의 구분에 따라 방제분담금의 납부의무자에게 자료의 제출을 요구할 수 있다.

1. 법 제67조제1항제1호 또는 제2호에 따른 방제분담금의 납부의무자: 다음 각 목의 자료

가. 「선박법」 제8조제2항에 따른 선박국적증서

나. 「선박의 입항 및 출항 등에 관한 법률」 제4조제1항에 따른 선박출입신고서

다. 「선박의 입항 및 출항 등에 관한 법률」 제32조에 따른 위험물반입신고서

2. 법 제67조제1항제3호에 따른 방제분담금의 납부의무자: 다음 각 목의 자료

가. 제1호 각 목의 자료

나. 법 제33조에 따른 해양시설의 신고 및 변경신고 내용

다. 「관세법 시행령」 제176조제1항에 따른 물품의 반입신고서

라. 「관세법 시행령」 제246조제2항에 따른 수입 신고서

② 공단은 법 제69조의3제1항에 따라 자료의 제출을 요구하는 경우 제출기한의 30일 전까지 다음 각 호의 사항을 서면(전자문서를 포함한다)으로 방제분담금의 납부의무자에게 통보하여야 한다.

1. 제출 요구 사유

2. 제출기한

3. 제출 요구 자료의 목록

4. 제출 방법

[본조신설 2018. 4. 30.]

제6장 해양환경관리업 등

제55조(해양환경관리업의 등록) ① 법 제70조제1항제2호 및 제3호에 따른 해양오염방제업 및 유창청소업을 등록하려는 자는 해양수산부령으로 정하는 등록신청서에 다음 각 호의 서류(전자문서를 포함한다)를 첨부하여 해양경찰청장에게 제출해야 한다. 〈신설 2020. 12. 29.〉

1. 정관(법인인 경우로 한정한다)

2. 선박ㆍ설비 및 장비의 명세서

3. 기술요원 보유현황 및 그 자격을 증명하는 서류

② 제1항에 따른 신청을 받은 해양경찰청장은 「전자정부법」 제36조제1항에 따른 행정정보의 공동이용을 통하여 다음 각 호의 서류를 확인해야 한다. 다만, 신청인이 제2호의 서류의 확인에 동의하지 않는 경우에는 해당 서류를 제출하도록 해야 한다. 〈개정 2020. 12. 29.〉

1. 법인 등기사항증명서(법인인 경우로 한정한다)

2. 해당 사업에 종사하는 기술요원의 국민연금가입자 증명서 또는 건강보험자격득실 확인서

③ 해양경찰청장은 제2항에 따른 등록 신청이 다음 각 호의 어느 하나에 해당하는 경우를 제외하고는 등록을 해 주어야 한다. 〈신설 2011. 9. 22., 2013. 3. 23., 2014. 11. 19., 2017. 7. 26., 2020. 12. 1., 2020. 12. 29.〉

1. 법 제71조 각 호의 어느 하나에 해당하는 경우

2. 제56조제1항에 따른 자격을 갖춘 기술요원을 보유하지 못한 경우

3. 해양수산부령으로 정하는 선박·장비 및 설비 등을 갖추지 못한 경우

4. 그 밖에 법 및 이 영 또는 다른 법령에 따른 제한에 위반되는 경우

④ 해양경찰청장은 제2항에 따라 해양환경관리업을 등록한 자에게 해양수산부령으로 정하는 등록증을 발급하여야 한다. 〈개정 2008. 2. 29., 2011. 9. 22., 2013. 3. 23., 2014. 11. 19., 2017. 7. 26., 2020. 12. 1.〉

제56조(해양환경관리업의 기술요원) ① 법 제70조제2항에서 "대통령령으로 정하는 자격을 갖춘 기술요원"이란 다음 각 호의 요건을 모두 갖춘 사람을 말한다. 〈개정 2025. 3. 4.〉

1. 다음 각 목의 어느 하나에 해당할 것

가. 「국가기술자격법」에 따른 해양환경기사, 수질환경산업기사, 폐기물처리산업기사 이상 또는 「선박직원법」 에 따른 5급 이상의 기관사 자격을 취득했을 것

나. 해양오염방제업·유창청소업에서 3년 이상 근무한 경력이 있을 것

2. 법 제121조제3호에 따른 교육·훈련과정(가장 마지막에 이수

한 교육·훈련과정을 기준으로 한다)을 이수한 날부터 5년이 경과하지 않았을 것

② 법 제70조제2항에 따라 해양환경관리업의 등록을 하려는 자는 제1항에 따른 자격을 갖춘 기술요원을 1명 이상 보유해야 한다. 다만, 법 제70조제1항제2호 및 제3호에 따른 해양오염방제업 및 유창청소업을 겸업하는 경우에는 중복하여 보유하지 않을 수 있다.

[전문개정 2020. 12. 29.]

제56조의2 삭제 〈2020. 12. 1.〉

제57조 삭제 〈2020. 12. 1.〉

제7장 해양오염영향조사

제58조(해양오염영향조사) ① 법 제77조제1항에서 "대통령령이 정하는 규모"란 별표 12에 따른 규모를 말한다.

② 법 제77조제2항에 따른 해양오염영향조사기관(이하 "조사기관"이라 한다)의 지정기준은 별표 13과 같다.

③ 법 제77조제3항에서 "대통령령이 정하는 기간"이란 사고가 발생한 날부터 3개월을 말하고, "대통령령이 정하는 바에 따라 긴급히 조사를 할 필요가 있다고 인정되는 경우"란 다음 각 호의 어느 하나에 해당하는 경우를 말한다. 〈개정 2008. 2. 29., 2013. 3. 23.〉

1. 해양수산부령으로 정하는 규모 이상의 오염물질이 대량으로 배출된 경우
2. 오염물질의 확산으로 양식시설 등의 대량 피해가 예상되는 경우

제59조(해양오염영향조사의 분야별 세부항목) 법 제78조에 따른 해양오염영향조사의 분야별 세부항목은 별표 14와 같다.

제60조(해양오염영향조사의 비용) ① 해양수산부장관은 법 제80조에 따라 해역이나 오염발생량 등을 고려하여 조사에 필요한 표준비용을 정하여 고시할 수 있다. 〈개정 2008. 2. 29., 2013. 3. 23.〉

② 법 제80조제1항 단서에서 "그 밖의 대통령령이 정하는 사유에 해당하는 경우"란 다음 각 호의 어느 하나에 해당하는 경우를 말한다.

1. 법 제22조제3항제1호 또는 제3호에 해당하는 경우
2. 선박소유자나 해양시설의 설치자가 파산한 경우

제60조의2(침몰선박에 대한 위해도 저감대책의 실행 비용 등) ① 법 제83조의2제3항 본문에 따라 침몰선박(「해양사고의 조사 및 심판에 관한 법률」 제2조제1호의 해양사고로 해양에서 침몰된 선박을 말한다. 이하 이 조에서 같다)의 소유자가 부담하는 비용의 범위는 다음 각 호와 같다.

1. 침몰선박 선체의 전부 또는 일부를 인양·수거하는 데에 드는 비용
2. 침몰선박의 연료유를 수거·회수하는 데에 드는 비용
3. 침몰선박에 적재된 화물(침몰선박에 적재되었다가 이탈된 화물을 포함한다)의 전부 또는 일부를 인양·수거하는 데에 드는 비용

② 해양수산부장관은 법 제83조의2제3항 단서에 따라 침몰선박의 소유자를 알 수 없는 경우에는 침몰선박을 공매하여 법 제83조의2제1항제3호에 따른 조치에 드는 비용에 충당할 수 있다. 다만, 해당 침몰선박의 가액이 공매에 드는 비용에 미치지 못할 것으로 예상되는 경우에는 그러하지 아니하다.

③ 해양수산부장관은 제2항 본문에 따라 침몰선박을 공매하려는 경우에는 다음 각 호의 사항을 해양수산부의 게시판 및 인터넷 홈페이지에 14일 이상 공고하여야 한다.

1. 공매의 대상이 되는 침몰선박의 명칭 및 주요 제원(諸元)
2. 공매의 일시 및 장소
3. 입찰보증금을 받는 경우에는 그 금액

④ 해양수산부장관은 제2항 본문에 따라 공매를 하여 취득한 금액에서 법 제83조의2제1항제3호에 따른 조치에 든 비용과 공매에 든 비용을 제외하고 남은 금액이 있으면 「공탁법」에 따라 공탁하여야 한다.

[본조신설 2013. 6. 17.]

제8장 삭제 〈2024. 12. 31.〉

제61조 삭제 〈2024. 12. 31.〉

제62조 삭제 〈2024. 12. 31.〉

제63조 삭제 〈2024. 12. 31.〉

제64조 삭제 〈2024. 12. 31.〉

제65조 삭제 〈2024. 12. 31.〉

제66조 삭제 〈2024. 12. 31.〉
제67조 삭제 〈2024. 12. 31.〉
제68조 삭제 〈2024. 12. 31.〉
제69조 삭제 〈2024. 12. 31.〉
제70조 삭제 〈2024. 12. 31.〉
제71조 삭제 〈2024. 12. 31.〉

제9장 해양환경공단 〈개정 2018. 4. 30.〉

제72조(공단의 사업) ① 법 제97조제1항제3호다목에서 "대통령령으로 정하는 사업"이란 다음 각 호의 사업을 말한다. 〈개정 2020. 12. 29.〉

1. 법 제31조제1항에 따른 선박해양오염비상계획서 및 법 제35조제1항에 따른 해양시설오염비상계획서의 작성 대행
2. 법 제70조제1항제2호에 따른 해양오염방제업의 지원 및 육성
3. 해양오염방제 관련 국제협력
4. 해양오염방제 관련 연구·개발 및 기술용역사업
5. 해양오염방제에 대한 교육·훈련 및 홍보
6. 침몰선박(침몰우려 선박 및 침수선박을 포함한다)의 관리

② 법 제97조제1항제8호에서 "대통령령이 정하는 사업"이란 다음 각 호의 사업을 말한다. 〈개정 2008. 2. 29., 2013. 3. 23., 2024. 4. 16., 2024. 12. 31.〉

1. 삭제 〈2020. 12. 1.〉
2. 법 제77조제1항에 따른 해양오염영향조사
3. 「해양이용영향평가법」 제33조제1항에 따른 해양이용영향평가서 작성의 대행
4. 법 제110조제5항에 따른 자재·약제에 대한 성능시험
5. 폐기물의 처리를 위한 선박의 운영
6. 해양환경 관련 사업의 재원확보를 위한 보유자산 임대사업
7. 방치선박의 관리
8. 다른 법령에 따라 공단이 수행할 수 있는 사업
9. 공단의 설립목적을 위하여 필요하다고 해양수산부장관이 승인하는 사업

③ 법 제97조제2항에 따른 "대통령령이 정하는 시설"이란 다음

각 호의 시설을 말한다. 〈개정 2008. 2. 29., 2013. 3. 23., 2017. 6. 27., 2020. 12. 1.〉

1. 법 제9조제1항에 따른 해양환경측정시설
2. 법 제18조제1항에 따른 오염물질 유입·확산방지시설, 오염물질 수거 및 처리시설
3. 법 제38조에 따른 오염물질저장시설
4. 법 제111조제3항에 따른 선박처리장
5. 해양에 배출 또는 유입되는 폐기물 처리 관련 시설
6. 공단의 설립목적에 필요한 시설로서 해양수산부장관이 설치를 승인하는 시설

제73조(이사회 운영 등) ① 법 제102조제5항에 따라 다음 각 호의 사항은 이사회의 의결을 거쳐야 한다.

1. 공단의 사업계획 및 예산·결산에 관한 사항
2. 정관 변경에 관한 사항
3. 법 제104조에 따른 출자·출연 및 차입에 관한 사항
4. 법 제106조에 따른 채권의 발행에 관한 사항
5. 정관에서 정한 규정의 제정·개정 및 폐지에 관한 사항
6. 중요재산의 취득·관리 및 그 처분에 관한 사항
7. 공단의 해산 및 청산에 관한 사항
8. 소송 및 화해에 관한 사항

② 그 밖에 이사회의 운영에 필요한 사항은 정관으로 정한다.

제74조(출자) 공단은 법 제104조제1항에 따라 출자 또는 출연하려면 다음 각 호의 사항이 포함된 계획서를 해양수산부장관에게 제출하여야 한다. 〈개정 2008. 2. 29., 2013. 3. 23.〉

1. 출자 또는 출연의 필요성
2. 출자 또는 출연할 재산의 종류 및 가액
3. 출자 또는 출연대상 사업개요
4. 그 밖에 출자 또는 출연에 필요한 사항

제75조(차입) 법 제104조제3항에 따라 공단이 자금차입의 승인을 받으려는 경우에는 자금차입승인신청서에 다음 각 호의 사항을 적어 해양수산부장관에게 제출하여야 한다. 〈개정 2008. 2. 29., 2013. 3. 23.〉

1. 차입사유 및 차입금액

2. 차입처
3. 차입의 조건
4. 차입금의 상환방법 및 상환기간
5. 자금차입을 결정한 이사회의 회의록 사본

제76조(채권의 형식) 법 제106조제1항에 따라 공단이 발행하는 채권은 무기명식으로 한다. 다만, 응모자 또는 소지인의 청구가 있으면 기명식으로 할 수 있다.

제77조(채권의 발행방법) ① 공단이 발행하는 채권은 모집·총액인수 또는 매출의 방법으로 이를 발행한다.

② 제1항에 따라 매출의 방법으로 채권을 발행하는 경우에는 매출기간과 제78조제2항제1호부터 제6호까지의 사항을 미리 공고하여야 한다.

제78조(채권의 응모 등) ① 채권의 모집에 응하려는 자는 채권청약서 2통에 그 인수하려는 채권의 수, 인수가액 및 청약자의 주소를 적고 이에 기명날인하여야 한다. 다만, 채권의 최저가액을 정하여 발행하는 경우에는 응모가액을 적어야 한다.

② 채권청약서에는 다음 각 호의 사항이 포함되어야 한다.

1. 공단의 명칭
2. 채권의 발행총액
3. 채권의 권종별 액면금액
4. 채권의 이율
5. 채권상환의 방법 및 기간과 이자지급의 방법
6. 채권발행의 가액 또는 그 최저가액
7. 상환되지 아니한 채권이 있는 경우에는 그 총액
8. 채권모집의 위탁을 받은 회사가 있는 경우에는 그 상호 및 주소

제79조(총액인수의 방법) 제78조는 계약에 의하여 채권의 총액을 인수하는 경우에는 적용하지 아니한다. 채권모집의 위탁을 받은 회사가 채권의 일부를 인수하는 경우 그 인수분에 대하여도 또한 같다.

제80조(채권발행총액) 공단은 채권을 발행하는 경우 실제로 응모된 총액이 채권청약서에 적힌 채권발행총액에 미달되는 경우에도 채권청약서에 채권을 발행한다는 뜻을 표시할 수 있다. 이 경우 그 응모

총액을 채권의 발행총액으로 한다.
제81조(채권인수가액의 납입 등) ① 공단은 채권의 응모가 완료되면 지체 없이 응모자가 인수한 채권금액의 전액을 납부하게 하여야 한다.
② 채권모집의 위탁을 받은 회사는 자기명의로 공단을 위하여 제1항에 따른 행위를 할 수 있다.
③ 모집의 방법으로 채권을 발행하는 경우에는 그 발행총액에 해당하는 납부금 전액이 납부된 후가 아니면 발행하지 못한다.
제82조(채권의 기재사항) 채권에는 다음 각 호의 사항이 포함되고 공단 이사장이 기명날인하여야 한다.
1. 공단의 명칭
2. 제78조제2항제2호부터 제5호까지의 사항(매출의 방법으로 채권을 발행하는 경우에는 제78조제2항제2호는 제외한다)
3. 채권의 번호
4. 채권의 발행 연월일
제83조(채권원부) ① 공단은 주된 사무소에 채권원부를 갖추어 두고 다음 각 호의 사항을 적어야 한다.
1. 채권의 권종별 수와 번호
2. 채권의 발행 연월일
3. 제78조제2항제2호부터 제5호까지 및 제8호의 사항
② 채권이 기명식인 경우에는 제1항 각 호의 사항 외에 다음 각 호의 사항을 적어야 한다.
1. 채권소유자의 성명 및 주소
2. 채권의 취득 연월일
③ 채권의 소유자 또는 소지인은 공단의 근무시간 중에는 언제든지 채권원부의 열람을 요구할 수 있다.
제84조(이권흠결의 경우) ① 이권(利權) 있는 무기명식의 채권을 상환하는 경우 이권이 흠결된 때에는 그 이권에 해당하는 금액을 상환액으로부터 공제한다.
② 제1항에 따른 이권소지인은 그 이권과 상환으로 공제된 금액의 지급을 청구할 수 있다.
제85조(채권소지인 등에 대한 통지 등) ① 공단은 채권을 발행하기 전의 그 응모자 또는 권리자에 대한 통지 또는 최고를 채권청약서에 적힌 주소로 하여야 한다. 이 경우 공단이 따로 주소를 통지받은

경우에는 그 주소로 하여야 한다.

② 공단은 무기명식 채권의 소지인에 대한 통지 또는 최고를 공고의 방법으로 한다. 다만, 그 주소를 알 수 있는 경우에는 그러하지 아니할 수 있다.

③ 공단은 기명식 채권의 소유자에 대한 통지 또는 최고를 채권원부에 적힌 주소로 하여야 한다. 이 경우 공단이 따로 주소를 통지받은 경우에는 그 주소로 하여야 한다.

第86조(사업운영계획 및 예산) ① 공단은 법 제107조제2항에 따라 매년 11월 30일까지 다음 회계연도의 사업운영계획과 예산안을 작성하여 해양수산부장관에게 제출하고 그 승인을 받아야 한다. 〈개정 2008. 2. 29., 2013. 3. 23.〉

② 제1항에 따른 예산안에는 예산총칙·추정대차대조표 및 추정손익계산서를 포함하여야 하며, 그 내용을 명확히 하는 데에 필요한 부속서류를 첨부하여야 한다.

③ 공단은 해양수산부장관의 승인을 받은 사업운영계획과 예산을 변경하려면 변경내용과 그 사유를 적은 서류를 해양수산부장관에게 제출하여야 한다. 〈개정 2008. 2. 29., 2013. 3. 23.〉

第87조(결산서의 제출) 공단이 법 제107조제3항에 따라 해양수산부장관에게 제출하는 매 회계연도의 결산서에는 다음 각 호의 서류를 첨부하여야 한다. 〈개정 2008. 2. 29., 2013. 3. 23., 2016. 5. 10., 2018. 10. 30.〉

1. 해당 연도의 대차대조표 및 손익계산서
2. 해당 연도의 사업계획 및 그 집행실적의 대비표
3. 「공인회계사법」 제23조에 따른 회계법인 또는 「주식회사 등의 외부감사에 관한 법률」 제2조제7호나목에 따른 감사반이 작성한 감사보고서
4. 그 밖에 결산의 내용을 명확히 하는 데에 필요한 서류

第10장 보칙

第88조(협정의 체결) ① 법 제112조제1항 및 제2항에 따라 한국해양교통안전공단 또는 선급법인이 협정을 체결하려는 경우에는 해양수산부령으로 정하는 바에 따라 해양수산부장관 또는 해양경찰청장에게 협정체결을 신청하여야 한다. 〈개정 2008. 2. 29., 2013. 3.

23., 2014. 11. 19., 2017. 7. 26., 2019. 6. 11.〉

② 제1항에 따른 협정의 기간은 5년 이내로 하며, 해양수산부장관 또는 해양경찰청장이 정하는 바에 따라 연장할 수 있다. 〈개정 2008. 2. 29., 2013. 3. 23., 2014. 11. 19., 2017. 7. 26.〉

③ 제1항에 따른 협정에 포함되어야 할 내용은 별표 18과 같다.

④ 해양수산부장관 또는 해양경찰청장은 제1항에 따라 협정을 체결한 경우 지체 없이 그 내용을 고시하여야 한다. 〈개정 2008. 2. 29., 2013. 3. 23., 2014. 11. 19., 2017. 7. 26.〉

제89조(출입검사·보고 등) ① 법 제115조제1항에 따라 해양수산부장관은 다음 각 호의 어느 하나에 해당하는 경우에는 소속 공무원으로 하여금 선박에 대한 출입검사업무를 하게 할 수 있다. 〈개정 2008. 2. 29., 2009. 12. 31., 2013. 3. 23.〉

1. 선박의 오염방지를 위하여 필요한 경우

2. 대행기관으로부터 보고받은 자료의 검토결과 선박 또는 선박관련 사업장·사무소에 출입할 필요가 있다고 인정되는 경우

② 제1항제1호에 따른 선박에 대한 출입검사·보고는 각 선박에 대하여 연 1회 시행할 수 있다. 다만, 선박사고 등 특별한 경우에는 그러하지 아니하다.

③ 법 제115조제2항에 따라 해양수산부장관은 다음 각 호의 어느 하나에 해당하는 경우에는 소속 공무원으로 하여금 해양시설 등에 대한 출입검사업무를 하게 할 수 있다. 〈개정 2008. 2. 29., 2009. 12. 31., 2013. 3. 23., 2018. 4. 30.〉

1. 법 제37조제1항제1호 및 법 제38조에 따른 오염물질 수거·처리 및 저장과 관련하여 위법한지를 확인하기 위한 경우

2. 법 제33조에 따라 신고된 해양시설이 잔류성오염물질을 환경관리해역 안에서 그 기준을 초과하여 배출하였다고 판단되는 경우

3. 법 제45조에 따라 선박연료공급업자가 선박에 연료유를 공급하는 과정에서의 적법 여부를 확인하기 위한 경우

4. 법 제47조제2항에 따라 유증기 배출제어장치를 설치한 해양시설의 소유자가 유증기를 배출한 혐의가 있는 경우

5. 삭제 〈2020. 12. 1.〉

6. 삭제 〈2020. 12. 1.〉

7. 법 제110조제3항에 따른 형식승인을 받은 자가 형식승인대상

설비를 제작·제조 또는 수입하는 과정에서의 적법 여부를 확인하기 위한 경우

④ 법 제115조제3항에 따라 해양경찰청장은 다음 각 호의 어느 하나에 해당하는 경우 해양수산부령으로 정하는 자료를 제출 또는 보고하게 하거나 그 시설에 출입하여 확인·점검 및 검사를 할 수 있다. 〈개정 2008. 2. 29., 2009. 12. 31., 2013. 3. 23., 2014. 11. 19., 2017. 7. 26., 2018. 4. 30.〉

1. 법 제34조에 따른 해양시설오염물질기록부의 비치 및 기록의 유지 여부를 확인하기 위한 경우
2. 법 제35조에 따른 해양시설오염비상계획서의 이행 및 적정성 여부를 확인하기 위한 경우
3. 법 제36조에 따른 해양오염방지관리인의 임명, 교육이수 여부 및 업무관리실태를 확인하기 위한 경우
4. 법 제66조 및 법 제67조에 따른 자재·약제의 비치와 방제선 등의 배치·설치 여부를 확인하기 위한 경우
5. 법 제70조제1항제2호 또는 제3호에 따른 해양오염방제업 또는 유창청소업을 하는 자의 법 제72조에 따른 의무사항 이행 여부를 확인하기 위한 경우
6. 삭제 〈2018. 4. 30.〉

⑤ 법 제115조제4항에서 "대통령령이 정하는 긴급한 상황이 발생한 경우"란 다음 각 호의 어느 하나에 해당하는 경우를 말한다. 〈개정 2009. 12. 31.〉

1. 선박에서 해양오염이 발생한 경우
2. 선박사고로 인하여 해양오염이 발생할 우려가 있는 경우
3. 오염원인을 알 수 없는 해양오염이 발생하여 원인을 확인하기 위한 경우

⑥ 법 제115조제4항에서 "대통령령으로 정하는 선박"이란 다음 각 호의 어느 하나에 해당하는 선박을 말한다. 〈신설 2025. 4. 1.〉

1. 6개월 이상 운항하지 않은 유조선
2. 6개월 이상 운항하지 않은 선박으로서 총톤수 20톤 이상인 선박(유조선은 제외한다)
3. 선체 손상 등으로 인하여 해양오염 우려가 외관상 현저한 유조선

4. 선체 손상 등으로 인하여 해양오염 우려가 외관상 현저한 선박으로서 총톤수 20톤 이상인 선박(유조선은 제외한다)

제90조(해양환경감시원) ① 해양수산부장관 또는 해양경찰청장은 법 제116조제1항에 따라 그 소속 공무원 중에서 다음 각 호의 어느 하나에 해당하는 자를 해양환경감시원으로 임명한다. 〈개정 2008. 2. 29., 2013. 3. 23., 2014. 11. 19., 2015. 8. 3., 2017. 7. 26.〉

1. 해양공학기사 · 해양자원개발기사 · 해양환경기사 · 해양조사산업기사 · 조선산업기사 · 수질환경산업기사 · 대기환경산업기사 · 폐기물처리산업기사 · 화공산업기사 · 위험물산업기사 이상이거나 항해사 · 기관사 또는 운항사 각 3급 이상의 자격을 취득한 자

2. 해양환경 관련 업무에 1년 이상 근무한 경력이 있는 자

3.「선박의 입항 및 출항 등에 관한 법률 시행령」제20조에 따라 무역항 단속공무원으로 임명된 자

4.「선박안전법」제76조에 따라 선박검사관으로 임명된 자

② 해양환경감시원의 직무는 다음 각 호와 같다. 〈개정 2008. 2. 29., 2013. 3. 23., 2014. 11. 19., 2017. 7. 26., 2020. 12. 1., 2023. 11. 7.〉

1. 해양수산부장관 소속 해양환경감시원

가. 제89조제1항에 따른 출입검사와 보고에 관한 사항

나. 해양공간으로 유입되거나 해양에 배출되는 폐기물의 감시

다. 해양공간에 대한 수질 및 오염원 조사활동

라.「해양폐기물 및 해양오염퇴적물 관리법」제7조제6항에 따른 폐기물 해양배출 위탁자 및 같은 법 제21조제1항에 따른 해양폐기물관리업자의 사업시설에 대한 지도 · 검사

마. 환경관리해역에서의 해양환경 개선을 위한 오염원 조사 활동

바. 해양시설에서의 오염물질 배출감시 및 해양오염예방을 위한 지도 · 점검(해양시설오염물질기록부, 해양시설오염비상계획서 및 해양오염방지관리인과 관련된 업무는 제외한다)

2. 해양경찰청장 소속 해양환경감시원

가. 제94조제2항제2호에 따른 출입검사와 보고에 관한 사항

나. 해양시설에서의 오염물질 배출감시 및 해양오염예방을 위한 지도 · 점검(해양시설오염물질기록부, 해양시설오염비상계획서 및 해양오염방지관리인과 관련된 업무로 한정한다)

다. 해양오염방제업자 및 유창청소업자가 운영하는 시설에 대한 검사 · 지도

라. 해양시설에서의 방제선등의 배치 · 설치 및 자재 · 약제의 비치 상황에 관한 검사

마. 오염물질의 배출 또는 배출혐의가 있다고 인정된 경우 조사 활동 및 감식 · 분석을 위한 오염시료 채취 등

제91조(행정적 · 재정적 · 기술적 지원) ① 국가 또는 지방자치단체가 법 제119조제3항에 따라 민간단체를 지원할 수 있는 사업 및 활동은 다음 각 호와 같다. 〈개정 2025. 4. 1.〉

1. 해양오염감시 및 해양환경정화활동
2. 해양오염방제작업
3. 해양환경 관련 연구개발
4. 해양환경의 조사 · 연구 · 홍보 및 교육

② 해양수산부장관 또는 지방자치단체의 장은 법 제119조제3항에 따라 민간단체를 지원하려는 경우에는 해당 지원의 대상, 내용 및 절차 등을 정하여 해양수산부 또는 해당 지방자치단체의 인터넷 홈페이지에 공고해야 한다. 〈신설 2025. 4. 1.〉

③ 해양수산부장관 또는 지방자치단체의 장은 법 제119조제3항에 따라 민간단체를 지원하기 위해 필요한 경우에는 관련 전문가 등의 의견을 들을 수 있다. 〈신설 2025. 4. 1.〉

[제목개정 2025. 4. 1.]

<u>제91조(행정적 · 재정적 · 기술적 지원) ① 국가 또는 지방자치단체가 법 제119조제3항에 따라 민간단체를 지원할 수 있는 사업 및 활동은 다음 각 호와 같다. 〈개정 2025. 3. 25., 2025. 4. 1.〉</u>

<u>1. 해양오염감시 및 해양환경정화활동</u>
<u>2. 해양오염방제작업</u>
<u>3. 해양환경 관련 연구개발</u>
<u>4. 해양환경의 조사 · 연구 · 홍보 및 교육</u>
<u>5. 그 밖에 지방자치단체가 지원하는 경우로서 해양환경의 보전 · 관리 및 해양오염방지를 위해 해당 지방자치단체의 조례로 정하는 사업 및 활동</u>

<u>② 해양수산부장관 또는 지방자치단체의 장은 법 제119조제3항에 따라 민간단체를 지원하려는 경우에는 해당 지원의 대상, 내용 및</u>

절차 등을 정하여 해양수산부 또는 해당 지방자치단체의 인터넷 홈페이지에 공고해야 한다. 〈신설 2025. 4. 1.〉

③ 해양수산부장관 또는 지방자치단체의 장은 법 제119조제3항에 따라 민간단체를 지원하기 위해 필요한 경우에는 관련 전문가 등의 의견을 들을 수 있다. 〈신설 2025. 4. 1.〉

[제목개정 2025. 4. 1.]

[시행일: 2026. 3. 26.] 제91조

제91조의2(신고포상금의 지급) ① 법 제119조의2제1항에 따른 신고포상금(이하 "포상금"이라 한다)을 받으려는 자는 해양수산부령으로 정하는 바에 따라 해양수산부장관, 해양경찰청장, 시ㆍ도지사 또는 시장ㆍ군수ㆍ구청장(이하 이 조에서 "해양수산부장관등"이라 한다)에게 포상금 지급을 신청하여야 한다. 〈개정 2013. 3. 23., 2014. 11. 19., 2017. 7. 26.〉

② 해양수산부장관등은 제1항에 따른 포상금 지급신청이 있는 경우에는 그 사건에 대한 관계 행정기관 또는 수사기관으로부터 행위자 및 오염물질의 배출량 등 사실관계를 확인한 후, 포상금 지급 여부 및 지급액을 결정하고 그 결정일부터 30일 이내에 포상금을 지급해야 한다. 다만, 공무원이 그 직무와 관련하여 신고 또는 고발을 한 경우에는 포상금을 지급하지 않는다. 〈개정 2013. 3. 23., 2020. 12. 29.〉

③ 포상금은 300만원 이내에서 별표 18의2의 포상금 지급기준에 따라 지급한다.

④ 해양수산부장관등은 하나의 사건에 대하여 2명 이상이 각각 신고 또는 고발을 하고 포상금을 신청한 경우에는 최초로 신고 또는 고발을 한 사람에게 포상금을 지급한다. 다만, 2명 이상이 공동으로 신고 또는 고발을 하고 포상금 배분방법에 미리 합의하여 포상금의 지급을 신청한 경우에는 그 합의된 방법에 따라 포상금을 지급한다. 〈개정 2013. 3. 23.〉

[본조신설 2011. 9. 22.]

제92조(해양오염방지관리인 등에 대한 교육ㆍ훈련) ① 법 제121조제1호부터 제3호까지의 규정에 따른 교육ㆍ훈련과정의 내용은 다음 각 호의 구분에 따르며, 최초의 교육ㆍ훈련과정과 자격 유지 등을 위한 그 밖의 교육ㆍ훈련과정으로 구분하여 운영한다. 〈개정 2020.

12. 29., 2025. 3. 4.〉

1. 법 제32조제1항에 따른 선박 해양오염방지관리인의 자격 관련 교육·훈련과정: 선박에서의 오염물질 및 대기오염물질 배출방지 등 해양오염 방지 및 방제

2. 법 제36조제1항에 따른 해양시설 해양오염방지관리인의 자격 관련 교육·훈련과정: 해양시설에서의 오염물질 및 대기오염물질 배출방지 등 해양오염 방지 및 방제

3. 법 제70조제2항에 따른 기술요원의 자격 관련 교육·훈련과정: 해양오염 방지 및 방제

② 제1항에 따른 교육·훈련과정의 기간 및 절차 등에 관한 사항은 해양수산부령으로 정한다. 〈신설 2020. 12. 29.〉

③ 제1항에 따른 교육·훈련과정과 유사한 교육·훈련과정의 인정 등에 관한 사항은 해양수산부령으로 정한다. 〈개정 2008. 2. 29., 2013. 3. 23.〉

제93조(수수료 징수에 대한 예외) 공단은 법 제122조제3항에 따라 방제선등의 배치·설치에 따른 수수료를 징수함에 있어 법 제69조제1항에 따른 방제분담금 납부자가 법 제67조제2항에 따라 방제선등의 배치·설치를 공단에 위탁한 경우에는 해당 수수료를 면제할 수 있다. 〈개정 2021. 10. 14.〉

제94조(권한의 위임) ① 삭제 〈2014. 11. 19.〉

② 해양수산부장관은 법 제123조제1항에 따라 다음 각 호의 사항에 관한 권한을 해양경찰서장에게 위임한다. 〈개정 2023. 11. 7.〉

1. 법 제19조제1항제2호에 따른 부담금의 부과·징수

2. 법 제115조제1항에 따른 다음 각 목에 해당하는 선박의 출입검사와 보고 등의 명령

가. 국내항해에 운항하는 대한민국선박

나. 국제항해에 운항하는 대한민국선박으로서 제94조제4항제19호에 따라 지방해양수산청장이 출입검사를 하지 아니한 선박

3. 법 제119조의2에 따른 포상금의 지급

③ 해양수산부장관은 법 제123조제1항에 따라 다음 각 호의 권한을 국립수산과학원장에게 위임한다. 〈신설 2020. 12. 29.〉

1. 법 제9조제1항에 따른 해양환경측정망의 구성

2. 법 제10조에 따른 해양환경공정시험기준의 설정 및 고시

④ 해양수산부장관은 법 제123조제1항에 따라 다음 각 호의 사항에 관한 권한을 지방해양수산청장에게 위임한다. 〈개정 2008. 2. 29., 2009. 12. 31., 2011. 9. 22., 2012. 11. 27., 2013. 3. 23., 2013. 4. 22., 2014. 9. 24., 2014. 11. 19., 2014. 12. 16., 2015. 1. 6., 2016. 12. 30., 2017. 6. 27., 2018. 4. 30., 2019. 7. 2., 2020. 12. 1., 2020. 12. 29., 2022. 11. 15., 2023. 11. 7., 2024. 4. 16.〉

1. 법 제18조제1항에 따른 해양환경개선조치(환경관리해역과 「항만법」 제3조제2항제1호에 따른 국가관리무역항만 해당한다)

1의2. 법 제18조제3항에 따른 해양환경의 오염원에 대한 조사

1의3. 법 제19조제1항에 따른 부담금의 부과·징수(같은 항 제2호에 따른 부담금의 부과·징수는 제외한다)

1의4. 법 제22조의2제1항에 따른 배출률의 승인

1의5. 법 제32조의2제1항에 따라 해상에서 유조선 간(이하 "선박대선박"이라 한다)에 기름화물을 이송하는 작업방법 등을 기술한 계획서의 검인

1의6. 법 제32조의2제3항에 따른 선박대선박 기름화물이송작업의 작업책임자 명단 및 작업계획 보고의 접수

2. 법 제33조제1항에 따른 해양시설(「항만법」 제3조제2항제1호에 따른 국가관리무역항 및 「배타적 경제수역 및 대륙붕에 관한 법률」 제2조에 따른 배타적 경제수역의 해양시설로 한정한다)의 신고 및 변경신고의 접수

2의2. 법 제36조의2제2항 및 제4항에 따른 해양시설(「항만법」 제3조제2항제1호에 따른 국가관리무역항 및 「배타적 경제수역 및 대륙붕에 관한 법률」 제2조에 따른 배타적 경제수역의 해양시설로 한정한다)의 안전점검에 관한 사항

2의3. 법 제38조제3항에 따른 오염물질저장시설 설치·운영의 신고 또는 변경신고의 수리

2의4. 법 제38조의3제1항에 따른 오염물질저장시설의 개선명령, 운영정지명령 또는 폐쇄명령

2의5. 법 제41조의3제3항에 따른 선박에너지효율관리계획서의 검사 및 선박에너지효율적합확인서의 발급

2의6. 법 제41조의4제1항부터 제3항까지의 규정에 따른 선박연

료유 사용량등의 보고 접수, 검증 및 검증확인서의 발급

2의7. 법 제42조제3항에 따른 선박으로부터 오존층파괴물질이 포함된 설비를 인도받는 업체 또는 단체의 지정·고시

2의8. 법 제44조제1항제2호에 따른 황함유량 기준을 충족하지 못하는 연료유 사용의 인정

2의9. 법 제47조의2제1항에 따라 유조선에 화물을 싣거나 내리는 중 또는 항해 중에 휘발성유기화합물의 배출을 최소화하기 위하여 필요한 사항을 담고 있는 관리계획서의 검인

3. 법 제49조부터 제54조까지의 규정에 따른 해양오염방지설비등의 검사 또는 예비검사

4. 법 제55조제1항에 따른 협약검사증서의 발급

5. 법 제58조제1항 및 제2항에 따른 부적합 선박에 대한 조치명령 및 항해정지처분

6. 법 제59조제1항에 따른 해양오염방지를 위한 항만국통제

7. 법 제60조에 따른 재검사

8. 삭제 〈2020. 12. 1.〉

8의2. 삭제 〈2020. 12. 1.〉

8의3. 삭제 〈2020. 12. 1.〉

9. 삭제 〈2020. 12. 1.〉

10. 삭제 〈2020. 12. 1.〉

10의2. 삭제 〈2020. 12. 1.〉

11. 삭제 〈2024. 12. 31.〉

12. 삭제 〈2024. 12. 31.〉

13. 삭제 〈2024. 12. 31.〉

13의2. 삭제 〈2024. 12. 31.〉

14. 삭제 〈2024. 12. 31.〉

14의2. 삭제 〈2024. 12. 31.〉

14의3. 삭제 〈2024. 12. 31.〉

14의4. 삭제 〈2024. 12. 31.〉

14의5. 삭제 〈2024. 12. 31.〉

15. 법 제110조제3항 본문에 따른 형식승인대상설비의 형식승인

15의2. 법 제110조제3항 단서에 따른 시험·연구 또는 개발을 목적으로 제작·제조하거나 수입하는 형식승인대상설비의 형식승인

면제 확인

16. 법 제110조제5항에 따른 형식승인대상설비의 성능시험

17. 법 제110조제6항에 따른 형식승인대상설비의 검정

18. 법 제110조제9항에 따른 형식승인대상설비의 형식승인의 취소 및 업무정지

18의2. 법 제110조제3항에 따른 형식승인을 받은 자의 법 제110조의3제2항에 따른 신고의 접수

19. 법 제115조제1항에 따른 선박(국내항해에 운항하는 대한민국 선박은 제외한다)의 출입검사와 보고

19의2. 법 제115조제2항에 따른 해양시설(「항만법」 제3조제2항제1호에 따른 국가관리무역항 및 「배타적 경제수역 및 대륙붕에 관한 법률」 제2조에 따른 배타적 경제수역의 해양시설로 한정한다)의 자료제출·보고 및 출입검사

20. 법 제116조제1항에 따른 해양환경감시원 지정

20의2. 법 제116조의2제1항 및 제2항에 따른 명예해양환경감시원의 위촉 및 경비 지급

21. 법 제117조에 따른 선박의 정선·검색·나포·입출항금지 명령 등

22. 법 제120조제1호의2에 따른 오염물질저장시설의 폐쇄명령을 위한 청문

23. 법 제120조제4호에 따른 평가대행자 등록 취소를 위한 청문

24. 법 제120조제5호에 따른 형식승인대상설비의 형식승인의 취소 및 업무정지를 위한 청문

25. 법 제133조에 따른 과태료의 부과·징수(제6항제4호에 해당하는 경우는 제외한다)

⑤ 해양경찰청장은 법 제123조제1항에 따라 다음 각 호의 사항에 관한 권한을 해양경찰서장에게 위임한다. 〈개정 2009. 12. 31., 2011. 9. 22., 2014. 11. 19., 2017. 7. 26., 2018. 4. 30., 2019. 7. 2., 2020. 12. 29., 2024. 4. 16.〉

1. 법 제35조제1항 및 제2항에 따른 해양시설오염비상계획서의 검인

1의2. 법 제36조제2항에 따른 해양오염방지관리인의 임명 신고의 수리

1의3. 법 제38조제4항 전단에 따라 제출되는 오염물질관리대장의 접수

2. 법 제64조제3항 및 제4항에 따른 방제조치명령 및 방제조치

3. 법 제67조제3항에 따른 선박입출항금지 또는 시설사용정지 명령

4. 법 제67조제4항에 따른 방제조치 및 배출방지조치 명령

5. 법 제68조제1항, 제2항 및 제4항에 따른 방제조치 및 비용부담 조치

5의2. 법 제68조의2제1항부터 제4항까지의 규정에 따른 해양자율방제대의 구성·운영, 교육·훈련의 실시 및 경비·보상금의 지급

6. 법 제70조제1항제2호 및 제3호에 따른 해양오염방제업 및 유창청소업의 등록

7. 법 제72조제1항에 따른 오염물질의 방제 및 청소·수거처리실적서 수리

8. 법 제74조제3항에 따른 해양오염방제업자 및 유창청소업자의 권리·의무 승계 신고 수리

9. 법 제75조제1항에 따른 해양오염방제업 및 유창청소업의 등록취소 및 영업정지 명령

10. 법 제111조제1항 및 제2항에 따른 선박해체 신고 수리 및 시정명령

11. 법 제114조제1항에 따른 관계 기관의 협조 요청

12. 법 제115조제3항 및 제4항에 따른 출입검사와 보고 등의 명령

13. 법 제116조제1항에 따른 해양환경감시원의 지정

13의2. 법 제116조의2제1항 및 제2항에 따른 명예해양환경감시원의 위촉 및 경비 지급

14. 법 제117조에 따른 선박의 정선·검색·나포·입출항 금지 명령 등

14의2. 법 제119조의2에 따른 신고포상금의 지급

15. 법 제120조제2호에 따른 해양오염방제업 및 유창청소업 등록의 취소를 위한 청문

16. 법 제133조에 따른 과태료의 부과·징수

⑥ 해양수산부장관은 법 제123조제1항에 따라 다음 각 호의 사항에 관한 권한을 시·도지사에게 위임하며, 시·도지사는 그 권한의 일부를 해양수산부장관의 승인을 받아 시장·군수·구청장에게 다시

위임할 수 있다. 〈신설 2009. 12. 31., 2011. 9. 22., 2013. 3. 23., 2014. 9. 24., 2017. 6. 27., 2017. 9. 19., 2018. 4. 30., 2020. 12. 29.〉

1. 법 제18조제1항에 따른 해양환경개선조치(「어촌 · 어항법」 제2조제3호가목에 따른 국가어항, 「항만법」 제3조제1항제2호에 따른 연안항 및 같은 조 제2항제2호에 따른 지방관리무역항만 해당한다)

2. 법 제33조제1항에 따른 해양시설(「항만법」 제3조제3항제1호에 따른 국가관리연안항의 해양시설로 한정한다)의 신고 및 변경신고의 접수

2의2. 법 제36조의2제2항 및 제4항에 따른 해양시설(「항만법」 제3조제2항제1호에 따른 국가관리무역항 및 「배타적 경제수역법」 제2조에 따른 배타적 경제수역의 해양시설은 제외한다)의 안전점검에 관한 사항

3. 법 제115조제2항에 따른 해양시설(「항만법」 제3조제2항제1호에 따른 국가관리무역항 및 「배타적 경제수역법」 제2조에 따른 배타적 경제수역의 해양시설은 제외한다)에 대한 자료제출 또는 보고명령, 출입검사 및 확인 · 점검

4. 법 제133조에 따른 과태료의 부과 · 징수(「항만법」 제3조제1항제2호에 따른 연안항 및 같은 조 제2항제2호에 따른 지방관리무역항에서 법 제132조제2항제1호에 해당하는 경우, 「항만법」 제3조제3항제1호에 따른 국가관리연안항에서 법 제132조제2항제2호에 해당하는 경우 및 「항만법」 제3조제2항제1호에 따른 국가관리무역항 및 「배타적 경제수역 및 대륙붕에 관한 법률」 제2조에 따른 배타적 경제수역을 제외한 지역에서 법 제132조제2항제2호의2부터 제2호의4까지에 해당하는 경우로 한정한다)

⑦ 해양경찰청장은 법 제123조제1항에 따라 다음 각 호의 권한을 해양경찰연구센터장에게 위임한다. 〈신설 2023. 11. 7.〉

1. 법 제110조제5항에 따른 자재 · 약제에 대한 성능시험

2. 법 제110조제6항 전단에 따른 자재 · 약제에 대한 검정

[제목개정 2017. 7. 26.]

제95조(업무의 위탁) ① 해양수산부장관은 법 제123조제3항에 따라 다음 각 호의 업무를 공단의 이사장에게 위탁한다. 〈개정 2008. 2. 29., 2013. 3. 23., 2013. 4. 22., 2016. 12. 30., 2017. 6. 27.,

2018. 4. 30., 2020. 12. 29., 2021. 10. 14.〉

1. 법 제9조제1항에 따른 정기적인 해양환경의 측정

2. 법 제11조에 따른 해양환경정보망의 구축, 해양환경정보의 제공 및 관련 자료 제출의 요구

3. 법 제12조제1항에 따른 측정ㆍ분석 기관에 대한 정도관리

4. 법 제18조제1항에 따른 해양환경개선조치의 관리

5. 법 제24조제3항에 따른 선박 또는 처리시설의 운영

6. 법 제38조제1항에 따른 오염물질저장시설의 설치ㆍ운영

6의2. 법 제39조제1항 전단에 따른 잔류성오염물질의 오염실태 및 진행상황 등에 대한 측정ㆍ조사

7. 법 제66조제1항에 따른 보관시설의 설치ㆍ운영

7의2. 법 제83조의2제1항 각 호에 따른 침몰선박 관련 조치

8. 법 제111조제3항에 따른 선박처리장의 설치ㆍ운영

9. 법 제121조에 따른 해양오염방지관리인 등에 대한 교육ㆍ훈련과정의 운영

10. 법 제122조제2항에 따른 오염물질 수거ㆍ처리 비용의 징수

② 해역관리청 중 시ㆍ도지사는 법 제123조제3항에 따라 업무를 위탁하려는 경우에는 위탁계약을 체결해야 한다.

③ 제1항 및 제2항에 따라 위탁계약을 체결하는 경우에는 다음 각 호의 사항을 포함하여야 한다.

1. 위탁대상사업의 범위

2. 위탁대상사업의 관리에 관한 사항

3. 위탁계약기간(계약기간의 수정ㆍ갱신 및 위탁계약의 해지에 관한 사항을 포함한다)

4. 위탁대가의 지급에 관한 사항

5. 위탁업무의 관리ㆍ감독에 관한 사항

6. 위탁업무 일부의 재위탁에 관한 사항

제96조(자료제출) 해양경찰서장, 지방해양수산청장 또는 시ㆍ도지사는 법 제123조제1항에 따라 위임 또는 위탁받은 사무를 처리한 때에는 해양수산부령으로 정하는 바에 따라 해양수산부장관 또는 해양경찰청장에게 그에 관한 자료를 제출하여야 한다. 〈개정 2008. 2. 29., 2009. 12. 31., 2011. 9. 22., 2013. 3. 23., 2014. 11. 19., 2015. 1. 6., 2017. 7. 26.〉

제96조의2(고유식별정보의 처리) 해양수산부장관 또는 해양경찰청장(법 제123조제1항 또는 제3항에 따라 해양수산부장관 또는 해양경찰청장의 권한이 위임·위탁된 경우에는 그 권한을 위임·위탁받은 자를 포함한다)은 다음 각 호의 사무를 수행하기 위하여 불가피한 경우 「개인정보 보호법 시행령」 제19조제1호·제2호 또는 제4호에 따른 주민등록번호, 여권번호 또는 외국인등록번호가 포함된 자료를 처리할 수 있다. 〈개정 2017. 7. 26., 2018. 4. 30.〉

1. 법 제71조에 따른 해양환경관리업 등록의 결격사유 확인에 관한 사무
2. 법 제81조에 따른 해양오염영향조사기관 지정의 결격사유 확인에 관한 사무
3. 삭제 〈2024. 12. 31.〉
4. 법 제101조에 따른 공단 임원의 결격사유 확인에 관한 사무
5. 법 제110조의3제2항에 따른 형식승인 등을 받은 자의 지위 승계의 신고에 관한 사무

[본조신설 2014. 12. 30.]

[종전 제96조의2는 제96조의3으로 이동 〈2014. 12. 30.〉]

제96조의3(규제의 재검토) 해양수산부장관은 다음 각 호의 사항에 대하여 2023년 1월 1일을 기준으로 3년마다(매 3년이 되는 해의 기준일과 같은 날 전까지를 말한다) 그 타당성을 검토하여 개선 등의 조치를 해야 한다.

1. 제54조 및 별표 9에 따른 방제분담금의 부과기준 및 절차
2. 삭제 〈2024. 12. 31.〉

[전문개정 2023. 3. 7.]

제11장 벌칙

제97조(오염물질) 법 제132조제2항제1호에서 "대통령령이 정하는 오염물질"이란 분뇨·오수 등 폐기물과 기름, 유해액체물질로서 해양수산부령으로 정하는 처리기준을 초과하는 물질을 말한다. 〈개정 2008. 2. 29., 2013. 3. 23.〉

제98조(과태료의 부과기준) 법 제132조에 따른 과태료의 부과기준은 별표 19와 같다.

[전문개정 2011. 9. 22.]

부칙 〈제20544호, 2008. 1. 11.〉

제1조 (시행일) 이 영은 2008년 1월 20일부터 시행한다. 다만, 제42조제1항제1호 단서의 규정은 2012년 1월 1일부터 시행하고, 별표 16 해양자원의 이용·개발의 대상 사업란 중 제3호의 규정은 2008년 2월 4일부터 시행한다.

제2조 (다른 법령의 폐지) 「해양오염방지법 시행령」은 폐지한다.

제3조 (해양오염방지관리인 등에 대한 교육·훈련에 관한 경과조치) ① 이 영 시행 당시 「해양오염방지법 시행령」 제53조에 따른 교육훈련기관은 2010년 12월 31일까지 제92조제1항에 따른 해양오염방지관리인 등에 대한 교육·훈련을 실시할 수 있다.

② 해양환경관리공단은 제92조제2항에도 불구하고 해양오염방지관리인 등에 대한 교육·훈련과정을 2011년 1월 1일부터 운영한다.

제4조 (다른 법령의 개정) ① 가축분뇨의 관리 및 이용에 관한 법률 시행령 일부를 다음과 같이 개정한다.

제12조제7호 중 "「해양오염방지법」 제4조의4"를 "「해양환경관리법」 제15조제1항제2호"로 한다.

② 골재채취법 시행령 일부를 다음과 같이 개정한다.

별표 2 제1호다목 본문 중 "「해양오염방지법」 제4조의8의 규정에 의한"을 "「해양환경관리법」 제84조제1항에 따른"으로 한다.

③ 도선법 시행령 일부를 다음과 같이 개정한다.

별표 1 시험과목란의 제1호 중 "해양오염방지법"을 "「해양환경관리법」"으로 한다.

④ 선박직원법 시행령 일부를 다음과 같이 개정한다.

별표 2 제1호 3. 법규의 과목내용란 제5호, 같은 표 제4호가목 과목내용란 (4)의 (다) 및 같은 표 제5호 7. 법규 및 직무일반의 과목내용란 제4호 중 "해양오염방지법"을 각각 "「해양환경관리법」"으로 한다.

별표 3 제1호 비고란의 제5호 중 "「해양오염방지법 시행규칙」 제35조제2항"을 "「해양환경관리법」 제23조제1항"으로 하고, 같은 표 제2호 비고란의 제3호 중 "「해양오염방지법 시행규칙」 제35조제2항의 규정에 따라"를 "「해양환경관리법」 제23조제1항에 따라"로 한다.

⑤ 선박투자회사법 시행령 일부를 다음과 같이 개정한다.

제2조제1항제6호를 다음과 같이 한다.

6. 「해양환경관리법」

⑥ 소형기선저인망어선 정리에 관한 특별법 시행령 일부를 다음과 같이 개정한다.

제13조제1항제2호를 다음과 같이 하고, 같은 항 제3호를 삭제한다.

2. 「해양환경관리법」 제96조에 따라 설립된 해양환경관리공단

⑦ 수난구호법 시행령 일부를 다음과 같이 개정한다.

제22조의2 중 "「해양오염방지법」"을 "「해양환경관리법」"으로 한다.

⑧ 수로업무법 시행령 일부를 다음과 같이 개정한다.

제5조제1항제5호 중 "「해양오염방지법」 제16조제4항의 규정에 따라"를 "「해양환경관리법」 제23조제1항에 따라"로 한다.

⑨ 수상레저안전법 시행령 일부를 다음과 같이 개정한다.

별표 1의2 제1호 4. 법규의 과목내용란 라목 및 같은 표 제2호 4. 법규의 과목내용란 라목 중 "「해양오염방지법」"을 각각 "「해양환경관리법」"으로 한다.

별표 3 제2호가목 1. 관계법령의 세부 교육내용란 라목 및 같은 호 나목 1. 관계법령의 세부 교육내용란 라목 중 "「해양오염방지법」"을 각각 "「해양환경관리법」"으로 한다.

⑩ 어장관리법 시행령 일부를 다음과 같이 개정한다.

제5조제5항 중 "「해양오염방지법」 제4조의3제3항에 따른 해양환경공정시험방법"을 "「해양환경관리법」 제10조에 따른 해양환경공정시험기준"으로 한다.

⑪ 영해및접속수역법시행령 일부를 다음과 같이 개정한다.

제6조 중 "해양오염방지법시행령 제23조의 규정에 의한"을 "「해양환경관리법 시행령」 제47조에 따른"으로 한다.

⑫ 유통단지개발 촉진법 시행령 일부를 다음과 같이 개정한다.

제20조제2항제12호를 다음과 같이 한다.

12. 「해양환경관리법」 제84조에 따라 해양수산부령으로 정하는 해역이용협의를 위한 서류(공유수면매립의 경우로 한정한다)

⑬ 조세특례제한법 시행령 일부를 다음과 같이 개정한다.

제22조제1항제2호 중 "「해양오염방지법」에 의한 방제시설"을 "「해양환경관리법」에 따른 오염방지·오염물질처리시설 및 방제시설"로 한다.

⑭ 지속가능발전위원회 규정 일부를 다음과 같이 개정한다.

별표 중 제38호를 다음과 같이 한다.

38. 「해양환경관리법」 제14조제1항에 따른 해양환경관리종합계획

⑮ 하수도법 시행령 일부를 다음과 같이 개정한다.

제4조제8호 중 "「해양오염방지법」 제4조의4"를 "「해양환경관리법」 제15조제1항"으로 한다.

⑯ 항만운송사업법시행령 일부를 다음과 같이 개정한다.

제2조제1호다목을 다음과 같이 한다.

다. 소독, 화물고정, 칠 등을 하는 행위

⑰ 해양경찰청과 그 소속기관 직제 일부를 다음과 같이 개정한다.

제12조제2항제7호 중 "「해양오염방지법」에 의한"을 "「해양환경관리법」에 따른"으로 하고, 같은 항 제11호 중 "한국해양오염방제조합"을 "해양환경관리공단"으로 한다.

⑱ 해양생태계의 보전 및 관리에 관한 법률 시행령 일부를 다음과 같이 개정한다.

제6조제2항제1호 및 제23조제2호 중 "「해양오염방지법」 제4조의4"를 각각 "「해양환경관리법」 제15조제1항제1호"로 한다.

⑲ 행정권한의 위임 및 위탁에 관한 규정 일부를 다음과 같이 개정한다.

제52조제5항 중 "「해양오염방지법」 제52조의2의 규정에 의한 한국해양오염방제조합"을 "「해양환경관리법」 제96조에 따른 해양환경관리공단"으로 하고, 같은 조 제7항을 삭제한다.

⑳ 환경·교통·재해 등에 관한 영향평가법 시행령 일부를 다음과 같이 개정한다.

별표 1 비고란의 제5호에 사목을 다음과 같이 신설한다.

사. 제1호다목의 (1) 및 같은 호 더목의 (4)부터 (7)까지의 대상사업 중 「해양환경관리법」에 따른 해역이용영향평가 대상사업은 환경영향평가 대상사업에서 제외한다.

제5조 (다른 법령과의 관계) 이 영 시행 당시 다른 법령에서 「해양오염방지법 시행령」의 규정을 인용한 경우에 이 영 가운데 그에 해당하는 규정이 있으면 종전의 규정을 갈음하여 이 영 또는 이 영의 해당 조항을 인용한 것으로 본다.

부칙 〈제20722호, 2008. 2. 29.〉 (국토해양부와 그 소속기

관 직제)
제1조(시행일) 이 영은 공포한 날부터 시행한다. 다만, 부칙 제6조에 따라 개정되는 대통령령 중 이 영의 시행 전에 공포되었으나 시행일이 도래하지 아니한 대통령령을 개정한 부분은 각각 해당 대통령령의 시행일부터 시행한다.
제2조 부터 제5조까지 생략
제6조(다른 법령의 개정) ① 부터 〈133〉 까지 생략
〈134〉 해양환경관리법 시행령 일부를 다음과 같이 개정한다.
제5조제2항제7호 · 제3항, 제6조제1항, 제9조제1항 · 제2항 후단 · 제3항 · 제4항, 제10조제5항, 제11조제1항, 제12조제1항 각 호 외의 부분 · 제2항 각 호 외의 부분 · 제3항 각 호 외의 부분 전단 · 제4항 전단 · 제5항 · 제6항, 제13조제1항 각 호 외의 부분 · 제2항 · 제7항부터 제9항까지, 제14조제1항 전단 · 제2항 전단 · 제3항, 제15조제3항, 제16조제8호, 제26조제1항, 제27조제1항 · 제2항 각 호 외의 부분 전단 · 후단 · 제3항 각 호 외의 부분 전단 · 후단, 제29조제1항 각 호 외의 부분 · 제2항, 제30조제2항, 제35조제1항 각 호 외의 부분 · 제2항, 제36조제1항 전단 · 제3항, 제37조제3항, 제41조 각 호 외의 부분, 제55조제1항 전단 · 제3항, 제60조제1항, 제64조제3항, 제65조 각 호 외의 부분 본문, 제66조, 제67조제1항 전단 · · 후단 · 제2항 · 제4항 각 호 외의 부분 · 제5항 본문, 제68조제1항 각 호 외의 부분 · 제2항 각 호 외의 부분, 제69조제1항 · 제4항 · 제5항, 제70조제1항, 제71조제2항제2호, 제72조제2항제9호 · 제3항제6호, 제74조 각 호 외의 부분, 제75조 각 호 외의 부분, 제86조제1항 · 제3항, 제87조 각 호 외의 부분, 제88조제1항 · 제2항 · 제4항, 제89조제1항 각 호 외의 부분 · 제3항 각 호 외의 부분, 제90조제1항 각 호 외의 부분 · 제2항제1호 각 목 외의 부분, 제94조제1항 · 제2항 각 호 외의 부분 · 제3항 각 호 외의 부분 · 제4항 각 호 외의 부분, 제95조제1항 각 호 외의 부분, 제96조, 제98조제1항, 별표 1의 비고 2, 별표 2의 비고 2, 별표 9 제3호다목, 별표 10의 '해양오염방제업, 유창청소업, 폐기물해양수거업 및 퇴적오염물질수거업'란 첨부서류란 제3호, 별표 15 제3호, 별표 17 비고 2 및 별표 19 제17호 중 "해양수산부장관"을 각각 "국토해양부장관"으로 한다.
제15조제2항제4호, 제26조제2항, 제43조제1호다목, 제44조제3

항, 제51조제2항, 제55조제3항, 제58조제3항제1호, 제67조제1항 전단, 제88조제1항, 제89조제4항 각 호 외의 부분, 제92조제3항, 제96조, 제97조, 제98조제4항, 별표 6 '유해액체물질'란의 종류란, 별표 12 '유해액체물질'란의 종류란 제1호부터 제3호까지, 별표 16 '준설토의 해양투기'란의 대상사업란 단서 중 "해양수산부령"을 각각 "국토해양부령"으로 한다.

제17조제1호 중 "해양수산부"를 "국토해양부"로 한다.

제18조제1항 중 "재정경제부 · 과학기술부 · 외교통상부 · 국방부 · 행정자치부 · 농림부 · 산업자원부 · 환경부 · 건설교통부 · 해양수산부의 차관 및 국무조정실의 정책차장과 해양경찰청장"을 "기획재정부 · 교육과학기술부 · 외교통상부 · 국방부 · 행정안전부 · 농림수산식품부 · 지식경제부 · 환경부 · 국토해양부의 차관 및 국무총리실의 국무차장과 해양경찰청장"으로 한다.

제94조제2항제8호나목 및 제4항 각 호 외의 부분, 제96조 중 "지방해양수산청장"을 각각 "지방해양항만청장"으로 한다.

제94조제3항제2호 및 제8호를 삭제한다.

〈135〉 부터 〈138〉 까지 생략

부칙 〈제21185호, 2008. 12. 24.〉 (환경영향평가법 시행령)

제1조(시행일) 이 영은 2009년 1월 1일부터 시행한다. 〈단서 생략〉

제2조 및 제3조 생략

제4조(다른 법령의 개정) ① 부터 ⑱ 까지 생략

⑲ 해양환경관리법 시행령 일부를 다음과 같이 개정한다.

제63조제2항 각 호 외의 부분 본문 중 "「환경 · 교통 · 재해 등에 관한 영향평가법 시행령」"을 "「환경영향평가법 시행령」"으로 한다.

⑳ 부터 ㉒ 까지 생략

제5조 생략

부칙 〈제21214호, 2008. 12. 31.〉 (행정안전부와 그 소속기관 직제)

제1조(시행일) 이 영은 공포한 날부터 시행한다. 〈단서 생략〉

제2조 부터 제4조까지 생략

제5조(다른 법령의 개정) ① 부터 〈165〉 까지 생략

〈166〉 해양환경관리법 시행령 일부를 다음과 같이 개정한다.

별표 12 유해액체물질의 종류란 제1호 중 "해양수산부령"을 "국토해양부령"으로 한다.

〈167〉 부터 〈175〉 까지 생략

부칙 〈제21622호, 2009. 7. 7.〉 (해양수산발전 기본법 시행령)

제1조(시행일) 이 영은 공포한 날부터 시행한다. 다만, · · · 〈생략〉 · · · 부칙 제2조는 2009년 8월 7일부터 시행한다.

제2조(다른 법령의 개정) ① 생략

② 해양환경관리법 시행령 일부를 다음과 같이 개정한다.

제9조제4항 중 "법 제17조제1항에 따른 해양환경관리위원회"를 "「해양수산발전 기본법」 제7조에 따른 해양수산발전위원회"라 한다)"로 한다.

제18조부터 23조까지를 각각 삭제한다.

제36조제1항 후단을 삭제한다.

부칙 〈제21882호, 2009. 12. 14.〉 (항만법 시행령)

제1조(시행일) 이 영은 공포한 날부터 시행한다. 〈단서 생략〉

제2조 부터 제5조까지 생략

제6조(다른 법령의 개정) ① 부터 ㉓ 까지 생략

㉔ 해양환경관리법 시행령 일부를 다음과 같이 개정한다.

제3조제1호를 다음과 같이 한다.

1. 「항만법」 제2조제2호에 따른 무역항과 제3호에 따른 연안항

제52조제4항 및 별표 15 제1호가목 중 "「항만법」 제2조제6호"를 각각 "「항만법」 제2조제5호"로 한다.

㉕ 부터 ㉗ 까지 생략

제7조 생략

부칙 〈제21964호, 2009. 12. 31.〉

이 영은 공포한 날부터 시행한다.

부칙 〈제22151호, 2010. 5. 4.〉 (전자정부법 시행령)

제1조(시행일) 이 영은 2010년 5월 5일부터 시행한다.

제2조 및 제3조 생략

제4조(다른 법령의 개정) ① 부터 〈188〉 까지 생략

〈189〉 해양환경관리법 시행령 일부를 다음과 같이 개정한다.

제55조제1항 후단 및 제65조 각 호 외의 부분 단서 중 "「전자정부법」 제21조제1항"을 각각 "「전자정부법」 제36조제1항"으로 한다.

〈190〉 부터 〈192〉 까지 생략

부칙 〈제22449호, 2010. 10. 14.〉 (공유수면 관리 및 매립에 관한 법률 시행령)

제1조(시행일) 이 영은 2010년 10월 16일부터 시행한다.

제2조 및 제3조 생략

제4조(다른 법령의 개정) ①부터 ㉘까지 생략

㉙ 해양환경관리법 시행령 일부를 다음과 같이 개정한다.

제10조제3항제2호 및 같은 조 제4항제2호 중 "「공유수면관리법」 제5조제1항제1호"를 각각 "「공유수면 관리 및 매립에 관한 법률」 제8조제1항제1호"로 한다.

제63조제2항 각 호 외의 부분 단서 중 "「공유수면관리법」"을 "「공유수면 관리 및 매립에 관한 법률」"로 한다.

별표 15 제1호의 공유수면의 점용·사용의 대상사업란 중 "「공유수면관리법」 제5조제1항제1호"를 "「공유수면 관리 및 매립에 관한 법률」 제8조제1항제1호"로, "「공유수면관리법」 제5조제1항제2호"를 "「공유수면 관리 및 매립에 관한 법률」 제8조제1항제2호"로, "「공유수면관리법」 제5조제1항제3호"를 "「공유수면 관리 및 매립에 관한 법률」 제8조제1항제3호"로, "「공유수면관리법」 제5조제1항제4호"를 "「공유수면 관리 및 매립에 관한 법률」 제8조제1항제4호"로, "「공유수면관리법」 제5조제1항제5호"를 "「공유수면 관리 및 매립에 관한 법률」 제8조제1항제5호"로, "「공유수면관리법」 제5조제1항제7호"를 "「공유수면 관리 및 매립에 관한 법률」 제8조제1항제7호"로 한다.

별표 15 제1호의 공유수면의 매립의 대상사업란 중 "「공유수면매립법」 제9조"를 "「공유수면 관리 및 매립에 관한 법률」 제28조"로, "「공유수면관리법」 제2조"를 "「공유수면 관리 및 매립에 관한 법률」 제2조"로 하고, 같은 표 제2호다목을 다음과 같이 한다.

다. 「공유수면 관리 및 매립에 관한 법률」 제8조제1항제11호

에 따라 공유수면을 점용하는 경우
별표 16의 준설토의 해양투기의 대상 사업란 중 "「공유수면관리법」 제5조제1항제7호"를 "「공유수면 관리 및 매립에 관한 법률」 제8조제1항제7호"로 하고, 같은 표의 해양자원의 이용·개발의 대상 사업란 중 "「공유수면관리법」 제5조제1항제9호"를 "「공유수면 관리 및 매립에 관한 법률」 제8조제1항제9호"로 한다.
㉚ 및 ㉛ 생략
제5조 생략

부칙 <제22467호, 2010. 11. 2.> (행정정보의 공동이용 및 문서감축을 위한 경제교육지원법 시행령 등 일부개정령)
이 영은 공포한 날부터 시행한다.

부칙 <제22706호, 2011. 3. 9.>
제1조(시행일) 이 영은 공포한 날부터 시행한다.
제2조(방제분담금의 조정 및 환급에 관한 적용례) 제54조의 개정규정은 이 영 시행 후 최초로 부과하거나 납부하는 방제분담금부터 적용한다.

부칙 <제23158호, 2011. 9. 22.>
제1조(시행일) 이 영은 공포한 날부터 시행한다. 다만, 제42조제1항의 개정규정은 2012년 1월 1일부터 시행한다.
제2조(해양환경개선부담금의 면제에 관한 적용례) 제25조의2제4항의 개정규정은 이 영 시행 후 최초로 법 제3조제1항제1호 및 제2호의 해역·수역 밖에서 배출된 오염물질이 같은 해역·수역으로 유입되지 아니한 경우부터 적용한다.
제3조(신고포상금에 관한 적용례) 제91조의2의 개정규정은 이 영 시행 후 최초로 법 위반행위에 대한 신고 또는 고발이 있는 경우부터 적용한다.
제4조(해역이용협의 등에 관한 적용례) 별표 15 및 별표 16의 개정규정은 이 영 시행 후 최초로 법 제84조제1항 각 호 및 제85조제1항 각 호에 따른 면허·허가 또는 지정 등을 처분기관에 신청하는 경우부터 적용한다.

제5조(과태료에 관한 경과조치) 이 영 시행 전의 행위에 대하여 과태료를 적용할 때에는 종전의 규정에 따른다.

부칙 〈제23297호, 2011. 11. 16.〉 (산업입지 및 개발에 관한 법률 시행령)
제1조(시행일) 이 영은 공포한 날부터 시행한다. 〈단서 생략〉
제2조(다른 법령의 개정) ①부터 ⑲까지 생략
⑳ 해양환경관리법 시행령 일부를 다음과 같이 개정한다.
제15조제2항제2호 중 "「산업입지 및 개발에 관한 법률」 제2조제5호"를 "「산업입지 및 개발에 관한 법률」 제2조제8호"로 한다.

부칙 〈제23964호, 2012. 7. 20.〉 (농수산물 품질관리법 시행령)
제1조(시행일) 이 영은 2012년 7월 22일부터 시행한다.
제2조 생략
제3조(다른 법령의 개정) ①부터 ⑤까지 생략
⑥ 해양환경관리법 시행령 일부를 다음과 같이 개정한다.
제63조제3항제3호 중 "「수산물품질관리법」 제24조"를 "「농수산물품질관리법」 제71조"로 한다.
⑦ 생략
제4조 생략

부칙 〈제23966호, 2012. 7. 20.〉 (환경영향평가법 시행령)
제1조(시행일) 이 영은 2012년 7월 22일부터 시행한다. 〈단서 생략〉
제2조 부터 제4조까지 생략
제5조(다른 법령의 개정) ①부터 ㉟까지 생략
㊱ 해양환경관리법 시행령 일부를 다음과 같이 개정한다.
제63조제2항 각 호 외의 부분 중 "「환경영향평가법 시행령」 별표 1"를 "「환경영향평가법 시행령」 별표 3"으로 한다.
㊲ 및 ㊳ 생략
제6조 생략

부칙 〈제24207호, 2012. 11. 27.〉

제1조(시행일) 이 영은 2012년 12월 2일부터 시행한다.
제2조(가산금에 관한 적용례) 제32조제1항 본문의 개정규정은 폐기물 또는 오염물질의 해양배출이 2013년 1월 1일 이후에 이루어진 행위에 대한 부담금이 체납된 경우부터 적용한다.

부칙 〈제24443호, 2013. 3. 23.〉 (국토교통부와 그 소속기관 직제)
제1조(시행일) 이 영은 공포한 날부터 시행한다. 〈단서 생략〉
제2조 부터 제5조까지 생략
제6조(다른 법령의 개정) ①부터 〈143〉까지 생략
〈144〉 해양환경관리법 시행령 일부를 다음과 같이 개정한다.
제5조제2항제7호, 같은 조 제3항, 제6조제1항, 제9조제1항, 같은 조 제2항 후단, 같은 조 제3항 · 제4항, 제10조제5항, 제11조제1항, 제12조제1항 각 호 외의 부분, 같은 조 제2항 각 호 외의 부분, 같은 조 제3항 각 호 외의 부분 전단, 같은 조 제4항 전단, 같은 조 제5항 · 제6항, 제13조제1항 각 호 외의 부분, 같은 조 제2항, 제7항부터 제9항까지, 제14조제1항 전단, 같은 조 제2항 전단, 같은 조 제3항, 제15조제3항, 제16조제8호, 제24조의2의 제목, 제26조제1항 각 호 외의 부분, 제27조제1항, 같은 조 제2항 각 호 외의 부분 전단 · 후단, 같은 조 제3항 각 호 외의 부분 전단 · 후단, 제29조제1항 각 호 외의 부분, 같은 조 제2항, 제30조제2항, 제35조제1항 각 호 외의 부분, 같은 조 제2항, 제36조제1항 · 제3항, 제37조제3항, 제41조 각 호 외의 부분, 제55조제1항 전단 · 후단, 같은 조 제3항 각 호 외의 부분, 같은 조 제4항, 제60조제1항, 제64조제3항, 제65조제1항 각 호 외의 부분, 같은 조 제2항 각 호 외의 부분 본문, 같은 조 제3항 각 호 외의 부분, 제66조, 제67조제1항 전단 · 후단, 같은 조 제2항, 같은 조 제4항 각 호 외의 부분, 같은 조 제5항 본문, 제68조제1항 각 호 외의 부분, 같은 조 제2항 각 호 외의 부분, 제69조제1항 · 제4항 · 제5항, 제70조제1항, 제71조제2항제2호, 제72조제2항제9호, 같은 조 제3항제6호, 제74조 각 호 외의 부분, 제75조 각 호 외의 부분, 제86조제1항 · 제3항, 제87조 각 호 외의 부분, 제88조제1항 · 제2항 · 제4항, 제89조제1항 각 호 외의 부분, 같은 조 제3항 각 호 외의 부분, 제90조제1항 각 호 외의 부

분, 같은 조 제2항제1호 각 목 외의 부분, 제91조의2제1항, 제94조 제1항 각 호 외의 부분, 같은 조 제2항 각 호 외의 부분, 같은 조 제4항 각 호 외의 부분, 같은 조 제6항 각 호 외의 부분, 제95조제1항 각 호 외의 부분, 제96조, 별표 1 비고의 제2호, 별표 2 비고의 제2호, 별표 9 제3호다목, 별표 10의 해양오염방제업, 유창청소업, 폐기물해양수거업 및 퇴적오염물질수거업란의 첨부서류란 제3호, 별표 15 제3호, 별표 17 비고 제2호 각 목 외의 부분 및 별표 19 제2호하목의 위반행위란 중 “국토해양부장관”을 각각 "해양수산부장관으로 한다.

제15조제2항제4호, 제26조제1항 각 호 외의 부분, 제43조제1호다목, 제44조제3항, 제51조제2항, 제55조제3항제3호, 같은 조 제4항, 제58조제3항제1호, 제64조제3항, 제65조제3항제2호, 제67조제1항 전단, 제70조제2항제3호, 제88조제1항, 제89조제4항 각 호 외의 부분, 제91조의2제1항, 제92조제3항, 제96조, 제97조, 별표 6의 종류란의 유해액체물질란, 별표 12의 종류란의 유해액체물질란 제1호부터 제3호까지 및 별표 18의2의 유출물질란의 유해액체물질란 중 “국토해양부령”을 각각 “해양수산부령”으로 한다.

제17조제1호 중 “국토해양부”를 “해양수산부”로 한다.

제63조제4항을 삭제한다.

제91조의2제1항·제2항 및 같은 조 제4항 본문 중 “국토해양부장관등”을 각각 “해양수산부장관등”으로 한다.

〈145〉 및 〈146〉 생략

부칙 〈제24517호, 2013. 4. 22.〉

이 영은 공포한 날부터 시행한다.

부칙 〈제24627호, 2013. 6. 17.〉

제1조(시행일) 이 영은 2013년 6월 19일부터 시행한다.

제2조(침몰선박에 대한 위해도 저감대책 실행에 관한 적용례) 제60조의2의 개정규정은 이 영 시행 후 「해양사고의 조사 및 심판에 관한 법률」 제2조제1호의 해양사고로 해양에서 침몰된 선박부터 적용한다.

부칙 〈제25050호, 2013. 12. 30.〉 (행정규제기본법 개정에 따른 규제 재검토기한 설정을 위한 주택법 시행령 등 일부개정령)
이 영은 2014년 1월 1일부터 시행한다. 〈단서 생략〉

부칙 〈제25639호, 2014. 9. 24.〉
이 영은 2014년 9월 25일부터 시행한다.

부칙 〈제25758호, 2014. 11. 19.〉
제1조(시행일) 이 영은 공포한 날부터 시행한다.
제2조(권한의 위임에 관한 경과조치) ① 이 영 시행 전에 종전의 제94조제1항제1호에 따라 해양경찰청장이 행한 고시, 행정처분, 그 밖의 해양경찰청장의 행위와 해양경찰청장에 대한 신청, 그 밖의 행위는 각각 해양수산부장관의 행위 또는 해양수산부장관에 대한 행위로 본다.
② 이 영 시행 전에 종전의 제94조제2항제1호부터 제7호까지 및 제10호에 따라 해양경찰서장이 행한 고시, 행정처분, 그 밖의 해양경찰서장의 행위와 해양경찰서장에 대한 신청·신고, 그 밖의 행위는 각각 제94조제4항의 개정규정에 따른 지방해양항만청장의 행위 또는 지방해양항만청장에 대한 행위로 본다.

부칙 〈제25840호, 2014. 12. 9.〉 (규제 재검토기한 설정 등 규제정비를 위한 건축법 시행령 등 일부개정령)
제1조(시행일) 이 영은 2015년 1월 1일부터 시행한다.
제2조 부터 제16조까지 생략

부칙 〈제25860호, 2014. 12. 16.〉
제1조(시행일) 이 영은 공포한 날부터 시행한다.
제2조(해역이용협의 대상사업에 관한 적용례) 별표 15의 개정규정은 이 영 시행 전에 처분기관이 해양수산부장관에게 법 제84조제3항에 따른 해역이용협의서를 제출한 경우에도 적용한다.

부칙 〈제25943호, 2014. 12. 30.〉
이 영은 2015년 1월 1일부터 시행한다.

부칙 〈제25985호, 2015. 1. 6.〉 (해양수산부와 그 소속기관 직제)

제1조(시행일) 이 영은 공포한 날부터 시행한다.

제2조 및 제3조 생략

제4조(다른 법령의 개정) ①부터 ㉒까지 생략

㉓ 해양환경관리법 시행령 일부를 다음과 같이 개정한다.

제94조제2항제8호나목, 같은 조 제4항 각 호 외의 부분 및 제96조 중 "지방해양항만청장"을 각각 "지방해양수산청장"으로 한다.

㉔부터 ㉚까지 생략

제5조 생략

부칙 〈제26220호, 2015. 4. 29.〉

이 영은 공포한 날부터 시행한다.

부칙 〈제26473호, 2015. 8. 3.〉 (선박의 입항 및 출항 등에 관한 법률 시행령)

제1조(시행일) 이 영은 2015년 8월 4일부터 시행한다.

제2조 부터 제6조까지 생략

제7조(다른 법령의 개정) ①부터 ⑥까지 생략

⑦ 해양환경관리법 시행령 일부를 다음과 같이 개정한다.

제90조제1항제3호를 다음과 같이 한다.

3.「선박의 입항 및 출항 등에 관한 법률 시행령」제20조에 따라 무역항 단속공무원으로 임명된 자

⑧ 생략

제8조 생략

부칙 〈제27165호, 2016. 5. 10.〉

이 영은 공포한 날부터 시행한다.

부칙 〈제27299호, 2016. 6. 30.〉 (행정규제 정비를 위한 개발제한구역의 지정 및 관리에 관한 특별조치법 시행령 등 일부개정령)

제1조(시행일) 이 영은 2016년 7월 1일부터 시행한다. 〈단서 생략〉

제2조 부터 제7조까지 생략

제8조(「해양환경관리법 시행령」 개정에 따른 적용례) 「해양환경관리법 시행령」 제32조제2항 및 제3항의 개정규정은 이 영 시행 이후 법 제20조제1항 후단에 따른 가산금을 부과·징수하는 경우부터 적용한다.
제9조 부터 제15조까지 생략

부칙 〈제27748호, 2016. 12. 30.〉
이 영은 공포한 날부터 시행한다.

부칙 〈제27792호, 2017. 1. 17.〉 (수질 및 수생태계 보전에 관한 법률 시행령)
제1조(시행일) 이 영은 2017년 1월 28일부터 시행한다.
제2조 부터 제6조까지 생략
제7조(다른 법령의 개정) ①부터 ㉔까지 생략
㉕ 해양환경관리법 시행령 일부를 다음과 같이 개정한다.
제10조제3항제1호 단서, 같은 조 제4항제1호 단서, 제13조제1항제1호 및 제24조제2항 전단 중 "폐수종말처리시설"을 각각 "공공폐수처리시설"로 한다.
㉖부터 ㉙까지 생략

부칙 〈제27965호, 2017. 3. 27.〉 (잔류성오염물질 관리법 시행령)
제1조(시행일) 이 영은 미나마타협약이 우리나라에 효력을 발생하는 날부터 시행한다. 〈단서 생략〉
제2조(다른 법령의 개정) ① 해양환경관리법 시행령 일부를 다음과 같이 개정한다.
제41조제1호부터 제5호까지를 각각 다음과 같이 한다.
1. 「잔류성오염물질 관리법」 제11조에 따른 잔류성오염물질 측정망의 측정자료
2. 「잔류성오염물질 관리법」 제16조에 따른 개선명령·사용중지명령 및 폐쇄명령과 그 이행에 관한 정보
3. 「잔류성오염물질 관리법」 제18조에 따른 잔류성오염물질의 주요 배출원 배출경로 및 배출량에 관한 자료

4. 「잔류성오염물질 관리법」 제19조에 따른 잔류성오염물질의 영향조사에 관한 자료

5. 잔류성오염물질을 취급하는 업종·업체에 대한 정보

② 및 ③ 생략

제3조 생략

부칙 〈제28169호, 2017. 6. 27.〉

이 영은 2017년 6월 28일부터 시행한다.

부칙 〈제28211호, 2017. 7. 26.〉 (행정안전부와 그 소속기관 직제)

제1조(시행일) 이 영은 공포한 날부터 시행한다. 다만, 부칙 제8조에 따라 개정되는 대통령령 중 이 영 시행 전에 공포되었으나 시행일이 도래하지 아니한 대통령령을 개정한 부분은 각각 해당 대통령령의 시행일부터 시행한다.

제2조 부터 제7조까지 생략

제8조(다른 법령의 개정) ①부터 〈329〉까지 생략

〈330〉 해양환경관리법 시행령 일부를 다음과 같이 개정한다.

제44조제2항, 제45조제1항·제6항, 제48조제2항 각 호 외의 부분, 제52조제1항, 제55조제2항 전단, 같은 조 제3항 각 호 외의 부분, 같은 조 제4항, 제88조제1항·제2항·제4항, 제89조제4항 각 호 외의 부분, 제90조제1항 각 호 외의 부분, 같은 조 제2항제2호 각 목 외의 부분, 제91조의2제1항, 제94조제5항 각 호 외의 부분, 제96조 및 제96조의2 각 호 외의 부분 중 "국민안전처장관"을 각각 "해양경찰청장"으로 한다.

제44조제3항 및 제89조제4항 각 호 외의 부분 중 "총리령"을 각각 "해양수산부령"으로 한다.

제45조제1항 중 "국민안전처"를 "해양경찰청"으로 한다.

제45조제5항, 제94조제5항 각 호 외의 부분 및 제96조 중 "해양경비안전서장"을 각각 "해양경찰서장"으로 한다.

제55조제3항제3호, 같은 조 제4항, 제88조제1항, 제91조의2제1항 및 제96조 중 "총리령 또는 해양수산부령"을 각각 "해양수산부령"으로 한다.

제94조의 제목 “(권한의 위임 및 위탁)”을 “(권한의 위임)”으로 하고, 같은 조 제2항 각 호 외의 부분 중 “해양경비안전서장에게 위탁한다”를 “해양경찰서장에게 위임한다”로 한다.

별표 9 제3호아목 중 “국민안전처”를 “해양경찰청”으로 한다.

〈331〉부터 〈388〉까지 생략

부칙 〈제28332호, 2017. 9. 19.〉

제1조(시행일) 이 영은 2017년 9월 22일부터 시행한다.

제2조(방제분담금 조정신청에 관한 적용례) 제54조제4항의 개정규정은 이 영 시행 이후 방제분담금의 납부통지(같은 조 제3항에 따른 통지를 포함한다)를 받은 경우부터 적용한다.

부칙 〈제28583호, 2018. 1. 16.〉 (물환경보전법 시행령)

제1조(시행일) 이 영은 2018년 1월 18일부터 시행한다.

제2조(다른 법령의 개정) ①부터 ㊱까지 생략

㊲ 해양환경관리법 시행령 일부를 다음과 같이 개정한다.

제13조제1항제1호, 같은 조 제4항 및 제6항 중 “「수질 및 수생태계 보전에 관한 법률」”을 각각 “「물환경보전법」”으로 한다.

㊳부터 ㊻까지 생략

부칙 〈제28586호, 2018. 1. 16.〉 (시설물의 안전 및 유지관리에 관한 특별법 시행령)

제1조(시행일) 이 영은 2018년 1월 18일부터 시행한다. 〈단서 생략〉

제2조 부터 제6조까지 생략

제7조(다른 법령의 개정) ①부터 ㉓까지 생략

㉔ 해양환경관리법 시행령 일부를 다음과 같이 개정한다.

제40조의2 중 “「시설물의 안전관리에 관한 특별법 시행령」 제11조제3항 각 호 외의 부분에 따른 안전진단 분야별로 같은 영 별표 3에 따른 장비”를 “「시설물의 안전 및 유지관리에 관한 특별법 시행령」 제23조 및 같은 영 별표 11에 따른 안진진단 분야별 장비”로 한다.

제8조 생략

부칙 〈제28845호, 2018. 4. 30.〉 (항만운송사업법 시행령)

제1조(시행일) 이 영은 2018년 5월 1일부터 시행한다.

제2조 및 제3조 생략

제4조(다른 법령의 개정) ① 및 ② 생략

③ 해양환경관리법 시행령 일부를 다음과 같이 개정한다.

제89조제3항제3호 중 "선박급유업자"를 "선박연료공급업자"로 한다.

④ 생략

부칙 〈제28846호, 2018. 4. 30.〉

제1조(시행일) 이 영은 2018년 5월 1일부터 시행한다. 다만, 별표 9 제3호나목, 다목, 마목 및 바목의 개정규정은 2019년 1월 1일부터 시행한다.

제2조(부담금 감면에 관한 경과조치) 이 영 시행 전에 오염물질을 해양에 배출한 선박 또는 해양시설에 대한 부담금은 제25조의2제2항의 개정규정에도 불구하고 종전의 규정에 따른다.

제3조(방제분담금 감면에 관한 경과조치) ① 부칙 제1조 단서에 따른 시행일 전에 입항한 선박에 대한 방제분담금은 별표 9 제3호나목 및 다목의 개정규정에도 불구하고 종전의 규정에 따른다.

② 부칙 제1조 단서에 따른 시행일 전에 유류를 수령한 기름저장시설에 대한 2018년분 이전의 방제분담금은 별표 9 제3호마목 및 바목의 개정규정에도 불구하고 종전의 규정에 따른다.

제4조(다른 법령의 개정) ① 골재채취법 시행령 일부를 다음과 같이 개정한다.

제33조의3제2항제2호 중 "해양환경관리공단"을 "해양환경공단"으로 한다.

② 산업융합 촉진법 시행령 일부를 다음과 같이 개정한다.

별표 5의 해양수산부장관의 수탁 기관란 중 "해양환경관리공단"을 "해양환경공단"으로 한다.

③ 선박의 입항 및 출항 등에 관한 법률 시행령 일부를 다음과 같이 개정한다.

제12조제2항제5호 중 "해양환경관리공단"을 "해양환경공단"으로 한다.

④ 선주상호보험조합법 시행령 일부를 다음과 같이 개정한다.

제2조의2제5호 중 “해양환경관리공단”을 “해양환경공단”으로 한다.
⑤ 연안관리법 시행령 일부를 다음과 같이 개정한다.
제28조제1항제2호 중 “해양환경관리공단”을 “해양환경공단”으로 한다.
⑥ 재난 및 안전관리 기본법 시행령 일부를 다음과 같이 개정한다.
별표 1의2 제95호를 다음과 같이 한다.
95. 해양환경공단
⑦ 해수욕장의 이용 및 관리에 관한 법률 시행령 일부를 다음과 같이 개정한다.
제23조제2항 중 “해양환경관리공단”을 “해양환경공단”으로 한다.
⑧ 해양경찰청과 그 소속기관 직제 일부를 다음과 같이 개정한다.
제14조제3항제19호 중 “해양환경관리공단”을 “해양환경공단”으로 한다.
⑨ 해양생태계의 보전 및 관리에 관한 법률 시행령 일부를 다음과 같이 개정한다.
제3조제1항제1호 중 “해양환경관리공단”을 “해양환경공단”으로 한다.
제35조의2제3항제1호 중 “해양환경관리공단”을 “해양환경공단”으로 한다.
⑩ 해양환경 보전 및 활용에 관한 법률 시행령 일부를 다음과 같이 개정한다.
제11조제2항제5호 중 “해양환경관리공단”을 “해양환경공단”으로 한다.
⑪ 행정권한의 위임 및 위탁에 관한 규정 일부를 다음과 같이 개정한다.
제55조제1항 중 “해양환경관리공단”을 “해양환경공단”으로 한다.

부칙 〈제29269호, 2018. 10. 30.〉 (주식회사 등의 외부감사에 관한 법률 시행령)
제1조(시행일) 이 영은 2018년 11월 1일부터 시행한다.
제2조 부터 제9조까지 생략
제10조(다른 법령의 개정) ①부터 ㊿까지 생략
〈51〉 해양환경관리법 시행령 일부를 다음과 같이 개정한다.
제87조제3호 중 “「주식회사의 외부감사에 관한 법률」 제3조제1항

제2호"를 "「주식회사 등의 외부감사에 관한 법률」 제2조제7호나목"으로 한다.
제11조 생략

부칙 〈제29849호, 2019. 6. 11.〉 (한국해양교통안전공단법 시행령)
제1조(시행일) 이 영은 2019년 7월 1일부터 시행한다.
제2조(다른 법령의 개정) ①부터 ⑧까지 생략
⑨ 해양환경관리법 시행령 일부를 다음과 같이 개정한다.
제88조제1항 중 "선박안전기술공단"을 "한국해양교통안전공단"으로 한다.
⑩ 생략

부칙 〈제29948호, 2019. 7. 2.〉
제1조(시행일) 이 영은 2019년 7월 9일부터 시행한다. 다만, 제42조제1항제1호 및 별표 9의 개정규정은 2020년 1월 1일부터 시행하고, 제42조제1항제2호의 개정규정은 다음 각 호의 구분에 따른 날부터 시행하며, 제4조, 제11조제2항, 제42조제2항 및 별표 8의 개정규정은 공포한 날부터 시행한다.
1. 국제항해에 사용되는 선박: 2020년 1월 1일
2. 국제항해에 사용되지 않는 선박: 2021년 1월 1일
제2조(연료유의 황함유량 기준에 관한 적용례) 국제항해에 사용되지 않는 선박의 경우 제42조제1항제2호의 개정규정은 2021년 1월 1일 이후 법 제49조에 따른 정기검사나 법 제50조에 따른 중간검사를 신청하는 날 또는 2021년 12월 31일 중 먼저 도래하는 날부터 적용한다.
제3조(기름저장시설에 대한 방제분담금의 부과기준에 관한 적용례) 별표 9 제2호나목의 개정규정은 2020년 1월 1일 이후 납부기한이 도래하는 방제분담금부터 적용한다.

부칙 〈제30106호, 2019. 10. 8.〉 (과태료 금액 정비를 위한 41개 법령의 일부개정에 관한 대통령령)
제1조(시행일) 이 영은 공포한 날부터 시행한다.

제2조 부터 제5조까지 생략

부칙 〈제30977호, 2020. 8. 26.〉 (양식산업발전법 시행령)

제1조(시행일) 이 영은 2020년 8월 28일부터 시행한다.

제2조 및 제3조 생략

제4조(다른 법령의 개정) ①부터 ㉞까지 생략

㉟ 해양환경관리법 시행령 일부를 다음과 같이 개정한다.

제10조제4항에 제4호를 다음과 같이 신설한다.

4. 「양식산업발전법」 제10조제1항 각 호(제7호는 제외한다)에 따른 면허 양식업을 위한 시설

㊱ 및 ㊲ 생략

제5조 생략

부칙 〈제31212호, 2020. 12. 1.〉 (해양폐기물 및 해양오염퇴적물 관리법 시행령)

제1조(시행일) 이 영은 2020년 12월 4일부터 시행한다.

제2조(다른 법령의 개정) ①부터 ④까지 생략

⑤ 해양환경관리법 시행령 일부를 다음과 같이 개정한다.

제7조제2호를 다음과 같이 한다.

2. 「해양폐기물 및 해양오염퇴적물 관리법」 제25조제1항제2호·제3호에 따라 지정된 해양오염퇴적물 조사기관 및 해양배출 검사기관

제24조제1항 각 호 외의 부분 중 "법 제18조제1항제1호부터 제3호까지의 규정"을 "법 제18조제1항 각 호의 규정"으로 하고, 같은 항 제2호 중 "해양쓰레기 등 각종 오염물질"을 "오염물질(폐기물은 제외한다)"로 하며, 같은 항 제3호를 삭제한다.

제25조제2항 중 "법 제72조제1항"을 "「해양폐기물 및 해양오염퇴적물 관리법」 제21조제1항"으로 한다.

제35조, 제35조의2 및 제36조를 각각 삭제한다.

제37조제1항 중 "해양환경종합계획 및 폐기물해양수거·처리계획"을 "해양환경종합계획"으로, "폐기물의"를 "오염물질의"로 한다.

제38조를 삭제한다.

제55조제1항을 삭제하고, 같은 조 제3항 각 호 외의 부분 및 같

은 조 제4항 중 “해양수산부장관 또는 해양경찰청장은 제1항 및”을 각각 “해양경찰청장은”으로 한다.

제56조의2 및 제57조를 각각 삭제한다.

제72조제2항제1호를 삭제하고, 같은 조 제3항제5호 중 “부대시설”을 “시설”로 한다.

제89조제3항제5호 및 제6호를 각각 삭제한다.

제90조제2항제1호라목 중 “폐기물해양배출업자, 폐기물해양수거업자, 퇴적오염물질수거업자 및 폐기물 위탁자”를 “「해양폐기물 및 해양오염퇴적물 관리법」 제7조제6항에 따른 폐기물 해양배출 위탁자 및 같은 법 제21조제1항에 따른 해양폐기물관리업자”로 한다.

제94조제4항제8호, 제8호의2, 제8호의3, 제9호, 제10호, 제10호의2 및 제22호를 각각 삭제한다.

별표 3 제2호 비고 제1호 중 “법 제23조제1항”을 “「해양폐기물 및 해양오염퇴적물 관리법」 제7조제2항”으로 한다.

별표 5를 삭제한다.

별표 10의 제목 중 “제55조제1항 및 제2항”을 “제55조제2항”으로 하고, 같은 표의 폐기물해양배출업란을 삭제하며, 같은 표 중 “해양오염방제업, 유창청소업, 폐기물해양수거업 및 퇴적오염물질수거업”을 “해양오염방제업, 유창청소업”으로 하고, 같은 표의 해양오염방제업, 유창청소업란(종전의 해양오염방제업, 유창청소업, 폐기물해양수거업 및 퇴적오염물질수거업란) 제3호를 삭제하며, 같은 란 제4호를 제3호로 한다.

별표 11 표의 폐기물해양배출업란, 폐기물해양수거업란 및 퇴적오염물질수거업란을 각각 삭제한다.

별표 19 제2호토목, 포목 및 구목부터 두목까지를 각각 삭제한다.

⑥부터 ⑧까지 생략

제3조 생략

부칙 〈제31331호, 2020. 12. 29.〉

제1조(시행일) 이 영은 2021년 1월 1일부터 시행한다.

제2조(국제항해에 사용되지 않는 선박의 연료유 황함유량 기준에 관한 적용례) 국제항해에 사용되지 않는 선박의 소유자는 2021년 1월 1일 이후 다음 각 호의 날 중 가장 먼저 도래하는 날까지 제42조제

2호나목의 개정규정에 따른 기준을 충족해야 한다.

1. 법 제49조에 따른 정기검사를 신청하는 날
2. 법 제50조에 따른 중간검사를 신청하는 날
3. 2021년 12월 31일

제3조(해양오염방지관리인의 자격에 관한 경과조치) 이 영 시행 당시 법 제32조제1항에 또는 제36조제1항에 따른 선박 해양오염방지관리인 또는 해양시설 해양오염방지관리인으로 임명된 사람은 이 영 시행일부터 2년 이내에 별표 5의 개정규정에 따른 자격을 갖춰야 한다.

제4조(해양환경관리업 등록기준에 관한 경과조치) 이 영 시행 당시 법 제70조제1항제2호 또는 제3호에 따른 해양오염방제업 또는 유창청소업 등록을 한 자는 이 영 시행일부터 2년 이내에 제56조의 개정규정에 따른 해양오염방제업 또는 유창청소업 기술요원의 자격을 갖춘 기술요원을 보유해야 한다.

부칙 〈제31380호, 2021. 1. 5.〉 (어려운 법령용어 정비를 위한 473개 법령의 일부개정에 관한 대통령령)

이 영은 공포한 날부터 시행한다. 〈단서 생략〉

부칙 〈제31453호, 2021. 2. 17.〉 (국세징수법 시행령)

제1조(시행일) 이 영은 공포한 날부터 시행한다.

제2조 부터 제6조까지 생략

제7조(다른 법령의 개정) ①부터 ⑭까지 생략

⑮ 해양환경관리법 시행령 일부를 다음과 같이 개정한다.

제27조제3항제2호 중 "「국세징수법」 제14조제1항"을 "「국세징수법」 제9조제1항"으로 한다.

⑯ 생략

제8조 생략

부칙 〈제31654호, 2021. 4. 27.〉

제1조(시행일) 이 영은 공포한 날부터 시행한다.

제2조(해역이용협의 및 해역이용영향평가 실시에 관한 경과조치) 이 영 시행 전에 처분기관이 별표 16 제8호의2의 개정규정에 해당하는 행위로서 발전시설 용량이 5만 킬로와트 이상 10만 킬로와트 미만

인 해상풍력 발전소를 설치하는 행위에 대하여 해양수산부장관에게 법 제84조제1항 각 호 외의 부분 전단에 따른 해역이용협의를 요청한 경우에는 별표 15 및 별표 16의 개정규정에도 불구하고 종전의 별표 15에 따른 해역이용협의 대상으로 본다.

부칙 〈제32057호, 2021. 10. 14.〉

이 영은 2021년 10월 14일부터 시행한다.

부칙 〈제32307호, 2021. 12. 31.〉

제1조(시행일) 이 영은 2022년 1월 1일부터 시행한다.

제2조(기름저장시설에 대한 방제분담금의 부과기준에 관한 적용례) 별표 9 제2호나목2)의 개정규정은 이 영 시행 이후 납부기한이 도래하는 방제분담금을 부과하는 경우부터 적용한다.

제3조(선박에 대한 방제분담금의 부과기준에 관한 경과조치) 이 영 시행 전에 입항한 선박으로서 이 영 시행 당시 방제분담금을 부과하지 않은 선박에 대해 방제분담금을 부과하는 경우에는 별표 9 제2호가목의 개정규정에도 불구하고 종전의 규정에 따른다.

부칙 〈제32697호, 2022. 6. 14.〉 (댐건설·관리 및 주변지역지원 등에 관한 법률 시행령)

제1조(시행일) 이 영은 2022년 6월 16일부터 시행한다.

제2조(다른 법령의 개정) ①부터 ㉕까지 생략

㉖ 해양환경관리법 시행령 일부를 다음과 같이 개정한다.

별표 15 제1호의 공유수면의 매립란의 나목16) 중 "「댐건설 및 주변지역지원 등에 관한 법률」 제8조제2항 또는 제4항"을 "「댐건설·관리 및 주변지역지원 등에 관한 법률」 제12조제2항 또는 제4항"으로 한다.

㉗ 생략

제3조 생략

부칙 〈제32997호, 2022. 11. 15.〉

이 영은 공포한 날부터 시행한다. 다만, 제94조제4항제11호 및 제12호의 개정규정은 공포 후 6개월이 경과한 날부터 시행한다.

부칙 〈제33225호, 2023. 1. 10.〉 (수산업법 시행령)

제1조(시행일) 이 영은 2023년 1월 12일부터 시행한다.

제2조 부터 제9조까지 생략

제10조(다른 법령의 개정) ①부터 ㊺까지 생략

㊻ 해양환경관리법 시행령 일부를 다음과 같이 개정한다.

제10조제4항제3호 중 "「수산업법」 제8조"를 "「수산업법」 제7조"로 한다.

별표 4 면허수면의 범위란 중 "「수산업법」 제8조"를 "「수산업법」 제7조"로 한다.

별표 15 제1호의 공유수면의 점용·사용란의 마목 본문 중 "「수산업법」 제8조제1항에 따른 마을어업 또는 협동양식어업"을 "「수산업법」 제7조제1항제2호에 따른 마을어업 또는「양식산업발전법」 제10조제1항제5호에 따른 협동양식업"으로 하고, 같은 란의 사목 단서 중 "「수산업법」 제41조제3항제2호 및 제3호에 따른 육상해수양식어업 및 종묘생산어업"을 "「양식산업발전법」 제43조제1항제1호에 따른 육상해수양식업 및 「수산종자산업육성법」 제21조제1항에 따른 수산종자생산업"으로 한다.

별표 15 제2호 라목 중 "「수산업법」 제8조"를 "「수산업법」 제7조"로 한다.

㊼ 및 ㊽ 생략

제11조 생략

부칙 〈제33321호, 2023. 3. 7.〉 (규제 재검토기한 정비를 위한 55개 법령의 일부개정에 관한 대통령령)

이 영은 공포한 날부터 시행한다.

부칙 〈제33424호, 2023. 4. 18.〉

이 영은 2023년 4월 19일부터 시행한다.

부칙 〈제33434호, 2023. 4. 25.〉 (소상공인 경제회복 지원을 위한 61개 법령의 일부개정에 관한 대통령령)

제1조(시행일) 이 영은 공포한 날부터 시행한다.

제2조(행정처분·과징금 또는 과태료에 관한 적용례) 제1조부터 제

61조까지의 개정규정은 이 영 시행 전의 위반행위에 대하여 이 영 시행 이후 행정처분을 하거나 과징금 또는 과태료 부과처분을 하는 경우에도 적용한다.

부칙 〈제33849호, 2023. 11. 7.〉

제1조(시행일) 이 영은 공포한 날부터 시행한다.

제2조(권한의 위임에 관한 경과조치) 이 영 시행 당시 법 제19조제1항제2호에 따라 부담금 부과·징수 절차가 진행 중인 경우에 대해서는 제94조제2항제1호 및 같은 조 제4항제1호의3의 개정규정에도 불구하고 종전의 규정에 따른다.

부칙 〈제33858호, 2023. 11. 16.〉 (자치입법권 강화 및 지방자율성 제고를 위한 41개 법령의 일부개정에 관한 대통령령)

이 영은 공포한 날부터 시행한다.

부칙 〈제34421호, 2024. 4. 16.〉

제1조(시행일) 이 영은 2024년 4월 25일부터 시행한다.

제2조(다른 법령의 개정) 산업융합 촉진법 시행령 일부를 다음과 같이 개정한다.

별표 5의 해양수산부장관의 위탁 대상 산업융합 신제품란 중 "「해양환경관리법」 제110조제1항에 따른 해양환경측정기기"를 "「해양환경관리법」 제12조제1항에 따른 해양환경상태의 측정·분석·검사에 필요한 장비·기기"로 한다.

부칙 〈제34449호, 2024. 4. 23.〉 (개인정보 침해요인 개선을 위한 33개 법령의 일부개정에 관한 대통령령)

이 영은 공포한 날부터 시행한다. 〈단서 생략〉

부칙 〈제34549호, 2024. 6. 4.〉

제1조(시행일) 이 영은 2024년 7월 1일부터 시행한다.

제2조(기름저장시설에 대한 방제분담금의 부과기준에 관한 적용례) 별표 9 제2호나목의 개정규정은 이 영 시행 이후 납부고지하는 방제분담금부터 적용한다.

제3조(선박에 대한 방제분담금의 부과기준에 관한 경과조치) 이 영 시행 전에 입항한 선박에 대한 방제분담금은 별표 9 제2호가목의 개정규정에도 불구하고 종전의 규정에 따른다.

부칙 〈제34947호, 2024. 10. 22.〉 (영업취소 사유 합리화를 위한 3개 법령의 일부개정에 관한 대통령령)

제1조(시행일) 이 영은 공포한 날부터 시행한다.

제2조(행정처분에 관한 적용례) 제1조부터 제3조까지의 개정규정은 이 영 시행 전의 위반행위에 대하여 이 영 시행 이후 행정처분을 하는 경우에도 적용한다.

부칙 〈제35167호, 2024. 12. 31.〉 (해양이용영향평가법 시행령)

제1조(시행일) 이 영은 2025년 1월 3일부터 시행한다.

제2조 생략

제3조(다른 법령의 개정) ①부터 ⑩까지 생략

⑪ 해양환경관리법 시행령 일부를 다음과 같이 개정한다.

제8장(제61조부터 제71조까지)을 삭제한다.

제72조제2항제3호를 다음과 같이 한다.

3. 「해양이용영향평가법」 제33조제1항에 따른 해양이용영향평가서 작성의 대행

제94조제4항제11호부터 제13호까지, 제13호의2, 제14호 및 제14호의2부터 제14호의5까지를 각각 삭제한다.

제96조의2제3호를 삭제한다.

제96조의3제2호를 삭제한다.

별표 15부터 별표 17까지를 각각 삭제한다.

별표 19 제2호우목부터 추목까지를 각각 삭제한다.

⑫부터 ⑭까지 생략

제4조 생략

부칙 〈제35369호, 2025. 3. 4.〉

이 영은 공포한 날부터 시행한다.

부칙 〈제35426호, 2025. 4. 1.〉

제1조(시행일) 이 영은 2025년 6월 21일부터 시행한다. 다만, 별표 9 제2호가목의 개정규정은 공포한 날부터 시행하고, 부칙 제3조는 2026년 3월 26일부터 시행한다.

제2조(선박에 대한 방제분담금의 부과기준에 관한 경과조치) 부칙 제1조 단서에 따른 별표 9 제2호가목의 개정규정의 시행일 전에 입항한 선박에 대한 방제분담금은 별표 9 제2호가목의 개정규정에도 불구하고 종전의 규정에 따른다.

제3조(다른 법령의 개정) 대통령령 제35396호 지방자치단체 사무의 자치입법권 확대를 위한 40개 법령의 일부개정에 관한 대통령령 일부를 다음과 같이 개정한다.

제40조 중 "제91조"를 "제91조제1항"으로 한다.

부칙 〈제35811호, 2025. 10. 1.〉 (정부조직 개편 반영을 위한 306개 법령의 일부개정에 관한 대통령령)

이 영은 공포한 날부터 시행한다. 다만, 이 영에 따라 개정되는 대통령령 중 이 영 시행 전에 공포되었으나 시행일이 도래하지 아니한 대통령령을 개정한 부분은 각각 해당 대통령령의 시행일부터 시행한다.

별표 / 서식

[별표 1] 삭제 〈2019. 7. 2.〉

[별표 2] 삭제 〈2019. 7. 2.〉

[별표 3] 폐기물의 단위당 부과금액 및 종류별 부과계수(제25조제3항 관련)

[별표 3의2] 선박 또는 해양시설에서 배출되는 오염물질(제25조의2제1항 관련)

[별표 3의3] 오염물질의 단위당 부과금액 및 종류별 부과계수(제25조의2제5항 관련)

[별표 4] 해양공간의 범위(제34조 관련)

[별표 5] 해양오염방지관리인 및 그 대리자의 자격(제39조제1항 및 제40조제1항 관련)

[별표 6] 오염물질 배출 시 신고기준(제47조 관련)

[별표 7] 방제조치 비용부담의 범위(제50조제1항 관련)
[별표 8] 방제선·방제장비의 배치·설치기준(제51조 관련)
[별표 9] 방제분담금의 부과기준 및 절차(제54조제1항 관련)
[별표 10] 삭제 〈2020. 12. 29.〉
[별표 11] 삭제 〈2020. 12. 29.〉
[별표 12] 해양오염영향조사를 실시하여야 하는 경우(제58조제1항 관련)
[별표 13] 해양오염영향조사기관의 지정기준(제58조제2항 관련)
[별표 14] 해양오염영향조사의 분야별 세부항목(제59조 관련)
[별표 15] 삭제 〈2024. 12. 31.〉
[별표 16] 삭제 〈2024. 12. 31.〉
[별표 17] 삭제 〈2024. 12. 31.〉
[별표 18] 협정의 내용(제88조제3항 관련)
[별표 18의2] 포상금 지급기준(제91조의2제3항 관련)
[별표 19] 과태료의 부과기준(제98조 관련)

해양환경관리법 시행규칙

[시행 2025. 10. 31.] [해양수산부령 제770호, 2025. 10. 31., 타법개정]

제1조(목적)
제2조(잔류성오염물질)
제3조(해양시설)
제4조삭　제
제5조(해양환경측정망)
제6조(해양환경정보망)
제7조(정도관리)
제7조의2(정도관리기준)
제7조의3(정도관리계획의 수립 등)
제8조(측정 · 분석능력 인증)
제8조의2(환경관리해역기본계획 등의 공표)
제9조(해양환경개선조치)
제10조(해양환경개선부담금의 부과 · 납부)
제11조(폐기물의 배출허용기준)
제12조삭　제
제13조삭　제
제14조삭　제
제15조삭　제
제16조(해역관리청의 조사 · 측정활동 내용)
제17조(해양시설의 신고 등)
제18조(해양시설오염물질기록부)
제19조(해양시설오염비상계획서)
제20조(해양오염방지관리인을 두어야 하는 해양시설)
제20조의2(해양시설 해양오염방지관리인 임명 신고)
제20조의3(해양시설의 안전점검)
제21조(해양시설에서 발생하는 오염물질의 수거 · 처리)
제21조의2(오염물질저장시설의 변경신고 사항 등)
제21조의3(오염물질저장시설의 설치 · 운영 신고서 등)
제21조의4(오염물질저장시설 신고증명서의 재발급)

제22조(오염물질관리대장의 기록 및 보존)
제23조(오염물질저장시설의 설치 · 운영기준)
제23조의2(오염물질저장시설 운영자에 대한 행정처분의 세부기준)
제24조(잔류성오염물질의 측정 · 조사)
제25조(방오시스템의 사용기준 · 방법)
제26조(국가긴급방제계획에 포함되어야 할 오염물질)
제27조(지역긴급방제실행계획의 수립 · 시행)
제28조(방제대책본부의 조치사항 등 보고)
제29조(해양시설로부터의 오염물질 배출신고)
제30조(오염물질의 감식 · 분석)
제30조의2(방제조치 명령)
제31조(오염물질의 배출방지를 위한 조치)
제32조(해양시설의 자재 · 약제 비치기준 등)
제33조(보관시설의 자재 · 약제 비치기준 등)
제34조(방제선등의 배치해역)
제35조(방제비용의 청구)
제35조의2(해양자율방제대)
제36조(해양환경관리업의 등록)
제37조(해양환경관리업의 변경등록)
제37조의2삭 제
제38조(해양환경관리업 처리실적의 제출)
제39조(오염물질수거확인증)
제40조삭 제
제41조삭 제
제42조(위탁폐기물 등의 처리명령)
제43조(해양환경관리업의 권리 · 의무 승계신고)
제44조(해양환경관리업자에 대한 행정처분의 기준)
제45조삭 제
제46조(해양오염영향조사)
제47조(해양오염영향조사기관에 대한 행정처분의 기준)
제47조의2(위해도 평가 등)
제47조의3(위해도 저감대책의 실행)
제47조의4(위해도 저감대책 실행 비용의 산정 및 부과)
제47조의5(침몰선박에 관한 정보 관리)
제48조삭 제
제49조삭 제

제50조삭 제
제51조삭 제
제52조삭 제
제53조삭 제
제54조삭 제
제54조의2삭 제
제55조삭 제
제55조의2삭 제
제56조삭 제
제57조삭 제
제58조삭 제
제59조삭 제
제59조의2삭 제
제60조삭 제
제60조의2(지도 · 감독)
제61조삭 제
제62조삭 제
제63조삭 제
제64조삭 제
제65조삭 제
제66조(자재 · 약제의 형식승인 신청 등)
제67조(형식승인증서의 발급 등)
제68조(형식승인의 표시)
제69조(성능시험)
제70조(검정)
제71조(자재 · 약제의 인정)
제72조(형식승인 취소 등의 처분기준)
제72조의2(형식승인대상외 자재 · 약제의 성능인증)
제72조의3(기술전문위원회의 구성 등)
제72조의4(위원회의 운영)
제72조의5(형식승인대상외 자재 · 약제의 성능시험)
제72조의6(형식승인대상외 자재 · 약제의 검정)
제72조의7(형식승인대상외 자재 · 약제의 성능인증의 취소)
제72조의8(형식승인 등을 받은 자의 지위 승계)
제73조(선박해체 해양오염방지작업계획의 신고 등)
제74조(업무대행자의 지정)

제74조의2(업무대행자에 대한 지도 · 감독)
제75조(업무대행자 지정취소 처분기준)
제76조(출입검사 · 보고 등)
제77조(해양환경감시원의 증표)
제77조의2(명예해양환경감시원)
제78조(교육 · 훈련 대상자 등)
제79조(훈련계획)
제80조삭　제
제81조(교육 · 훈련실적 제출)
제82조(유사교육 · 훈련의 인정)
제82조의2(신고포상금의 신청)
제83조(수수료 등)
제83조의2(오염물질 수거 · 처리 비용의 산정 등)
제84조(자료제출)
제85조삭　제
제86조(규제의 재검토)
제86조의2삭　제

**개정 예정 법률 밑줄 별도 표시.

해양환경관리법 시행규칙

[시행 2025. 10. 31.] [해양수산부령 제770호, 2025. 10. 31., 타법개정]

제1조(목적) 이 규칙은 「해양환경관리법」 및 같은 법 시행령에서 위임된 사항과 그 시행에 필요한 사항을 규정하는 것을 목적으로 한다.

제2조(잔류성오염물질) 「해양환경관리법」(이하 "법"이라 한다) 제2조제10호에서 "해양수산부령으로 정하는 것"이란 「잔류성유기오염물질 관리법 시행령」 별표 1의 물질을 말한다. 〈개정 2008. 3. 14., 2013. 3. 24., 2013. 6. 19., 2018. 5. 1.〉

[제목개정 2018. 5. 1.]

제3조(해양시설) 법 제2조제17호에서 "해양수산부령이 정하는 것"이란 별표 1의 시설을 말한다. 〈개정 2008. 3. 14., 2013. 3. 24.〉

제4조 삭제 〈2017. 9. 22.〉

제5조(해양환경측정망) ① 국립수산과학원장은 법 제9조제1항에 따라 다음 각 호의 해양환경측정망(이하 "해양환경측정망"이라 한다)을 구성할 수 있다. 〈개정 2011. 9. 29., 2013. 3. 24., 2016. 12. 23., 2017. 1. 12., 2017. 9. 22., 2018. 5. 1., 2021. 1. 7.〉

1. 항만환경측정망
2. 연근해환경측정망
3. 환경관리해역환경측정망
4. 하구역환경측정망
5. 해양대기환경측정망
6. 오염심각해역수질자동측정망
7. 해양방사성물질측정망

② 국립수산과학원장은 해양환경측정망을 구성하려는 경우에는 다음 각 호의 사항이 포함된 해양환경측정망 구성·운영계획을 수립해

야 한다. 다만, 해양방사성물질측정망의 구성·운영계획에 관하여는 원자력안전위원회와 미리 협의해야 한다. 〈개정 2011. 9. 29., 2013. 3. 24., 2017. 1. 12., 2017. 9. 22., 2018. 5. 1., 2021. 1. 7.〉

1. 조사 시기 및 횟수
2. 측정위치 및 위치도면
3. 측정항목 및 방법
4. 해역구분 및 측정망 종류
5. 그 밖에 해양환경측정망의 구성·운영에 필요한 사항

③ 해양수산부장관은 제2항에 따른 해양환경측정망 구성·운영계획이 수립되거나 변경된 경우에는 고시해야 한다. 〈개정 2011. 9. 29., 2013. 3. 24., 2017. 9. 22., 2021. 1. 7.〉

④ 국립수산과학원장은 매년 해양환경측정망의 운영결과를 평가해야 한다. 〈개정 2011. 9. 29., 2013. 3. 24., 2021. 1. 7.〉

제6조(해양환경정보망) ① 삭제 〈2017. 9. 22.〉

② 법 제96조제1항에 따른 해양환경공단(이하 "해양환경공단"이라 한다)의 이사장은 법 제11조에 따른 해양환경정보망(이하 "해양환경정보망"이라 한다)을 이용하는 자의 요청이 있으면 법 제11조제1항에 따라 해양환경정보를 제공할 때 해양환경정보의 기초자료를 함께 제공할 수 있다. 다만, 「공공기관의 정보공개에 관한 법률」제9조에 따른 비공개대상정보는 제외한다. 〈개정 2008. 3. 14., 2013. 3. 24., 2013. 6. 19., 2017. 9. 22., 2018. 5. 1., 2023. 12. 28.〉

③ 해양수산부장관은 해양환경공단의 이사장으로 하여금 해양환경정보망의 활용도를 높이기 위하여 해양환경정보의 분석·평가 등의 사업을 수행하게 할 수 있다. 〈개정 2013. 6. 19., 2017. 9. 22., 2018. 5. 1.〉

④ 해양환경정보망의 세부적인 구축 및 운영 방법 등에 필요한 사항은 해양수산부장관이 따로 정한다. 〈개정 2008. 3. 14., 2013. 3. 24., 2013. 6. 19.〉

제7조(정도관리) ① 해양환경공단의 이사장은 「해양환경관리법 시행령」(이하 "영"이라 한다) 제7조에 따른 측정·분석기관(이하 "측정·분석기관"이라 한다)에 대하여 1년마다(법 제13조에 따라 인증을 받은 측정·분석기관은 3년마다) 법 제12조제1항에 따른 정도관리(이

하 “정도관리”라 한다)를 실시할 수 있다. 〈개정 2011. 9. 29., 2013. 3. 24., 2016. 12. 23., 2017. 9. 22., 2018. 5. 1.〉

② 해양환경공단의 이사장은 제1항에 따른 정도관리의 실시결과를 분석하여 다음 해 2월말까지 공고하여야 한다. 〈개정 2008. 3. 14., 2011. 9. 29., 2013. 3. 24., 2017. 9. 22., 2018. 5. 1.〉

③ 해양수산부장관은 측정·분석기관의 측정·분석능력을 평가한 결과 제8조제1항에 따른 기준에 미달한 기관에 대하여는 다음 각 호의 조치를 할 수 있다. 〈개정 2011. 9. 29., 2013. 3. 24.〉

1. 해양수산부장관이 지정하는 기관에서의 해당 측정·분석 항목에 대한 교육 수강 명령
2. 현지지도의 실시
3. 관련 장비 및 기기의 개선·보완
4. 그 밖에 필요한 조치의 명령

④ 제3항에 따른 평가 및 조치에 필요한 사항은 해양수산부장관이 정하여 고시한다. 〈개정 2011. 9. 29., 2013. 3. 24.〉

제7조의2(정도관리기준) ① 해양수산부장관은 법 제12조의2제1항에 따른 정도관리기준(이하 “정도관리기준”이라 한다)을 정하려는 경우 측정·분석항목별로 해양환경상태 및 해양환경조사의 목적을 고려하여야 한다.

② 정도관리기준에는 측정·분석능력의 평가방법 및 측정·분석과 관련된 자료의 검증방법 등의 내용이 포함되어야 한다.

[본조신설 2017. 9. 22.]

제7조의3(정도관리계획의 수립 등) ① 영 제7조의2에 따른 해양환경종합조사 실시기관(이하 “조사기관”이라 한다)은 법 제12조의3제1항에 따라 다음 각 호의 기준을 고려하여 정도관리계획을 수립하여야 하고, 수립된 정도관리계획에 대하여 해당 조사를 실시하기 전까지 해양수산부장관의 승인을 받아야 한다.

1. 측정·분석과 관련된 자료가 해양환경정보망에 활용될 수 있을 것
2. 정도관리기준에 따를 것
3. 정도관리를 위한 교육의 실시계획을 포함할 것

② 조사기관은 관련 조사를 완료한 때에 지체없이 제1항에 따라 승인받은 정도관리계획의 이행 현황을 해양수산부장관에게 보고하여

야 한다.

[본조신설 2017. 9. 22.]

제8조(측정ㆍ분석능력 인증) ① 법 제13조제1항에서 “해양수산부령이 정하는 측정ㆍ분석의 기준”이란 해양수산부장관이 숙련도평가와 현장평가로 나누어 정하는 기준을 말한다. 〈개정 2008. 3. 14., 2011. 9. 29., 2013. 3. 24.〉

② 법 제13조제2항 단서에서 “해양수산부령이 정하는 중요 사항이 변경되는 경우”란 다음 각 호의 어느 하나에 해당하는 경우를 말한다. 〈개정 2008. 3. 14., 2013. 3. 24.〉

1. 상호 또는 시험실 소재지가 변경되는 경우
2. 측정방법, 측정원리나 측정항목이 변경되는 경우
3. 측정기기의 기능이나 성능에 영향을 미치는 외관이나 내부구조(운용프로그램을 포함한다)가 변경되는 경우

③ 법 제13조제4항에 따라 측정ㆍ분석능력인증을 받으려는 자는 별지 제1호서식의 해양환경 측정ㆍ분석능력 인증신청서에 다음 각 호의 서류를 첨부하여 해양수산부장관에게 제출하여야 한다. 이 경우 해양수산부장관은 「전자정부법」 제36조제1항에 따른 행정정보의 공동이용을 통하여 법인 등기사항증명서(법인인 경우에 한정한다) 및 사업자등록증명을 각각 확인하여야 하며, 신청인이 사업자등록증명의 확인에 동의하지 아니하는 경우에는 해당 서류를 제출하도록 하여야 한다. 〈개정 2011. 4. 11., 2011. 9. 29., 2012. 6. 27., 2013. 3. 24., 2016. 12. 23., 2017. 6. 28.〉

1. 측정ㆍ분석 장비 및 설비의 보유현황에 관한 서류
2. 측정ㆍ분석 인력의 보유현황에 관한 서류
3. 측정ㆍ분석 실험실의 구조 및 환경 조건에 관한 서류
4. 그 밖에 제1호부터 제3호까지의 설비, 인력 및 실험실이 제1항에 따른 기준에 적합함을 증명하는 서류

④ 해양수산부장관은 제3항에 따라 측정ㆍ분석능력 인증을 신청한 기관이 제1항에 따른 기준에 적합하다고 인정하면 별지 제2호서식의 해양환경 측정ㆍ분석능력 인증서를 신청인에게 발급하여야 한다. 〈개정 2011. 9. 29., 2013. 3. 24.〉

제8조의2(환경관리해역기본계획 등의 공표) 해양수산부장관은 법 제17조제2항에 따라 환경관리해역기본계획 및 해역별 관리계획을 수

립한 때에는 관보 또는 해양수산부 인터넷 홈페이지에 게재하는 방법으로 공표해야 한다.

[본조신설 2019. 7. 9.]

제9조(해양환경개선조치) ① 법 제18조제1항제4호에서 "해양수산부령이 정하는 조치"란 다음 각 호의 조치를 말한다. 〈개정 2008. 3. 14., 2013. 3. 24.〉

1. 연안습지정화, 연약지반 보강 등 해양환경복원사업의 실시
2. 삭제 〈2020. 12. 4.〉
3. 삭제 〈2020. 12. 4.〉
4. 그 밖에 해양수산부장관이 필요하다고 인정하는 조치

② 지방해양수산청장은 법 제18조제3항에 따라 해양환경의 오염원에 관한 조사를 할 때에는 공장밀집지역 또는 공업지역의 주변해역, 양식장 밀집해역 및 항만 등 해양오염이 발생할 우려가 높은 장소를 우선적으로 선정하여 조사하되, 해양환경의 오염원으로부터 영향을 받는 해역의 환경현황 및 오염도를 함께 조사하여야 한다. 〈개정 2008. 3. 14., 2012. 11. 29., 2015. 1. 8.〉

③ 제2항에 따른 해양환경의 오염원 및 오염도 조사방법·절차 등에 필요한 사항은 해양수산부장관이 정하여 고시한다. 〈개정 2008. 3. 14., 2013. 3. 24.〉

④ 법 제18조제5항에 따른 오염물질 유입·확산방지시설의 설치방법 및 오염물질의 수거·처리방법은 다음 각 호와 같다. 〈개정 2008. 3. 14., 2012. 11. 29., 2013. 3. 24., 2017. 6. 28., 2021. 6. 30.〉

1. 부유차단막 또는 수질오염 방지막은 부유물질의 확산을 방지할 수 있도록 해야 하며, 기상변화 등에 대비할 수 있도록 설치한다.
2. 삭제 〈2020. 12. 4.〉
3. 그 밖에 해양수산부장관이 정하여 고시하는 방법에 따른다.

제10조(해양환경개선부담금의 부과·납부) ① 영 제26조제1항에 따른 해양환경개선부담금 납부고지는 별지 제3호서식에 따른다. 다만, 정보통신망으로 납부고지를 하는 경우의 납부고지방법은 해양수산부장관이 따로 정한다. 〈개정 2008. 3. 14., 2010. 1. 12., 2013. 3. 24.〉

② 영 제27조제1항에 따른 부담금분할납부신청서는 별지 제4호서

식에 따르고, 같은 조 제2항에 따른 부담금분할납부 허가 여부의 통지는 별지 제5호서식에 따른다.

③ 영 제29조제2항에 따른 해양환경개선부담금의 조정부과 또는 환급의 통지는 별지 제6호서식에 따른다.

④ 영 제30조제1항에 따라 해양환경개선부담금의 조정을 신청하려는 자는 별지 제7호서식의 해양환경개선부담금 조정신청서(전자문서로 된 신청서를 포함한다)에 조정신청의 사유를 입증하는 서류를 첨부하여 지방해양수산청장에게 제출하여야 한다. 〈개정 2010. 1. 12., 2014. 11. 19., 2015. 1. 8.〉

⑤ 영 제32조의2에 따른 독촉은 별지 제8호서식에 따른다. 〈개정 2018. 5. 1.〉

제11조(폐기물의 배출허용기준) ① 삭제 〈2020. 12. 4.〉

② 법 제22조제2항제1호에 따라 해양시설 또는 영 제34조에 따른 해양공간(이하 "해양시설등"이라 한다)에서 발생하는 폐기물은 「해양폐기물 및 해양오염퇴적물 관리법」 제7조제2항에서 정하는 방법에 따라 배출할 수 있다. 다만, 해양시설등의 일상생활에서 발생하는 폐기물의 해역별 배출기준은 별표 4와 같다. 〈개정 2020. 12. 4.〉

③ 법 제22조제2항제2호에 따라 해양시설등에서 발생하는 기름 및 유해액체물질을 처리하는 기준과 방법은 별표 5와 같다.

④ 법 제22조제3항제3호에 따라 해양시설등의 오염사고에 있어서는 오염사고에 대처할 목적으로 오염으로 인한 피해를 최소화하기 위해 사용되는 기름, 유해액체물질 또는 이들 물질을 함유한 혼합물 등을 해양에 배출할 수 있다. 〈개정 2021. 1. 7.〉

제12조 삭제 〈2020. 12. 4.〉

제13조 삭제 〈2020. 12. 4.〉

제14조 삭제 〈2020. 12. 4.〉

제15조 삭제 〈2020. 12. 4.〉

제16조(해역관리청의 조사·측정활동 내용) ① 법 제24조제2항에서 "해양수산부령이 정하는 조사·측정활동"이란 다음 각 호의 사항에 대한 조사·측정활동을 말한다. 〈개정 2008. 3. 14., 2013. 3. 24.〉

1. 삭제 〈2020. 12. 4.〉
2. 해당 조사대상의 위치 및 규모 등 이용현황
3. 해당 해양공간 인근의 오염방지시설의 위치, 오염방지시설의

규모, 처리량 등 오염방지시설현황
4. 수질오염도, 퇴적물오염도, 오염원의 분포현황 등 오염현황
5. 해양환경 및 해양생태계에 미치는 영향
6. 그 밖에 해양오염방지를 위하여 필요한 사항
② 제1항에 따른 조사·측정방법 및 절차 등 필요한 사항은 해양수산부장관이 정하여 고시한다. 〈개정 2008. 3. 14., 2013. 3. 24.〉

제17조(해양시설의 신고 등) ① 해양시설의 소유자(설치·운영자를 포함하며, 그 시설을 임대하는 경우에는 시설임차인을 말한다. 이하 같다)는 법 제33조제1항 전단에 따라 해양시설의 신고를 하려는 경우에는 별지 제12호서식의 해양시설 최초신고서(전자문서로 된 신고서를 포함한다)에 다음 각 호의 서류를 첨부하여 지방해양수산청장 또는 시·도지사에게 제출하여야 한다. 〈개정 2008. 3. 14., 2010. 1. 12., 2011. 4. 11., 2015. 1. 8., 2017. 6. 28., 2018. 5. 1., 2024. 6. 28.〉
1. 해양시설의 설치명세서와 그 도면 및 위치도(축척 2만 5천분의 1의 지형도를 말한다)
2. 법 제36조에 따른 해양시설해양오염방지관리인의 임명확인서(별표 1 제1호의 시설인 경우로 한정한다)
3. 법 제35조에 따른 해양시설오염비상계획서(제19조제1항에 따른 해양시설인 경우로 한정한다)
② 지방해양수산청장 또는 시·도지사는 제1항에 따른 신고를 받으면 별지 제13호서식의 해양시설 신고대장에 적고, 별지 제14호서식의 해양시설 신고증명서를 발급하여야 한다. 〈개정 2008. 3. 14., 2010. 1. 12., 2015. 1. 8., 2017. 6. 28.〉
③ 법 제33조제1항 후단에서 "해양수산부령으로 정하는 중요한 내용의 변경"이란 다음 각 호를 말한다. 〈신설 2017. 6. 28., 2018. 5. 1.〉
1. 해양시설의 소유자(사업장의 명칭 및 대표자를 포함한다)의 변경
2. 해양시설(별표 1 제1호가목의 시설인 경우에 한정한다)의 설치장소의 변경
3. 해양시설(별표 1 제1호가목의 시설인 경우에 한정한다)의 규모의 변경(100분의 50 이상 증가한 경우에 한정한다)
④ 법 제33조제1항 후단에 따라 해양시설의 변경신고를 하려는

자는 변경사유가 발생한 날부터 30일 이내에 별지 제12호서식의 해양시설 변경신고서(전자문서로 된 신고서를 포함한다)에 다음 각 호의 서류를 첨부하여 지방해양수산청장 또는 시·도지사에게 제출하여야 한다. 〈신설 2017. 6. 28.〉

1. 제2항에 따른 해양시설 신고증명서
2. 변경내용을 증명하는 서류

⑤ 지방해양수산청장 또는 시·도지사는 제4항에 따른 변경신고를 받으면 별지 제13호서식의 해양시설 신고대장 및 별지 제14호서식의 해양시설 신고증명서 뒤쪽에 각각 그 변경내용을 적은 후 해양시설 신고증명서를 발급하여야 한다. 〈신설 2017. 6. 28.〉

⑥ 제2항 또는 제5항에 따른 해양시설 신고증명서를 잃어버리거나 헐어서 못쓰게 된 자는 별지 제15호서식의 해양시설 신고증명서 재발급신청서를 지방해양수산청장 또는 시·도지사에게 제출하여 재발급받을 수 있다. 〈개정 2008. 3. 14., 2010. 1. 12., 2015. 1. 8., 2017. 6. 28.〉

⑦ 제1항에 따라 해양시설의 신고를 한 자가 해양시설을 폐업하려는 경우에는 별지 제16호서식의 해양시설 폐업신고서에 해양시설 신고증명서를 첨부하여 지방해양수산청장 또는 시·도지사에게 제출하여야 한다. 〈개정 2008. 3. 14., 2010. 1. 12., 2015. 1. 8., 2017. 6. 28.〉

제18조(해양시설오염물질기록부) ① 법 제34조제1항에서 "해양수산부령이 정하는 해양시설"이란 별표 1 제1호가목의 시설을 말한다. 〈개정 2008. 3. 14., 2013. 3. 24.〉

② 법 제34조에 따른 해양시설오염물질기록부(이하 "해양시설오염물질기록부"라 한다)에는 다음 각 호의 사항을 적어야 한다.

1. 기름 및 유해액체물질의 사용량과 선적 및 반입에 관한 사항
2. 유성혼합물 또는 유해액체물질 세정수의 처리에 관한 사항
3. 해양시설의 운영과정에서 발생되는 오염물질 처리에 관한 사항

③ 해양시설오염물질기록부는 별지 제17호서식과 같다.

제19조(해양시설오염비상계획서) ① 법 제35조에 따라 해양시설오염비상계획서(이하 "해양시설오염비상계획서"라 한다)를 갖추어야 하는 해양시설은 별표 1 제1호가목 또는 나목의 시설 중 합계용량 300킬로리터 이상인 시설로 한다. 〈개정 2018. 5. 1., 2024. 6. 28.〉

② 해양시설오염비상계획서에는 다음 각 호의 사항이 포함되어야 한다. 〈개정 2011. 9. 29., 2018. 5. 1.〉

1. 해양시설의 위치, 규모, 소유자(사업장의 명칭 및 대표자를 포함한다) 및 관리자에 대한 정보(군사시설의 경우에는 제외한다)

2. 기름 또는 유해액체물질 유출사고 발생 시 해양시설의 관리자가 하여야 할 신고 및 보고의 절차에 관한 사항

3. 기름 또는 유해액체물질 유출을 줄이기 위하여 해양시설의 종사자가 하여야 할 방제조치에 관한 사항

4. 해양시설의 주요설비, 시설구조도면 및 주요배관장치의 배치도면

5. 해양시설 종사자에 대한 방제교육·훈련에 관한 사항

6. 해양시설 주변해역의 조류, 환경 등 해역특성에 관한 사항

7. 기름 또는 유해액체물질 유출사고 예방 및 점검에 관한 사항

8. 해양오염사고 방제에 필요한 방제조직, 방제장비·자재 현황 및 동원체계

9. 해양시설 오염사고 규모별 방제조치계획

③ 법 제35조제1항 본문에 따라 해양시설오염비상계획서의 검인을 받으려는 자는 별지 제18호서식의 해양시설오염비상계획서 검인신청서에 해당 해양시설오염비상계획서를 첨부하여 해양경찰서장에게 제출하여야 한다. 〈개정 2013. 6. 19., 2014. 11. 19., 2017. 7. 28.〉

④ 법 제35조제2항에서 “해양수산부령으로 정하는 중요한 사항을 변경하려는 경우”란 다음 각 호의 경우를 말한다. 〈개정 2018. 5. 1.〉

1. 해양시설의 소유자(사업장의 명칭 및 대표자를 포함한다) 및 관리자에 대한 정보의 변경

2. 해양시설의 위치의 변경

3. 해양시설의 규모의 100분의 30 이상의 증가

4. 해양시설의 주요설비, 시설구조도면 및 주요배관장치의 100분의 10 이상의 변경

⑤ 법 제35조제2항에 따라 변경검인을 받으려는 자는 별지 제18호서식의 해양시설오염비상계획서 변경검인신청서에 변경된 해양시설오염비상계획서를 첨부하여 변경 사유가 발생한 날부터 30일 이

내에 해양경찰서장에게 제출하여야 한다. 〈신설 2018. 5. 1.〉

⑥ 해양경찰서장은 제3항에 따른 검인신청 또는 제5항에 따른 변경검인신청이 있는 경우 적합하다고 인정하면 해당 해양시설오염비상계획서에 별표 9의 검인표시를 하여 신청인에게 내주어야 한다. 〈신설 2018. 5. 1.〉

제20조(해양오염방지관리인을 두어야 하는 해양시설) 법 제36조제1항에서 "해양수산부령이 정하는 해양시설"이란 별표 1 제1호의 시설을 말한다. 〈개정 2008. 3. 14., 2013. 3. 24.〉

제20조의2(해양시설 해양오염방지관리인 임명 신고) 법 제36조제1항에 따라 해양오염방지관리인을 임명한 해양시설의 소유자가 같은 조 제2항에 따라 그 사실을 신고하려는 때에는 다음 각 호의 서류를 해양경찰서장에게 제출해야 한다.

1. 해양오염방지관리인의 임명 확인서
2. 해양오염방지관리인의 자격을 증명하는 서류

[본조신설 2021. 1. 7.]

[종전 제20조의2는 제20조의3으로 이동 〈2021. 1. 7.〉]

제20조의3(해양시설의 안전점검) ① 법 제36조의2제1항에서 "해양수산부령으로 정하는 해양시설"이란 별표 1 제1호가목 및 나목의 시설을 말한다.

② 법 제36조의2제1항에 따른 안전점검(이하 "안전점검"이라 한다)의 실시 시기·방법 및 결과보고는 별표 9의2에 따른다.

③ 법 제36조의2제2항에서 "해양수산부령으로 정하는 중대한 결함"이란 다음 각 호의 결함을 말한다. 〈신설 2018. 5. 1.〉

1. 해양시설의 침하 또는 균열
2. 해저송유관, 호스, 저장탱크, 돌핀 또는 원유송유용 부이의 결함

[본조신설 2014. 9. 17.]

[제20조의2에서 이동 〈2021. 1. 7.〉]

제21조(해양시설에서 발생하는 오염물질의 수거·처리) ① 해양시설에서 발생하는 오염물질로서 법 제37조제1항에 따라 수거·처리하게 해야 하는 물질은 다음 각 호와 같다. 〈개정 2014. 9. 17., 2018. 5. 1., 2021. 1. 7.〉

1. 폐기물
2. 기름(해양시설의 소유자가 스스로의 설비나 장비를 이용하여 유

분 성분이 100만분의 15 이하가 되도록 처리하는 경우는 제외한다)

3. 유해액체물질(해양시설의 소유자가 스스로의 설비나 장비를 이용하여 「물환경보전법 시행규칙」 별표 13 제1호가목2)에 따른 가지역에 적용하는 같은 표 제2호 항목별 배출허용기준 이하로 처리하는 경우는 제외한다) 또는 포장유해물질 잔류물

② 법 제37조제1항 각 호의 자는 해양시설로부터 오염물질을 수거·처리하는 경우에는 해당 해양시설의 소유자에게 법 제72조제2항에 따른 오염물질수거확인증을 작성하여 발급하여야 한다. 이 경우 오염물질수거확인증의 보관기간에 관하여는 제39조제2항을 준용한다. 〈개정 2013. 6. 19.〉

③ 법 제37조제2항에 따라 「폐기물관리법」 제25조제8항에 따른 폐기물처리업자(이하 "폐기물처리업자"라 한다)가 제1항 각 호의 오염물질을 수거·처리하는 경우에는 다음 각 호의 사항이 포함된 오염물질 인계인수서를 해양시설의 소유자에게 발급하여야 한다. 다만, 「폐기물관리법」 제18조제3항에 따라 오염물질의 인계·인수에 관한 내용을 같은 법 제45조제2항에 따른 전자정보처리프로그램에 입력한 경우는 그러하지 아니하다. 〈신설 2018. 5. 1.〉

1. 해양시설의 소유자(사업장의 명칭 및 대표자를 포함한다)에 관한 사항
2. 폐기물처리업자(사업장의 명칭 및 대표자를 포함한다)에 관한 사항
3. 수거한 오염물질의 종류 및 수거량
4. 오염물질 수거에 참여한 해양시설의 직원에 관한 사항
5. 오염물질 수거일자

제21조의2(오염물질저장시설의 변경신고 사항 등) ① 법 제38조제2항 후단에서 "해양수산부령으로 정하는 중요한 사항"이란 다음 각 호의 어느 하나에 해당하는 사항을 말한다.

1. 법 제38조제1항에 따른 오염물질저장시설(이하 "오염물질저장시설"이라 한다) 사업장의 명칭 또는 대표자
2. 오염물질저장시설의 설치 장소
3. 오염물질저장시설의 규모
4. 오염물질저장시설 운영계획서의 내용

② 법 제38조제3항에서 "해양수산부령으로 정하는 기간"이란 다

음 각 호의 구분에 따른 기간을 말한다.

1. 법 제38조제2항 전단에 따른 신고의 경우: 10일

2. 법 제38조제2항 후단에 따른 변경신고의 경우: 5일

[본조신설 2024. 6. 28.]

제21조의3(오염물질저장시설의 설치·운영 신고서 등) ① 영 제40조의3제1항 각 호 외의 부분에 따른 설치·운영 신고서는 별지 제18호의2서식과 같다.

② 영 제40조의3제2항 각 호 외의 부분에 따른 설치·운영 변경신고서는 별지 제18호의2서식과 같다.

③ 영 제40조의3제3항에 따른 신고증명서는 별지 제18호의3서식과 같다.

[본조신설 2024. 6. 28.]

제21조의4(오염물질저장시설 신고증명서의 재발급) 영 제40조의3제3항에 따라 발급받은 오염물질저장시설 신고증명서를 잃어버리거나 헐어서 못 쓰게 되어 다시 발급받으려는 자는 별지 제18호의4서식의 오염물질저장시설 신고증명서 재발급 신청서에 해당 신고증명서를 첨부(신고증명서를 잃어버린 경우는 제외한다)하여 지방해양수산청장에게 제출해야 한다.

[본조신설 2024. 6. 28.]

제22조(오염물질관리대장의 기록 및 보존) ① 법 제38조제4항에 따른 오염물질관리대장(이하 "오염물질관리대장"이라 한다)에는 다음 각 호의 사항을 적어야 한다. 〈개정 2024. 6. 28.〉

1. 오염물질의 종류 및 발생현황

2. 오염물질의 자가처리 및 위탁처리 현황

② 오염물질관리대장은 별지 제19호서식과 같다.

③ 오염물질관리대장은 마지막으로 적은 날부터 2년 동안 해당 시설에 보관하여야 한다.

④ 법 제38조제4항 전단에 따라 같은 조 제2항에 따른 오염물질저장시설 운영자(이하 "오염물질저장시설 운영자"라 한다)는 오염물질관리대장을 매 분기가 끝나는 날부터 15일 이내에 해양경찰서장에게 제출해야 한다. 이 경우 법 제115조제7항에 따른 전산망을 이용하여 제1항 각 호의 사항을 입력한 경우에는 이를 제출한 것으로 본다. 〈신설 2024. 6. 28.〉

제23조(오염물질저장시설의 설치ㆍ운영기준) ① 법 제38조제1항에 따라 시ㆍ도지사 또는 해양환경공단의 이사장이 설치ㆍ운영하는 오염물질저장시설의 설치ㆍ운영기준은 별표 10과 같다. 〈개정 2024. 6. 28.〉

② 법 제38조제2항에 따라 오염물질저장시설 운영자가 설치ㆍ운영하는 오염물질저장시설의 설치ㆍ운영기준은 별표 10의2와 같다. 〈신설 2024. 6. 28.〉

[전문개정 2021. 10. 5.]

제23조의2(오염물질저장시설 운영자에 대한 행정처분의 세부기준) 법 제38조의3제1항에 따른 오염물질저장시설 운영자에 대한 행정처분의 세부기준은 별표 10의3과 같다.

[본조신설 2024. 6. 28.]

제24조(잔류성오염물질의 측정ㆍ조사) ① 해양환경공단의 이사장은 법 제39조제1항 전단에 따라 제5조에 따른 해양환경측정망을 활용하여 매년 잔류성오염물질의 오염도를 측정ㆍ조사하여야 한다. 〈개정 2011. 9. 29., 2013. 3. 24., 2017. 9. 22., 2018. 5. 1.〉

② 제1항에 따른 측정ㆍ조사의 항목 및 방법, 측정망의 위치ㆍ구역, 측정ㆍ조사 절차, 그 밖의 필요한 사항은 해양수산부장관이 정하여야 한다. 〈개정 2011. 9. 29., 2013. 3. 24.〉

③ 해양수산부장관은 제1항에 따른 측정ㆍ조사결과 다음 각 호의 어느 하나에 해당하는 경우에는 법 제39조제1항 후단에 따라 관계 중앙행정기관의 장 및 지방자치단체의 장과 공동으로 오염저감대책을 수립하거나 배출원 조사를 하여야 하며, 관계 중앙행정기관의 장에게 필요한 조치를 요청할 수 있다. 〈개정 2008. 3. 14., 2013. 3. 24., 2018. 5. 1.〉

1. 잔류성오염물질의 연평균 오염도가 2년 이상 해양수산부장관이 정하여 고시하는 해양퇴적물 관리목표를 초과하는 경우

2. 「잔류성유기오염물질 관리법」 제2조제2호에 따른 배출시설의 고장ㆍ파손, 그 밖의 사고가 발생하여 잔류성오염물질이 「연안관리법」 제2조제1호에 따른 연안에 배출된 경우

3. 「잔류성유기오염물질 관리법」 제16조에 따른 사용중지명령 및 폐쇄명령이 내려진 배출시설이 법 제15조제1항에 따른 환경관리해역 또는 「연안관리법」 제2조제1호에 따른 연안에 위치하는 경우

[제목개정 2018. 5. 1.]

제25조(방오시스템의 사용기준ㆍ방법) 해양시설등에서 방오도료 또는 이를 사용한 설비(이하 "방오시스템"이라 한다)를 사용하거나 설치하려고 하는 자는 법 제40조제2항에 따라 다음 각 호의 기준 및 방법에 따라야 한다. 〈개정 2021. 6. 30.〉

1. 생물파괴제로 작용하지 아니하는 수준의 방오시스템을 사용하여야 한다.

2. 건조 도막(도료 도포막) 안에 총주석함량이 킬로그램당 2천 5백밀리그램 이하로서 화학적 촉매제로 작용하며 생물파괴제로 작용하지 않는 수준의 방오시스템을 사용해야 한다.

제26조(국가긴급방제계획에 포함되어야 할 오염물질) ① 법 제61조제1항 전단에서 "해양수산부령으로 정하는 오염물질"이란 다음 각 호의 물질을 말한다. 〈개정 2008. 3. 14., 2013. 3. 24., 2014. 11. 19., 2017. 7. 28.〉

1. 기름

2. 위험ㆍ유해물질 중 해양경찰청장이 정하여 고시하는 물질

② 제1항제2호에서 "위험ㆍ유해물질"이란 유출될 경우 해양자원이나 생명체에 중대한 위해를 미치거나 해양의 쾌적성 또는 적법한 이용에 중대한 장애를 일으키는 물질로서 유해액체물질 및 포장유해물질과 산적(散積)으로 운송되며, 화재ㆍ폭발 등의 위험이 있는 물질(액화가스류를 포함한다)을 말한다.

제27조(지역긴급방제실행계획의 수립ㆍ시행) ① 영 제44조제3항에 따른 지역긴급방제실행계획에는 다음 각 호의 사항이 포함되어야 한다.

1. 오염물질별 사고위험평가 및 대응전략

2. 방제조직의 운영 및 사고유형별 방제조치 계획

3. 방제장비, 자재, 약제 등의 동원 및 보급ㆍ지원 계획

4. 해양오염 방지 및 방제에 관한 교육ㆍ훈련(민ㆍ관 합동방제훈련을 포함한다)의 실시

5. 방제관련 해역 특성정보 및 자료

제28조(방제대책본부의 조치사항 등 보고) 법 제62조제2항에 따라 해양경찰청장이 해양수산부장관에게 보고하는 방제대책본부의 조치사항 및 결과에는 다음 각 호의 사항이 포함되어야 한다. 〈개정 2008. 3. 14., 2011. 9. 29., 2013. 3. 24., 2014. 11. 19.,

2017. 7. 28.〉

1. 해양오염사고 발생개요
2. 방제대책본부의 구성 및 운영에 관한 사항
3. 해양오염현황
4. 방제조치 현황 및 조치결과
5. 그 밖에 필요한 사항

[제목개정 2014. 11. 19., 2017. 7. 28.]

제29조(해양시설로부터의 오염물질 배출신고) ① 법 제63조에 따라 해양시설로부터의 오염물질 배출을 신고하려는 자는 서면·구술·전화 또는 무선통신 등을 이용하여 신속하게 하여야 하며, 그 신고사항은 다음 각 호와 같다.

1. 해양오염사고의 발생일시·장소 및 원인
2. 배출된 오염물질의 종류, 추정량 및 확산상황과 응급조치상황
3. 사고선박 또는 시설의 명칭, 종류 및 규모
4. 해면상태 및 기상상태

② 해양경찰청장 또는 해양경찰서장 외의 자는 제1항에 따른 신고를 받은 경우에는 지체 없이 그 내용을 해양경찰청장 또는 해양경찰서장에게 알려야 한다. 〈개정 2014. 11. 19., 2017. 7. 28.〉

제30조(오염물질의 감식·분석) 해양경찰청장은 오염물질이 해양에 배출된 경우에는 그 규명에 필요한 감식·분석을 할 수 있다. 이 경우 오염물질의 규명절차 및 관리 등 필요한 사항은 해양경찰청장이 정한다. 〈개정 2014. 11. 19., 2017. 7. 28.〉

제30조의2(방제조치 명령) 해양경찰서장은 법 제64조제3항에 따라 방제조치 명령을 할 때에는 별지 제19호의2서식의 방제조치 명령서를 내줘야 한다. 다만, 긴급한 때에는 구두로 방제조치 명령을 할 수 있으며, 이 경우에는 사후에 지체 없이 그 명령서를 내줘야 한다.

[본조신설 2021. 1. 7.]

제31조(오염물질의 배출방지를 위한 조치) 해양시설의 소유자는 법 제65조제1항에 따라 오염물질의 배출방지를 위한 다음 각 호의 조치를 취하여야 한다.

1. 파손·화재 등의 사고인 경우에는 오염물질을 다른 선박이나 해양시설로 옮겨 싣는 조치 또는 손상부위의 긴급수리, 침수 또는

배출방지를 위하여 필요한 조치

2. 침몰이 예상되는 경우에는 오염물질의 배출 우려가 있는 모든 부위를 막는 조치

3. 불을 끄는 중에 생긴 오염물질의 경우에는 다른 선박이나 해양시설로 옮겨 싣는 조치 또는 배출방지를 위하여 필요한 조치

4. 제1호부터 제3호까지의 규정에 따른 조치에도 불구하고 오염물질이 배출될 우려가 있는 경우 배출 또는 확산방지를 위하여 필요한 조치

제32조(해양시설의 자재·약제 비치기준 등) ① 법 제66조제1항에 따라 오염물질의 방제·방지를 위한 자재 및 약제(이하 "자재·약제"라 한다)를 갖추어두어야 하는 해양시설은 다음 각 호와 같다.

1. 오염물질을 300킬로리터 이상 저장할 수 있는 시설

2. 총톤수 100톤 이상의 유조선을 계류하기 위한 계류시설

② 법 제66조제3항에 따라 해양시설 안에 갖추어두어야 하는 자재·약제의 비치기준은 별표 11과 같다. 다만, 유처리제·유흡착재 또는 유겔화제(기름을 굳게 하는 물질)의 경우에는 해당 해양시설에 기준량의 10퍼센트 이상을 갖추어두고, 나머지는 제33조에 따른 보관시설에 보관할 수 있다. 〈개정 2021. 6. 30.〉

③ 제2항 단서에 따라 보관시설에 유처리제 등을 보관하는 경우에는 그 사실을 증명하는 서류를 해당 해양시설에 갖추어두어야 한다.

④ 법 제67조제1항에 따라 방제선 또는 방제장비(이하 "방제선등"이라 한다)를 배치·설치하거나 같은 조 제2항에 따라 위탁하여 배치·설치한 경우에는 법 제66조에 따른 자재·약제 등을 갖추어둔 것으로 본다.

제33조(보관시설의 자재·약제 비치기준 등) ① 법 제66조제3항에 따른 보관시설의 범위는 다음 각 호와 같다. 〈개정 2010. 1. 12., 2011. 9. 29., 2013. 6. 19., 2018. 5. 1.〉

1. 해양시설의 소유자가 해양시설에 갖추어두어야 할 자재·약제를 보관하기 위하여 해당 항만에 설치한 시설(공동으로 설치한 것을 포함한다)

2. 항만관리청이 항만시설, 어항시설의 방제를 위한 자재·약제를 보관하기 위하여 「항만법」 제3조제1항에 따른 항만 및 「어촌·어항

법」 제2조제3호에 따른 어항에 설치한 시설

3. 해양환경공단이 법 제97조에 따른 사업을 위하여 해양오염방제에 필요한 자재 · 약제를 보관할 목적으로 해당 항만에 설치한 시설

② 법 제66조제3항에 따라 항만관리청이 보관시설에 갖추어두어야 할 자재 · 약제의 비치기준은 별표 12와 같으며, 제1항의 보관시설의 시설기준 및 운영기준은 별표 13과 같다. 〈개정 2011. 9. 29.〉

제34조(방제선등의 배치해역) ① 법 제67조제1항제3호에 따른 기름저장시설의 소유자는 해당 시설이 위치한 항만구역에 방제선등을 설치하여야 한다. 다만, 비축용 · 비상용 기름저장시설의 소유자는 해당 시설에서 기름이 배출되는 경우 3시간 이내에 도달할 수 있는 곳에 배치할 수 있다.

② 법 제67조제2항에 따라 방제선등을 공동으로 배치 · 설치한 자와 해양환경공단에 배치 · 설치를 위탁한 자는 다음 각 호의 사항이 포함된 증거서류를 해당 기름저장시설의 사업소에 갖추어 두어야 한다. 〈개정 2018. 5. 1.〉

1. 공동배치를 한 자 : 배치한 방제선등의 목록 및 제원
2. 배치 · 설치를 위탁한 자
   가. 위탁자의 성명 또는 상호
   나. 수탁자의 성명 또는 상호
   다. 수탁기간
   라. 위탁자와 수탁자 간의 통신방법

제35조(방제비용의 청구) 영 제50조에 따른 방제비용의 청구는 별지 제20호서식에 따른다. 〈개정 2010. 1. 12.〉

제35조의2(해양자율방제대) ① 해양경찰서장은 법 제68조의2제1항에 따른 해양자율방제대(이하 "해양자율방제대"라 한다)를 「수산업협동조합법」 제15조에 따른 어촌계(이하 이 조에서 "어촌계"라 한다) 단위로 구성 · 운영한다. 이 경우 해양경찰서장은 별표 13의2에 따른 시설 및 방제자재를 갖춰야 한다.

② 해양경찰서장은 관할구역에 주소 · 거소 또는 사업장이 있는 사람 중 다음 각 호의 어느 하나에 해당하는 사람이 희망하는 경우 해양자율방제대의 구성원(이하 "해양자율방제대원"이라 한다)으로 임명할 수 있다. 〈개정 2023. 12. 28.〉

1. 어촌계에 소속된 어업인(「수산업법」 제2조제10호에 따른 어업

인을 말한다. 이하 같다)

2. 신체가 건강하고 협동정신이 강한 사람

3. 해양자율방제대 활동에 필요한 선박 또는 장비를 보유한 사람

③ 해양경찰서장은 법 제68조의2제3항에 따라 해양자율방제대와 해양자율방제대원에게 다음 각 호의 경비를 지급할 수 있다.

1. 출동경비

2. 교육·훈련경비

④ 법 제68조의2제4항에 따라 해양경찰서장이 지급하는 재해보상의 종류 및 기준은 별표 13의3과 같다.

⑤ 해양자율방제대의 임무는 다음 각 호와 같다.

1. 해양오염사고 발생 시 해양경찰의 해양오염방제업무 보조

2. 해양오염사고 현장의 안전을 위한 지원활동

3. 방제역량 강화를 위한 교육·훈련에의 참여

4. 그 밖에 지역의 자율적인 해양오염방제 기능 강화를 위해 해양경찰청장이 필요하다고 인정하는 임무

⑥ 제1항부터 제5항까지에서 규정한 사항 외에 해양자율방제대의 구성·운영 및 임무에 관한 세부사항은 해양경찰청장이 정한다.

[본조신설 2021. 1. 7.]

제36조(해양환경관리업의 등록) ① 영 제55조제1항에 따른 해양환경관리업(법 제70조제1항 각 호의 사업을 말한다. 이하 같다)의 등록신청서는 다음 각 호와 같다. 〈개정 2020. 12. 4., 2021. 1. 7.〉

1. 삭제 〈2020. 12. 4.〉

2. 법 제70조제1항제2호에 따른 해양오염방제업(이하 "해양오염방제업"이라 한다) 등록신청서 : 별지 제22호서식

3. 법 제70조제1항제3호에 따른 유창청소업(이하 "유창청소업"이라 한다) 등록신청서 : 별지 제23호서식

4. 삭제 〈2020. 12. 4.〉

5. 삭제 〈2020. 12. 4.〉

② 법 제70조제1항제3호에서 "해양수산부령이 정하는 오염물질"이란 다음 각 호의 오염물질을 말한다. 〈개정 2008. 3. 14., 2013. 3. 24.〉

1. 해양시설에서 발생하는 제21조제1항 각 호의 오염물질

2. 선박에서 발생하는 오염물질로서 「선박에서의 오염방지에 관한

규칙」 제28조에 따른 오염물질

③ 법 제70조제2항에 따른 해양환경관리업 등록기준은 별표 14와 같다.

④ 해양경찰서장은 법 제70조에 따라 해양환경관리업의 등록을 한 경우에는 그 내용을 공고하여야 한다. 〈개정 2008. 3. 14., 2014. 11. 19., 2015. 1. 8., 2017. 7. 28., 2020. 12. 4.〉

⑤ 영 제55조제4항에 따른 해양환경관리업 등록증은 다음 각 호와 같다. 〈개정 2016. 12. 23.〉

1. 삭제 〈2020. 12. 4.〉
2. 해양오염방제업 등록증 : 별지 제27호서식
3. 유창청소업 등록증 : 별지 제28호서식
4. 삭제 〈2020. 12. 4.〉
5. 삭제 〈2020. 12. 4.〉

⑥ 법 제70조에 따라 해양환경관리업의 등록을 한 자(이하 "해양환경관리업자"라 한다)는 등록증을 잃어버리거나 등록증이 헐어 못 쓰게 되면 해양경찰서장에게 재발급하여 줄 것을 신청할 수 있다. 〈개정 2008. 3. 14., 2014. 11. 19., 2015. 1. 8., 2017. 7. 28., 2020. 12. 4.〉

제37조(해양환경관리업의 변경등록) ① 법 제70조제3항에서 "해양수산부령이 정하는 중요한 사항"이란 다음 각 호의 사항을 말한다. 〈개정 2020. 12. 4.〉

1. 대표자(법 제74조에 따라 권리·의무를 승계하는 경우는 제외한다), 상호 및 사업장의 소재지
2. 기술요원 보유현황
3. 선박 및 항해구역
4. 설비의 구조 및 설비능력

② 법 제70조제3항에 따라 해양환경관리업의 변경등록을 하려는 자는 별지 제31호서식의 해양환경관리업 변경등록신청서에 관련되는 해양환경관리업 등록증과 변경내용을 증명하는 서류를 첨부하여 사유가 발생한 날부터 30일(제1항제1호 및 제2호에 따른 대표자 또는 기술요원 보유현황이 변경되는 경우에는 60일로 한다)까지 해양경찰서장에게 제출해야 한다. 〈개정 2020. 12. 4., 2024. 6. 28.〉

③ 제2항에 따른 신청서를 받은 해양경찰서장은 「전자정부법」 제

36조제1항에 따른 행정정보의 공동이용을 통하여 다음 각 호의 서류를 확인하여야 하며, 신청인이 제2호의 서류의 확인에 동의하지 아니하는 경우에는 해당 서류를 제출하도록 하여야 한다. 〈신설 2017. 6. 28., 2017. 7. 28., 2020. 12. 4.〉

1. 법인 등기사항증명서(법인인 경우에 한정한다)

2. 해당 사업에 종사하는 기술요원의 국민연금가입자가입증명 또는 건강보험자격득실 확인서

제37조의2 삭제 〈2020. 12. 4.〉

제38조(해양환경관리업 처리실적의 제출) ① 삭제 〈2020. 12. 4.〉

② 삭제 〈2020. 12. 4.〉

③ 법 제70조에 따라 해양오염방제업·유창청소업을 등록한 자(이하 "방제·청소업자"라 한다)는 법 제72조제1항에 따라 오염물질 방제·청소·수거 처리실적서에 오염물질 방제·청소·수거 처리대장 사본을 첨부하여 분기가 끝나는 달의 다음 달 15일까지 해양경찰서장에게 제출하여야 한다. 이 경우 법 제115조제7항에 따른 전산망을 이용하여 오염물질 수거 및 처리실적을 입력한 경우에는 이를 제출한 것으로 본다. 〈개정 2011. 9. 29., 2014. 11. 19., 2017. 7. 28.〉

④ 제3항에 따른 처리실적서 등은 다음 각 호와 같다. 〈개정 2020. 12. 4.〉

1. 삭제 〈2020. 12. 4.〉
2. 삭제 〈2020. 12. 4.〉
3. 삭제 〈2020. 12. 4.〉
4. 삭제 〈2020. 12. 4.〉
5. 삭제 〈2020. 12. 4.〉
6. 오염물질 방제·청소·수거 처리실적서 : 별지 제37호서식
7. 오염물질 방제·청소·수거 처리대장 : 별지 제38호서식

⑤ 제3항에 따른 처리실적서 등은 마지막으로 적은 날부터 3년 동안 보관하여야 한다. 이 경우 법 제115조제7항에 따른 전산망을 이용하여 해당 내용을 입력한 경우에는 이를 보관한 것으로 본다. 〈개정 2010. 1. 12., 2011. 9. 29., 2020. 12. 4.〉

제39조(오염물질수거확인증) ① 법 제72조제2항에 따른 오염물질수거확인증은 별지 제39호 서식과 같다.

② 제1항에 따른 오염물질수거확인증은 작성한 날부터 3년 동안 보관하여야 한다.

제40조 삭제 〈2020. 12. 4.〉

제41조 삭제 〈2020. 12. 4.〉

제42조(위탁폐기물 등의 처리명령) 해양경찰서장이 법 제73조에 따라 내릴 수 있는 처리명령은 다음 각 호와 같다. 〈개정 2014. 11. 19., 2015. 1. 8., 2017. 7. 28., 2020. 12. 4., 2021. 1. 7.〉

1. 삭제 〈2020. 12. 4.〉
2. 「폐기물관리법」에 따른 처리
3. 「물환경보전법」에 따른 처리
4. 그 밖에 환경 관계 법령에 따른 육상에서의 처리

제43조(해양환경관리업의 권리·의무 승계신고) ① 법 제74조제1항 및 제2항에 따라 해양환경관리업자의 권리·의무를 승계한 자는 같은 조 제3항에 따라 별지 제43호서식의 해양환경관리업 권리·의무 승계신고서에 다음 각 호의 서류를 첨부하여 해양경찰서장에게 제출하여야 한다. 〈개정 2008. 3. 14., 2010. 1. 12., 2014. 11. 19., 2015. 1. 8., 2016. 12. 23., 2017. 7. 28., 2020. 12. 4.〉

1. 양도·양수, 상속 또는 합병을 증명하는 서류
2. 해양환경관리업 등록증
3. 삭제 〈2020. 12. 4.〉

② 제1항에 따른 신고서를 제출받은 해양경찰서장은 「전자정부법」 제36조제1항에 따른 행정정보의 공동이용을 통하여 다음 각 호의 서류를 확인하여야 한다. 다만, 신고인이 제2호의 서류의 확인에 동의하지 아니하는 경우에는 그 사본을 첨부하도록 하여야 한다. 〈신설 2016. 12. 23., 2017. 7. 28., 2020. 12. 4.〉

1. 합병 후 존속하는 법인이나 합병으로 설립되는 법인의 법인 등기사항증명서(법인의 합병의 경우만 해당한다)
2. 상속인의 가족관계증명서(상속의 경우만 해당한다)

제44조(해양환경관리업자에 대한 행정처분의 기준) 법 제75조에 따른 해양환경관리업자의 등록취소 및 영업정지 처분의 기준은 별표 15와 같다.

제45조 삭제 〈2020. 12. 4.〉

제46조(해양오염영향조사) ① 영 제58조제3항제1호에서 “해양수산

부령으로 정하는 규모"란 영 별표 12에 따른 배출량의 2배에 해당하는 양을 말한다. 〈개정 2008. 3. 14., 2013. 3. 24.〉

② 해양수산부장관은 법 제77조제3항에 따라 별도의 해양오염영향조사를 실시하게 하려는 경우에는 같은 조 제4항에 따라 「해양수산발전 기본법」 제7조에 따른 해양수산발전위원회의 심의를 거쳐야 한다. 〈개정 2008. 3. 14., 2010. 1. 12., 2013. 3. 24., 2013. 6. 19.〉

제47조(해양오염영향조사기관에 대한 행정처분의 기준) 법 제82조에 따른 해양오염영향조사기관의 지정취소 및 업무정지 처분의기준은 별표 16과 같다.

제47조의2(위해도 평가 등) ① 해양수산부장관은 법 제83조의2제1항제2호에 따라 침몰선박(「해양사고의 조사 및 심판에 관한 법률」 제2조제1호의 해양사고로 해양에서 침몰된 선박을 말한다. 이하 같다)에 대해 별표 16의2의 평가항목 및 평가항목별 평가점수에 따라 위해도(危害度) 평가를 해야 한다.

② 해양수산부장관은 다음 각 호의 어느 하나에 해당하는 경우 침몰선박의 관리 필요성에 관한 위해도 평가를 추가로 실시할 수 있다.

1. 위해도 평가 점수가 40점 이상인 경우
2. 침몰선박에서 오염물질이 유출되고 있는 경우
3. 침몰선박이 주요 항로에 위치하고 있어 다른 선박의 항행에 장애가 되는 경우

③ 해양수산부장관은 제1항 및 제2항에 따른 위해도 평가를 위하여 필요하다고 인정하는 경우에는 해양환경공단으로 하여금 침몰선박, 잔존 기름 및 적재화물, 침몰해역, 해양오염 발생가능성 등에 대한 자료를 수집·분석하게 하거나 그 밖에 위해도 평가에 필요한 업무를 수행하게 할 수 있다.

④ 해양수산부장관은 제1항 및 제2항에 따른 위해도 평가 결과에 따라 침몰선박을 다음 각 호의 구분에 따라 지정하고, 침몰선박에 대한 정보를 관리해야 한다.

1. 집중관리 대상선박: 제1항에 따른 위해도 평가 점수의 합계가 60점 이상이거나 제2항에 따른 위해도 평가 결과 집중관리가 필요하다고 인정되는 침몰선박

2. 일반관리 대상선박: 제1항에 따른 위해도 평가 점수의 합계가 40점 이상 60점 미만이거나 제2항에 따른 추가 평가 결과 일반관리가 필요하다고 인정되는 침몰선박

3. 관리대상 제외선박: 제1호 또는 제2호에 해당하는 침몰선박 외의 침몰선박

[전문개정 2019. 7. 9.]

제47조의3(위해도 저감대책의 실행) ① 해양수산부장관은 제47조의2에 따른 위해도 평가 결과에 따라 법 제83조의2제1항제3호의 침몰선박에 대한 위해도 저감대책(이하 "위해도 저감대책"이라 한다) 실행 여부를 결정하여야 한다. 〈개정 2019. 7. 9.〉

② 해양수산부장관은 제1항에 따라 위해도 저감대책을 실행하기로 결정한 경우 침몰선박의 위치, 침몰한 해역의 수심, 수온, 조류, 밑바닥 퇴적물 상태(저질 상태), 계절, 화물의 종류 등을 고려하여 법 제77조에 따른 해양오염영향조사의 실시, 침몰선박의 인양, 침몰선박의 연료유 수거·회수, 침몰선박에 적재된 화물의 전부 또는 일부의 수거·회수 등 위해도 저감대책의 구체적인 내용을 결정해야 한다. 〈개정 2021. 6. 30.〉

③ 해양수산부장관은 제47조의2제4항제1호 또는 제2호에 해당하는 침몰선박에 대하여 해양환경공단으로 하여금 해당 침몰선박의 침몰 위치 및 선체의 상태 파악, 잔존 기름 또는 화물 등의 유출이나 이탈 가능성, 그 밖에 해양오염사고 유발 가능성에 대한 정밀조사 계획을 정기적으로 수립하고 필요한 조치를 시행하게 할 수 있다. 〈개정 2018. 5. 1., 2019. 7. 9.〉

④ 삭제 〈2019. 7. 9.〉

[본조신설 2013. 6. 19.]

제47조의4(위해도 저감대책 실행 비용의 산정 및 부과) ① 해양수산부장관은 침몰선박의 위치, 침몰한 해역의 수심, 수온, 조류, 밑바닥 퇴적물 상태, 계절, 화물의 종류 등을 고려하여 위해도 저감대책의 실행에 드는 비용의 산정기준을 정하여 고시할 수 있다. 〈개정 2021. 6. 30.〉

② 해양수산부장관은 위해도 저감대책을 실행하는 경우 법 제83조의2제3항 본문에 따라 침몰선박의 소유자가 부담하여야 할 비용을 확정하고, 침몰선박의 소유자에게 그 비용을 납부하도록 고지하

여야 한다. 이 경우 납부기한은 고지한 날부터 30일 이내로 한다.

③ 해양수산부장관은 침몰선박의 소유자가 제3항에 따른 납부기한까지 납부고지 한 비용을 내지 아니하면 납부기한이 지난 날부터 7일 이내에 독촉장을 발부하여야 한다. 이 경우 납부기한은 독촉장을 발부한 날부터 20일 이내로 한다.

[본조신설 2013. 6. 19.]

제47조의5(침몰선박에 관한 정보 관리) 해양경찰청장은 법 제83조의2제2항에 따라 해양수산부장관이 침몰선박에 관한 정보를 요청하는 경우 별지 제45호의2서식의 침몰선박 정보 현황을 작성하여 해양수산부장관에게 제출하여야 한다. 〈개정 2014. 11. 19., 2017. 7. 28.〉

[본조신설 2013. 6. 19.]

제48조 삭제 〈2025. 1. 14.〉

제49조 삭제 〈2025. 1. 14.〉

제50조 삭제 〈2025. 1. 14.〉

제51조 삭제 〈2025. 1. 14.〉

제52조 삭제 〈2025. 1. 14.〉

제53조 삭제 〈2025. 1. 14.〉

제54조 삭제 〈2025. 1. 14.〉

제54조의2 삭제 〈2025. 1. 14.〉

제55조 삭제 〈2025. 1. 14.〉

제55조의2 삭제 〈2025. 1. 14.〉

제56조 삭제 〈2025. 1. 14.〉

제57조 삭제 〈2025. 1. 14.〉

제58조 삭제 〈2025. 1. 14.〉

제59조 삭제 〈2025. 1. 14.〉

제59조의2 삭제 〈2025. 1. 14.〉

제60조 삭제 〈2025. 1. 14.〉

제60조의2(지도 · 감독) 법 제108조제1항 단서에 따라 해양경찰청장은 「재난 및 안전관리 기본법」 제36조의 재난사태에 해당하는 해양오염사고 발생 시 방제조치에 필요한 대비 · 대응 업무로서 다음 각 호의 사항에 해당하는 업무에 대하여 해양환경공단을 지도 · 감독한다. 〈개정 2014. 11. 19., 2017. 7. 28., 2018. 5. 1.〉

1. 긴급방제 시 대응계획
2. 긴급방제 시 인력 배치
3. 긴급방제 대비 교육·훈련
4. 긴급방제 시 자재·약제의 조달체계
5. 긴급방제 시 방제선 및 방제장비의 배치 방법
6. 긴급방제조치에 관한 사항
[본조신설 2011. 9. 29.]

제61조 삭제 〈2024. 6. 28.〉

제62조 삭제 〈2024. 6. 28.〉

제63조 삭제 〈2024. 6. 28.〉

제64조 삭제 〈2024. 6. 28.〉

제65조 삭제 〈2024. 6. 28.〉

제66조(자재·약제의 형식승인 신청 등) ① 법 제110조제4항에 따라 형식승인을 받아야 하는 자재·약제의 종류는 다음 각 호와 같다. 〈개정 2021. 6. 30.〉

1. 해양유류오염확산차단장치(오일펜스, Oil Fence)
2. 유처리제
3. 유흡착재
4. 유겔화제
5. 생물정화제제(生物淨化製劑)

② 법 제110조제4항 본문에 따라 자재·약제의 형식승인을 받으려는 자 또는 형식승인을 받은 이후에 그 자재·약제의 규격 등을 변경(해당 자제·약제의 성능에 직접적인 영향을 미치지 아니하는 사항을 변경하려는 경우에 한정한다)하려는 자는 별지 제58호서식의 해양오염방제 자재·약제 형식승인(변경·면제) 신청서에 다음 각 호의 구분에 따른 첨부 서류를 해양경찰청장에게 제출하여야 한다. 〈개정 2010. 1. 12., 2012. 11. 29., 2014. 11. 19., 2017. 7. 28., 2025. 6. 2.〉

1. 형식승인의 신청
   가. 삭제 〈2011. 9. 29.〉
   나. 사용재료 및 사용방법에 관한 설명서
2. 형식승인 변경의 신청
   가. 형식승인증서 원본(전자문서로 발급된 경우에는 그 전자문

서를 말한다)

나. 변경내용을 증명할 수 있는 서류

③ 법 제110조제4항 단서에 따라 자재·약제의 형식승인을 면제받으려는 자는 별지 제58호서식의 해양오염방제 자재·약제 형식승인(변경·면제) 신청서에 다음 각 호의 서류를 첨부하여 해양경찰청장에게 제출하여야 한다. 〈신설 2012. 11. 29., 2014. 11. 19., 2017. 7. 28.〉

1. 사용재료 및 사용방법에 관한 설명서
2. 시험·연구 또는 개발 계획서

[제목개정 2012. 11. 29.]

제67조(형식승인증서의 발급 등) ① 해양경찰청장은 법 제110조제4항에 따라 자재·약제의 형식승인을 한 경우에는 별지 제60호서식의 자재·약제 형식승인증서를 신청인에게 발급해야 한다. 〈개정 2024. 6. 28.〉

② 해양경찰청장은 제1항에 따라 형식승인증서를 발급한 경우에는 그 자재·약제의 명칭, 제작사, 형식, 형식승인번호 등을 관보에 게재하여야 한다. 형식승인을 받은 내용을 변경승인하거나 취소한 경우에도 또한 같다. 〈개정 2011. 9. 29., 2013. 3. 24., 2014. 11. 19., 2017. 7. 28., 2024. 6. 28.〉

제68조(형식승인의 표시) 법 제110조제4항에 따라 형식승인을 받은 자는 제67조제1항에 따른 형식승인증서의 내용을 표시한 별표 24의 형식승인(수입신고)표를 해당 자재·약제에 붙여야 한다. 〈개정 2024. 6. 28.〉

제69조(성능시험) ① 법 제110조제5항에 따라 자재·약제에 대한 성능시험을 받으려는 자는 별지 제62호서식의 자재·약제 성능시험 신청서에 사양서, 재질 및 성능에 관한 설명서를 첨부하여 성능시험용 자재·약제와 함께 해양경찰연구센터장에게 제출해야 한다.

② 제1항에 따른 신청을 받은 해양경찰연구센터장은 해당 자재·약제가 해양경찰청장이 정하여 고시하는 성능시험기준에 적합한 경우에는 별지 제64호서식의 자재·약제 성능시험성적서를 신청인에게 발급해야 한다.

[전문개정 2024. 6. 28.]

제70조(검정) ① 법 제110조제6항에 따라 자재·약제에 대한 검정

을 받으려는 자는 별지 제65호서식의 검정신청서를 해양경찰연구센터장에게 제출해야 한다. 〈개정 2011. 9. 29., 2013. 3. 24., 2014. 11. 19., 2017. 7. 28., 2024. 6. 28.〉

② 제1항에 따른 검정의 기준은 해양경찰청장이 정하여 고시한다. 〈개정 2011. 9. 29., 2013. 3. 24., 2014. 11. 19., 2017. 7. 28., 2024. 6. 28.〉

③ 해양경찰연구센터장은 자재·약제를 검정한 결과가 제2항에 따른 검정기준에 적합하다고 인정하면 별지 제66호서식의 검정합격증명서를 신청인에게 발급하고 해당 자재·약제에 「국가표준기본법」 제22조의4제1항 본문에 따른 별표 25의 국가통합인증마크를 표시하여야 한다. 〈개정 2011. 9. 29., 2013. 3. 24., 2014. 11. 19., 2017. 6. 28., 2017. 7. 28., 2024. 6. 28.〉

제71조(자재·약제의 인정) ① 해양경찰청장은 법 제110조제7항에 따라 다음 각 호의 어느 하나에 해당하는 자재·약제에 대하여 형식승인·성능시험·검정을 받은 것으로 인정할 수 있다. 〈개정 2014. 11. 19., 2017. 7. 28.〉

1. 협약당사국이 형식승인을 한 자재·약제로서 외국에서 도입·건조 또는 수리된 선박에 갖추어둔 자재·약제

2. 선박에 갖추어둔 자재·약제로서 국내에서 생산되지 아니하지만 협약당사국이 형식승인을 한것 중 해양경찰청장이 정하여 고시하는 자재·약제

② 제1항에 따라 자재·약제에 대한 인정을 받으려는 자는 별지 제67호서식의 자재·약제의 형식승인·성능시험·검정인정 신청서에 제1항 각 호의 어느 하나에 해당됨을 증명하는 서류를 첨부하여 해양경찰청장에게 제출하여야 한다. 〈개정 2014. 11. 19., 2017. 7. 28.〉

③ 해양경찰청장은 제1항에 따라 형식승인 등을 받은 것으로 인정한 경우에는 별지 제68호서식의 자재·약제의 형식승인·성능시험·검정 인정서를 신청인에게 발급하여야 한다. 〈개정 2014. 11. 19., 2017. 7. 28.〉

제72조(형식승인 취소 등의 처분기준) ① 법 제110조제9항에 따른 형식승인의 취소와 그 업무정지처분의 기준은 별표 26과 같다.

② 해양경찰청장은 위반행위의 동기, 내용 및 횟수 등을 고려하여

제1항에 따른 업무정지의 기간을 가중 또는 경감할 수 있다. 다만, 가중하는 경우에도 업무정지의 총기간은 6개월을 초과할 수 없다. 〈개정 2011. 9. 29., 2013. 3. 24., 2014. 11. 19., 2017. 7. 28., 2024. 6. 28.〉

③ 해양경찰청장은 제1항 및 제2항에 따라 처분을 한 경우에는 지체 없이 고시하여야 한다. 〈개정 2011. 9. 29., 2013. 3. 24., 2014. 11. 19., 2017. 7. 28., 2024. 6. 28.〉

제72조의2(형식승인대상외 자재ㆍ약제의 성능인증) ① 해양경찰청장은 법 제110조의2제1항에 따라 형식승인대상 자재ㆍ약제를 제외한 자재ㆍ약제(이하 "형식승인대상외 자재ㆍ약제"라 한다)에 대하여 제72조의3에 따른 기술전문위원회가 심의한 성능시험기준을 적용하여 성능인증을 할 수 있다. 〈개정 2014. 11. 19., 2017. 7. 28.〉

② 법 제110조의2제1항에 따라 형식승인대상외 자재ㆍ약제에 대하여 성능인증을 받으려는 자는 별지 제58호의2서식의 형식승인대상외 자재ㆍ약제 성능인증신청서에 다음 각 호의 서류를 첨부하여 해양경찰청장에게 제출하여야 한다. 〈개정 2014. 11. 19., 2017. 7. 28.〉

1. 사양서
2. 사용재료 및 사용방법에 관한 설명서
3. 수입신고서 사본(수입하는 경우로 한정한다)

③ 해양경찰청장은 제2항에 따른 신청을 받으면 신청일부터 15일 이내에 기술전문위원회에 성능인증을 위한 성능시험기준을 마련하여 심의의뢰 여부를 결정하고, 그 결과를 신청인에게 통지하여야 한다. 이 경우 해양경찰청장은 신청인에게 기술전문위원회의 심의여부의 결정에 필요한 자료를 요구할 수 있다. 〈개정 2014. 11. 19., 2017. 7. 28.〉

④ 해양경찰청장은 제3항에 따라 결정된 성능인증을 위한 성능시험기준(제72조의6에 따른 검정을 위한 검정기준을 포함한다)을 신청인에게 통보하고 지체 없이 이를 고시하여야 한다. 〈개정 2014. 11. 19., 2017. 7. 28.〉

⑤ 제4항에 따라 성능시험기준을 통보받은 신청인은 제72조의5에 따라 성능시험을 하고, 같은 조 제2항에 따른 형식승인대상외 자재ㆍ약제 성능시험성적서를 해양경찰청장에게 제출하여야 한다. 〈개정

2014. 11. 19., 2017. 7. 28.〉

⑥ 해양경찰청장은 형식승인대상외 자재·약제 성능시험성적서를 확인하고 그 성능이 인증되면 별지 제60호의2서식의 형식승인대상외 자재·약제 성능인증서를 신청인에게 발급하고, 인증되지 아니한 경우에는 그 사유를 밝혀 신청인에게 통지하여야 한다. 〈개정 2014. 11. 19., 2017. 7. 28.〉

⑦ 해양경찰청장은 제6항에 따라 성능인증서를 발급한 때에는 그 형식승인대상외 자재·약제의 종류, 제작사, 형식 및 성능인증번호 등을 관보에 게재하여야 한다. 인증한 내용을 변경하거나 취소한 때에도 또한 같다. 〈개정 2014. 11. 19., 2017. 7. 28.〉

[본조신설 2011. 9. 29.]

제72조의3(기술전문위원회의 구성 등) ① 제72조의2제1항에 따른 형식승인대상외 자재·약제의 성능인증에 관한 사항을 심의하기 위하여 해양경찰청장 소속으로 기술전문위원회(이하 "위원회"라 한다)를 둔다. 〈개정 2017. 7. 28.〉

② 위원회는 다음 각 호의 사항을 심의·의결한다. 〈개정 2017. 7. 28.〉

1. 형식승인대상외 자재·약제의 성능시험의 기준
2. 형식승인대상외 자재·약제의 검정의 기준
3. 그 밖에 형식승인대상외 자재·약제의 성능인증과 관련하여 해양경찰청장이 심의를 요청한 사항

③ 위원회는 위원장 1명을 포함한 7명 이상 11명 이하의 위원으로 구성한다.

④ 위원회의 위원은 다음 각 호의 어느 하나에 해당하는 사람 중에서 해양경찰청장이 위촉한다. 이 경우 민간전문가가 전체위원의 2분의 1 이상이 되어야 한다. 〈개정 2017. 7. 28.〉

1. 해양경찰청 소속 5급 이상 공무원 중 해양오염방제 자재·약제에 관한 학식과 경험이 풍부한 사람
2. 법 제112조제3항에 따른 업무대행기관에서 추천한 전문가
3. 해양 또는 환경 관련 분야 기술사 또는 박사학위를 소지한 사람

⑤ 위원의 임기는 3년으로 하며, 한 차례만 연임할 수 있다.

⑥ 위원회의 사무를 처리하기 위하여 간사 1명을 두되, 간사는 해

양경찰청 소속 해양오염방제 자재·약제 형식승인 담당 공무원으로 한다. 〈개정 2017. 7. 28.〉

[전문개정 2014. 11. 19.]

제72조의4(위원회의 운영) ① 위원회 위원장(이하 "위원장"이라 한다)은 위원회를 대표하고, 위원회의 업무를 총괄한다.

② 위원장이 부득이한 사유로 직무를 수행할 수 없는 때에는 위원장이 미리 지명한 위원이 직무를 대행한다.

③ 위원장은 위원회의 회의를 소집하고, 그 의장이 된다.

④ 위원회의 회의는 재적위원 과반수의 출석으로 개의하고, 출석위원 과반수의 찬성으로 의결한다.

⑤ 이 규칙에서 규정한 것 외에 위원회의 운영에 필요한 사항은 위원회의 의결을 거쳐 위원장이 정한다.

[본조신설 2011. 9. 29.]

제72조의5(형식승인대상외 자재·약제의 성능시험) ① 법 제110조의2제2항에 따라 형식승인대상외 자재·약제의 성능인증을 위한 성능시험을 받으려는 자는 별지 제62호의2서식의 형식승인대상외 자재·약제 성능시험신청서에 사양서, 구조도면 및 사용설명서를 첨부하여 성능시험용 자재·약제와 함께 대행기관의 장에게 제출하여야 한다.

② 대행기관의 장은 제72조의2제4항의 성능시험기준에 따른 성능시험을 하고 별지 제64호의2서식의 형식승인대상외 자재·약제 성능시험성적서를 신청인에게 발급하여야 한다.

[본조신설 2011. 9. 29.]

제72조의6(형식승인대상외 자재·약제의 검정) ① 법 제110조의2의제1항에 따라 성능인증을 받은 자가 법 제110조의2제3항에 따라 검정을 받으려면 별지 제65호의2서식의 형식승인대상외 자재·약제 검정신청서를 해양경찰청장에게 제출하여야 한다. 〈개정 2014. 11. 19., 2017. 7. 28.〉

② 해양경찰청장은 형식승인대상외 자재·약제를 검정한 결과가 제72조의2제4항에 따른 검정기준에 적합하다고 인정하면 별지 제66호의2서식의 형식승인대상외 자재·약제 검정합격증명서를 신청인에게 발급하고 해당 자재·약제에 별표 25의2에 따른 성능인증 표시를 하여야 한다. 〈개정 2014. 11. 19., 2017. 7. 28.〉

[본조신설 2011. 9. 29.]

제72조의7(형식승인대상외 자재·약제의 성능인증의 취소) ① 해양경찰청장은 법 제110조의2제4항에 따라 형식승인대상외 자재·약제의 성능인증을 취소하려면 미리 성능인증을 받은 자에게 취소 사유와 소명자료의 제출기간을 구체적으로 밝혀 취소의 예고통보를 하여야 한다. 〈개정 2014. 11. 19., 2017. 7. 28.〉

② 해양경찰청장은 제1항에 따라 취소의 예고통보를 받은 자가 제출기간 내에 소명자료를 제출하지 아니하면 2차로 예고통보를 하여야 한다. 〈개정 2014. 11. 19., 2017. 7. 28.〉

③ 해양경찰청장은 성능인증을 받은 자가 2차 예고통보한 소명자료의 제출기간 내에 소명자료를 제출하지 아니하거나 제출된 소명자료가 이유 없다고 인정되면 인증을 취소한다. 〈개정 2014. 11. 19., 2017. 7. 28.〉

④ 해양경찰청장은 인증을 취소한 때에는 그 사실을 지체 없이 해당 성능인증을 받은 자에게 통보하고 관보에 게재하여야 한다. 〈개정 2014. 11. 19., 2017. 7. 28.〉

[본조신설 2011. 9. 29.]

제72조의8(형식승인 등을 받은 자의 지위 승계) ① 법 제110조제4항에 따른 형식승인이나 법 제110조의2제1항에 따른 성능인증을 받은 자의 지위를 승계한 자는 법 제110조의3제2항에 따라 별지 제66호의3서식의 형식승인 또는 성능인증을 받은 자의 지위 승계신고서에 다음 각 호의 서류를 첨부하여 해양경찰청장에게 제출해야 한다. 〈개정 2024. 6. 28.〉

1. 양도·양수·상속 또는 합병을 증명하는 서류

2. 제67조제1항에 따른 형식승인증서 또는 제72조의2제6항에 따른 성능인증서의 사본

② 제1항에 따른 신고서를 제출받은 해양경찰청장은 「전자정부법」 제36조제1항에 따른 행정정보의 공동이용을 통하여 다음 각 호의 서류를 확인하여야 한다. 다만, 신고인이 제2호의 서류의 확인에 동의하지 아니하는 경우에는 그 사본을 첨부하도록 하여야 한다. 〈개정 2024. 6. 28.〉

1. 합병 후 존속하는 법인이나 합병으로 설립되는 법인의 법인등기사항증명서(법인의 합병의 경우만 해당한다)

2. 상속인의 가족관계증명서(상속의 경우만 해당한다)

[본조신설 2018. 5. 1.]

제73조(선박해체 해양오염방지작업계획의 신고 등) ① 선박을 해체하려는 자는 법 제111조제1항 본문에 따라 별지 제69호서식의 선박해체 해양오염방지 작업계획신고서에 다음 각 호의 서류를 첨부하여 작업개시 7일 전까지 선박을 해체하려는 장소를 관할하는 해양경찰서장에게 제출하여야 한다. 작업계획을 변경하려는 때에도 또한 같다. 〈개정 2014. 11. 19., 2017. 7. 28.〉

1. 다음 각 목의 사항이 기재된 작업계획서

가. 해체하려는 선박의 해체 전 유창 청소와 오염물질의 처리에 관한 사항

나. 해체작업 중 발생할 수 있는 오염물질의 유출사고에 대비한 예방조치 사항

다. 오염물질의 유출사고 발생 시의 응급조치에 관한 사항

2. 해체장소 사용허가서 또는 그 증명서류

3. 해체할 선박의 권리를 입증할 수 있는 서류

4. 오염물질의 처리실적서

② 법 제111조제1항 단서에서 "해양수산부령으로 정하는 방법"이란 오염물질이 제거된 선박으로서 총톤수 100톤(군함과 경찰용 선박의 경우에는 경하배수톤수 200톤) 미만의 선박(유조선은 제외한다)을 육지에 올려놓고 해체하는 것을 말한다. 〈개정 2008. 3. 14., 2013. 3. 24., 2014. 11. 19., 2017. 7. 28.〉

③ 법 제111조제3항에 따른 선박처리장의 시설·장비기준은 별표 27과 같다.

제74조(업무대행자의 지정) ① 법 제112조제3항에서 "해양수산부령이 정하는 지정기준"이란 별표 29에 따른 지정기준을 말한다. 〈개정 2024. 6. 28.〉

② 법 제112조제3항에 따라 업무대행자로 지정받으려는 자는 별지 제71호서식의 자재·약제의 성능시험 및 검정업무대행자 지정신청서에 다음 각 호의 서류를 첨부하여 해양경찰청장에게 제출해야 한다. 이 경우 해양경찰청장은 「전자정부법」 제36조제1항에 따른 행정정보의 공동이용을 통하여 법인 등기사항증명서(법인인 경우만 해당한다) 및 사업자등록증명을 각각 확인하여야 하며, 신청인이 사

업자등록증명의 확인에 동의하지 아니하는 경우에는 해당 서류를 제출하도록 하여야 한다. 〈개정 2008. 3. 14., 2011. 4. 11., 2013. 3. 24., 2014. 11. 19., 2017. 6. 28., 2017. 7. 28., 2024. 6. 28.〉

1. 삭제 〈2011. 4. 11.〉
2. 정관(법인인 경우로 한정한다)
3. 대행업무를 담당할 인력, 시설 및 장비현황
4. 사업계획서

③ 해양경찰청장은 제2항에 따라 신청한 자를 업무대행자로 지정한 경우에는 별지 제73호서식의 자재·약제의 성능시험 및 검정업무 대행자 지정서를 발급하여야 한다. 〈개정 2008. 3. 14., 2013. 3. 24., 2014. 11. 19., 2017. 7. 28., 2024. 6. 28.〉

④ 해양경찰청장은 제2항 및 제3항에 따라 업무대행자를 지정한 경우에는 다음 각 호의 사항을 고시하여야 한다. 변경지정한 경우에도 또한 같다. 〈개정 2008. 3. 14., 2013. 3. 24., 2014. 11. 19., 2017. 7. 28., 2024. 6. 28.〉

1. 업무대행자의 상호, 대표자 및 소재지
2. 지정번호
3. 지정연월일
4. 검사대행분야 및 대상기기
5. 지정조건
6. 그 밖에 해양경찰청장이 필요하다고 인정하는 사항

제74조의2(업무대행자에 대한 지도·감독) 해양경찰청장은 제74조제2항 및 제3항에 따라 지정한 업무대행자에게 다음 각 호의 업무에 대한 처리실적을 매 분기 종료일부터 10일 이내에 제출하게 할 수 있다. 〈개정 2014. 11. 19., 2017. 7. 28., 2024. 6. 28.〉

1. 법 제110조제5항 및 제6항에 따른 성능시험 및 검정
2. 법 제110조의2제2항 및 제3항에 따른 성능시험 및 검정

[본조신설 2013. 6. 19.]

제75조(업무대행자 지정취소 처분기준) ① 제74조에 따라 업무대행자로 지정을 받은 자의 법 제113조제3항에 따른 지정취소 처분기준은 별표 30과 같다.

② 해양경찰청장은 제1항에 따라 지정취소를 한 경우에는 지체

없이 고시하여야 한다. 〈개정 2008. 3. 14., 2013. 3. 24., 2014. 11. 19., 2017. 7. 28., 2024. 6. 28.〉

제76조(출입검사 · 보고 등) ① 법 제115조제2항 및 제3항에 따른 자료 제출 또는 보고 사항은 다음 각 호와 같다. 〈개정 2010. 1. 12.〉

1. 삭제 〈2010. 1. 12.〉
2. 삭제 〈2011. 9. 29.〉
3. 삭제 〈2010. 1. 12.〉
4. 삭제 〈2010. 1. 12.〉
5. 해양시설운영자의 오염물질 처리상황
6. 법 제111조제1항에 따라 선박해체의 신고를 한 자의 해체작업 실적과 기름 등 폐기물의 처리상황
7. 삭제 〈2010. 1. 12.〉
8. 삭제 〈2010. 1. 12.〉

② 법 제115조제1항부터 제3항까지의 규정에 따른 확인 · 점검 및 검사 사항은 다음 각 호와 같다. 〈개정 2010. 1. 12.〉

1. 해양시설의 경우

가. 해양시설오염비상계획의 작성 및 비치 여부(별표 1 제1호가목 중 합계 용량 300킬로리터 이상의 시설에 한정한다)

나. 해저송유관, 호스, 저장탱크, 돌핀 또는 원유송유용 부이의 정기적인 점검 여부

다. 해양오염 사고 시 응급조치용 방제선, 방제장비, 자재 · 약제의 비치 여부

라. 파이프, 호스의 연결 상태 및 안전장치의 설치 여부

마. 시설 안에서 발생하는 기름 등 폐기물의 처리 여부

바. 해양오염방지관리인의 임명 여부 및 임무파악 여부(별표 1 제1호의 시설로 한정한다)

2. 삭제 〈2020. 12. 4.〉
3. 삭제 〈2020. 12. 4.〉
4. 방제 · 청소업 시설의 경우

가. 폐유저장시설 및 수집 폐유량의 정기적인 점검 여부

나. 해양오염사고 시 응급조치용 방제선, 방제장비, 자재 · 약제의 비치 여부

다. 파이프, 호스의 연결 상태 및 안전장치의 설치 여부

라. 유출사고에 대비한 통신연락체제 및 긴급보고체제의 유지여부(해양오염방제업으로 한정한다)

마. 유출사고에 대비한 긴급대응태세 유지 여부(해양오염방제업으로 한정한다)

5. 삭제 〈2020. 12. 4.〉

6. 오염물질저장시설의 경우

가. 폐유저장탱크 · 폐유처리시설의 배관 · 호스의 연결 상태 및 안전장치의 설치 여부

나. 시설 및 시설을 이용하는 선박의 작업과정에서 발생한 오염물질의 처리상황 및 인계 · 인수사항

제77조(해양환경감시원의 증표) 법 제116조제1항에 따른 해양환경감시원의 권한을 표시하는 증표는 별지 제74호서식과 같다.

제77조의2(명예해양환경감시원) ① 지방해양수산청장 또는 해양경찰서장은 법 제116조의2제1항에 따라 다음 각 호의 어느 하나에 해당하는 사람을 명예해양환경감시원으로 위촉할 수 있다. 〈개정 2023. 12. 28.〉

1. 해양환경의 보전 · 관리 및 해양오염방지를 위한 활동을 하는 민간단체의 회원, 1년 이상 해당 민간단체의 회원이었던 사람 또는 1년 이상 해당 민간단체에 근무한 경력이 있는 사람

2. 해양환경 관련 연구 또는 행정업무에 종사한 경력이 있는 사람

3. 「수산업협동조합법」 제2조제4호 또는 제5호에 따른 조합 또는 중앙회의 임직원이거나 같은 법 제15조에 따른 어촌계의 어촌계장으로서 해양환경관리를 위한 활동을 성실하게 수행하고 있는 사람

4. 어업인으로서 다음 각 목의 요건을 모두 갖춘 사람

가. 어업에 종사한 경력이 5년 이상일 것

나. 법 제97조제1항제6호에 따라 해양환경공단에서 실시하는 해양환경에 대한 교육을 이수했을 것

다. 해양환경의 보전 · 관리 및 해양오염방지를 위한 활동을 성실하게 수행하고 있을 것

② 제1항에 따른 명예해양환경감시원(이하 “명예해양환경감시원”이라 한다)은 다음 각 호의 임무를 수행한다.

1. 해양환경의 훼손 및 오염 예방을 위한 대국민 홍보

2. 오염물질 해양배출 등 해양환경 저해행위에 대한 감시 및 신고
3. 해안가 또는 해역에 방치된 폐기물의 수거
4. 해양환경에 대한 주민의견 수렴 및 반영 건의
5. 그 밖에 지방해양수산청장 또는 해양경찰서장이 해양환경관리를 위한 지도·계몽 등을 위하여 필요하다고 인정하는 임무

③ 제1항 및 제2항에서 규정한 사항 외에 명예해양환경감시원의 활동 등에 필요한 세부사항은 해양수산부장관 또는 해양경찰청장이 정하여 고시한다.

[본조신설 2019. 7. 9.]

제78조(교육·훈련 대상자 등) ① 영 제92조제1항에 따른 교육·훈련과정의 기간은 다음 각 호의 구분에 따른다. 〈개정 2013. 6. 19., 2021. 1. 7.〉

1. 최초로 받는 교육·훈련과정: 3일 이내
2. 제1호 외의 교육·훈련과정: 2일 이내

② 삭제 〈2021. 1. 7.〉

③ 해양환경공단 이사장은 영 제92조제1항에 따른 교육·훈련을 받은 자에게 이수증을 내어 주어야 한다. 〈개정 2018. 5. 1.〉

제79조(훈련계획) ① 해양환경공단 이사장은 매년 11월 30일까지 영 제92조제1항 각 호에 따른 교육·훈련과정별로 다음 연도의 교육·훈련계획을 작성하여 해양수산부장관에게 보고하여야 한다. 〈개정 2008. 3. 14., 2013. 3. 24., 2018. 5. 1.〉

② 제1항에 따른 교육·훈련계획에는 다음 각 호의 사항이 포함되어야 한다.

1. 교육·훈련의 기본방향
2. 교육·훈련 운영방침
3. 과정별 목표, 교과과목, 기간 및 인원
4. 대상자의 선발기준 및 선발계획
5. 성적의 평가방법

제80조 삭제 〈2021. 1. 7.〉

제81조(교육·훈련실적 제출) 해양환경공단 이사장은 매 분기의 교육·훈련실적을 분기종료 후 15일 이내에 해양수산부장관에게 제출해야 한다. 〈개정 2008. 3. 14., 2013. 3. 24., 2018. 5. 1., 2024. 6. 28.〉

제82조(유사교육·훈련의 인정) 다음 각 호의 어느 하나에 해당하는 경우에는 영 제92조제1항에 따른 교육·훈련을 받은 것으로 본다. 〈개정 2008. 3. 14., 2013. 3. 24.〉

1. 삭제 〈2013. 6. 19.〉

2. 법 제121조에 따라 교육·훈련을 받아야 할 자가 공무원일 경우에는 소속기관의 장이 해양오염방지 및 방제에 관한 자체 교육계획을 수립하여 시행하는 교육으로서 해양수산부장관이 인정하는 경우

제82조의2(신고포상금의 신청) 영 제91조의2제1항에 따라 신고포상금을 신청하려는 자는 별지 제75호서식의 포상금지급신청서를 해양경찰서장, 시·도지사 또는 시장·군수·구청장에게 제출하여야 한다. 〈개정 2014. 11. 19., 2017. 7. 28.〉

[본조신설 2011. 9. 29.]

제83조(수수료 등) ① 법 제122조제1항에 따라 해양시설오염비상계획서의 검인·변경검인, 자재·약제의 형식승인·검정 및 형식승인 대상외 자재·약제의 성능인증, 성능시험 및 검정에 대하여 납부하는 수수료는 별표 32와 같다. 〈개정 2011. 9. 29., 2018. 5. 1., 2024. 6. 28.〉

② 국외에서 검사 등을 받으려는 자는 제1항에 따른 수수료의 4배에 상당하는 금액을 납부하여야 한다. 〈개정 2018. 5. 1.〉

③ 제1항에 따른 수수료의 납부방법은 다음 각 호의 구분에 따른다. 〈개정 2018. 5. 1.〉

1. 해양수산부장관 또는 해양경찰청장에게 납부하는 경우: 수입인지, 전자화폐, 신용카드 및 정보통신망을 이용한 전자결제

2. 정부가 지정한 검사대행기관에 납부하는 경우: 현금, 전자화폐, 신용카드, 직불카드 및 정보통신망을 이용한 전자결제

④ 삭제 〈2018. 5. 1.〉

제83조의2(오염물질 수거·처리 비용의 산정 등) ① 시·도지사, 해양환경공단의 이사장 또는 오염물질저장시설 운영자는 법 제122조제2항에 따라 오염물질 수거·처리 비용을 산정할 때에는 오염물질의 수거·운반·처리 등에 드는 비용을 고려하여 오염물질의 종류별로 톤 또는 세제곱미터 단위로 산정한다. 〈개정 2024. 6. 28.〉

② 시·도지사 또는 해양환경공단의 이사장은 제1항에 따라 산정

된 오염물질 수거·처리 비용을 징수하는 경우에는 오염물질의 종류별로 수거량과 금액을 명시하여 통지해야 하며, 납부기한은 통지한 날부터 15일 이상으로 한다. 〈개정 2024. 6. 28.〉

③ 제1항에 따른 오염물질 수거·처리 비용은 현금, 신용카드, 직불카드 또는 정보통신망을 이용한 전자결제의 방법으로 납부할 수 있다.

④ 제1항부터 제3항까지에서 규정한 사항 외에 오염물질 수거·처리 비용의 징수에 필요한 세부사항은 시·도지사, 해양환경공단의 이사장 또는 오염물질저장시설 운영자가 정한다. 〈개정 2024. 6. 28.〉

⑤ 해양환경공단의 이사장이 제4항에 따라 오염물질 수거·처리 비용의 징수에 필요한 세부사항을 정할 때에는 미리 해양수산부장관의 승인을 받아야 한다.

[본조신설 2021. 10. 5.]

제84조(자료제출) ① 영 제96조에 따라 해양경찰서장, 지방해양수산청장 또는 시·도지사가 해양수산부장관에게 제출하여야 하는 자료는 별표 33과 같다. 〈개정 2008. 3. 14., 2010. 1. 12., 2011. 9. 29., 2013. 3. 24., 2014. 11. 19., 2015. 1. 8., 2017. 7. 28.〉

② 제1항에 따른 자료의 서식은 해양수산부장관이 정한다. 〈개정 2008. 3. 14., 2013. 3. 24.〉

제85조 삭제 〈2017. 9. 22.〉

제86조(규제의 재검토) 해양수산부장관은 다음 각 호의 사항에 대하여 다음 각 호의 기준일을 기준으로 3년마다(매 3년이 되는 해의 기준일과 같은 날 전까지를 말한다) 그 타당성을 검토하여 개선 등의 조치를 해야 한다. 〈개정 2020. 4. 6., 2022. 2. 24., 2024. 6. 28.〉

1. 제3조 및 별표 1에 따른 해양시설: 2017년 1월 1일
2. 제7조에 따른 정도관리: 2017년 1월 1일
3. 제8조에 따른 측정·분석능력 인증: 2017년 1월 1일
4. 제23조제2항 및 별표 10의2에 따른 오염물질저장시설의 설치·운영기준: 2024년 1월 1일
5. 삭제 〈2020. 4. 6.〉
6. 삭제 〈2020. 4. 6.〉

7. 제36조에 따른 해양환경관리업의 등록: 2017년 1월 1일
8. 삭제 〈2020. 4. 6.〉
9. 삭제 〈2020. 4. 6.〉
10. 삭제 〈2020. 4. 6.〉
11. 제54조에 따른 평가대행자의 등록요건: 2017년 1월 1일
12. 삭제 〈2020. 4. 6.〉
13. 삭제 〈2023. 3. 10.〉
14. 제75조 및 별표 30에 따른 업무대행자 지정취소 처분기준: 2022년 1월 1일
15. 제78조에 따른 교육·훈련대상자 등: 2017년 1월 1일
[전문개정 2016. 12. 23.]

제86조의2 삭제 〈2012. 11. 29.〉

부칙 〈제401호, 2008. 1. 18.〉

제1조 (시행일) 이 규칙은 2008년 1월 20일부터 시행한다. 다만, 별표 15 제1호 중 폐기물운반선설비의 그 밖의 장치의 기준에 관한 사항은 2008년 7월 1일부터 시행하고, 별표 8 비고 제1호가목은 2008년 8월 22일부터 시행하며, 제61조부터 제64조까지의 규정은 2010년 1월 20일부터 시행하고, 별표 8 제1호 중 제2기준과 같은 표 비고 제1호나목은 2011년 2월 22일부터 시행하며, 제25조는 「선박 유해방오시스템의 규제에 관한 국제협약」이 우리나라에서 발효되는 날부터 시행한다.

제2조 (다른 법령의 폐지) 「해양오염방지법 시행규칙」은 폐지한다.

제3조 (유효기간) 제82조제1호는 2010년 12월 31일까지 효력을 가진다.

제4조 (해양배출이 불가능한 폐기물의 배출에 관한 특례) 별표 6 제2호 및 별표 7 제2호가목2) 단서에도 불구하고 수산화알루미늄의 제조공정에서 발생한 광물성의 폐기물은 2015년 12월 31일까지 해양에 배출할 수 있다. 이 경우 해당 물질은 별표 8 제3호에 적합하여야 한다.

제5조 (다른 법령의 개정) ① 가축전염병예방법 시행규칙 일부를 다음과 같이 개정한다.

제28조 중 "「해양오염방지법」"을 "「해양환경관리법」"으로 한다.

② 개항질서법 시행규칙 일부를 다음과 같이 개정한다.

제13조 중 "「해양오염방지법 시행령」 제2조제1호 또는 제2호의 규정"을 "「해양환경관리법 시행규칙」 별표 1 제1호의 규정"으로 한다.

③ 공유수면관리법 시행규칙 일부를 다음과 같이 개정한다.

제8조의2제1항 중 "「해양오염방지법 시행규칙」 별표 23"을 "「해양환경관리법 시행규칙」 별표14"로 하고, 별표 1의2 제5호 중 "「해양오염방지법」"을 "「해양환경관리법」"으로 한다.

④ 도선법 시행규칙 일부를 다음과 같이 개정한다.

제18조제2항 중 "「해양오염방지법」 제2조제1호"를 "「해양환경관리법」 제2조제5호"로 한다.

⑤ 위험물 선박운송 및 저장규칙 일부를 다음과 같이 개정한다.

제2조제2호나목 중 "「해양오염방지법」"을 "「해양환경관리법」"으로 한다.

⑥ 항만운송사업법시행규칙 일부를 다음과 같이 개정한다.

제26조제4항을 삭제한다.

⑦ 해양경찰청과 그 소속기관 직제 시행규칙 일부를 다음과 같이 개정한다.

제5조제3항제6호 중 "「해양오염방지법」"을 "「해양환경관리법」"으로 하고, 같은 조 제5항제5호 중 "한국해양오염방제조합"을 "해양환경관리공단"으로 한다.

제6조 (다른 법령과의 관계) 이 규칙 시행 당시 다른 법령에서 종전의 「해양오염방지법 시행규칙」 또는 그 규정을 인용하고 있는 경우 이 규칙 중 그에 해당하는 규정이 있는 때에는 종전의 규정에 갈음하여 이 규칙 또는 이 규칙의 해당 조항을 인용한 것으로 본다.

〈참조법령〉

◉해양수산부령 제402호(2008. 1. 31.)

선박에서의 오염방지에 관한 규칙

부칙 〈제4호, 2008. 3. 14.〉 (정부조직법의 개정에 따른 감정평가에 관한 규칙 등 일부개정령)

이 규칙은 공포한 날부터 시행한다.

부칙 〈제140호, 2009. 6. 24.〉 (규제일몰제 우선적용을 위한 해양환경관리법 시행규칙 등 일부개정)
이 규칙은 공포한 날부터 시행한다.

부칙 〈제191호, 2009. 12. 14.〉 (측량·수로조사 및 지적에 관한 법률 시행규칙)
제1조(시행일) 이 규칙은 공포한 날부터 시행한다.
제2조 생략
제3조(다른 법령의 개정) ① 부터 ⑦ 까지 생략
⑧ 해양환경관리법 시행규칙 일부를 다음과 같이 개정한다.
별표 2 제5호 중 "「수로업무법」 제8조의2에 따른 일반수로조사"를 "「측량·수로조사 및 지적에 관한 법률」 제31조제2항에 따른 수로조사"로 한다.
제4조 생략

부칙 〈제211호, 2010. 1. 12.〉
이 규칙은 공포한 날부터 시행한다. 다만, 별표 12의 개정규정은 공포 후 2년이 경과한 날부터 시행한다.

부칙 〈제279호, 2010. 9. 6.〉
이 규칙은 공포한 날부터 시행한다.

부칙 〈제300호, 2010. 10. 15.〉 (공유수면 관리 및 매립에 관한 법률 시행규칙)
제1조(시행일) 이 규칙은 공포한 날부터 시행한다.
제2조 부터 제4조까지 생략
제5조(다른 법령의 개정) ①부터 ④까지 생략
⑤ 해양환경관리법 시행규칙 일부를 다음과 같이 개정한다.
제13조제1항제2호 중 "「공유수면관리법」 제5조제1항"을 "「공유수면 관리 및 매립에 관한 법률」 제8조제1항"으로 한다.
제48조제3항 중 "「공유수면관리법」 제5조제4항"을 "「공유수면 관리 및 매립에 관한 법률」 제8조제4항"으로 한다.
별표 17 제1호 각 목 외의 부분 및 같은 표 제2호 각 목 외의 부분을 각각 다음과 같이 하고, 같은 표 비고 제2호가목 중 “「공유수면관리법」”을 “「공유수면 관리 및 매립에 관한 법률」”로 한다.

1. 「공유수면 관리 및 매립에 관한 법률」에 따른 공유수면의 매립면허

2. 「공유수면 관리 및 매립에 관한 법률」에 따른 공유수면의 점용 및 사용허가

별표 19 제1호의 평가서 제출시기 또는 협의 요청시기란 중 “「공유수면관리법」 제5조제1항”을 “「공유수면 관리 및 매립에 관한 법률」 제8조제1항”으로 하고, 같은 표 제2호라목 중 “「공유수면관리법」제5조제1항제9호”를 “「공유수면 관리 및 매립에 관한 법률」 제8조제1항제9호”로 한다.

제6조 생략

부칙 〈제350호, 2011. 4. 11.〉 (행정정보의 공동이용 및 문서감축을 위한 개발이익 환수에 관한 법률 시행규칙 등 일부개정령)

이 규칙은 공포한 날부터 시행한다.

부칙 〈제386호, 2011. 9. 29.〉

제1조(시행일) 이 규칙은 공포한 날부터 시행한다. 다만, 별표 12의 개정규정은 2013년 1월 1일부터 시행한다.

제2조(서식에 관한 적용례) 서식에 관한 개정규정은 이 규칙 시행 후 최초로 제출하는 서류부터 적용한다.

제3조(해양환경측정기기의 검인표시에 관한 경과조치) 이 규칙 시행 당시 종전의 규정에 따라 해양환경측정기기(자재·약제)의 검인표시를 받은 경우에는 이 규칙에 따라 국가통합인증마크 표시를 받은 것으로 본다.

부칙 〈제423호, 2011. 12. 29.〉

제1조(시행일) 이 규칙은 2012년 1월 1일부터 시행한다. 다만, 별표 6 제1호라목의 개정규정은 2013년 1월 1일부터 시행한다.

제2조(변경등록에 관한 적용례) 제37조제2항제1호의 개정규정은 이 규칙 시행 후 최초로 그 변경사유가 발생한 것부터 적용한다.

제3조(폐기물위탁자의 신고에 관한 적용례) 제45조제1항제5호의 개

정규정은 이 규칙 시행 후 최초로 폐기물의 위탁처리를 신고하는 것부터 적용한다.

제4조(변경등록에 관한 경과조치) 이 규칙 시행 당시 제37조제1항제1호라목 및 마목의 사항에 대한 변경등록 절차가 진행 중인 경우에는 제37조제2항제3호의 개정규정에도 불구하고 종전의 규정에 따른다.

부칙 〈제483호, 2012. 6. 27.〉

제1조(시행일) 이 규칙은 공포한 날부터 시행한다.

제2조(수수료에 관한 경과조치) ① 이 규칙 시행 당시 해양환경측정기기의 형식승인 절차가 진행 중인 경우에는 별표 3 제2호 및 별지 제55호서식의 개정규정에도 불구하고 종전의 규정에 따른다.

② 이 규칙 시행 당시 해양오염방제 자재·약제의 형식승인 절차가 진행 중인 경우에는 별표 32 제2호 및 별지 제58호서식의 개정규정에도 불구하고 종전의 규정에 따른다.

③ 이 규칙 시행 당시 형식승인대상외 자재·약제의 성능승인 절차가 진행 중인 경우에는 별표 32 제2호 및 별지 제58호의2서식의 개정규정에도 불구하고 종전의 규정에 따른다.

제3조(처리기간에 관한 경과조치) 이 규칙 시행 당시 해역이용영향평가대행자의 등록절차가 진행 중인 경우 그 처리기간에 관하여는 별지 제51호서식의 개정규정에도 불구하고 종전의 규정에 따른다.

부칙 〈제539호, 2012. 11. 29.〉

제1조(시행일) 이 규칙은 2012년 12월 2일부터 시행한다.

제2조(해역이용영향평가서 협의 요청시기에 관한 적용례) 별표 19의 개정규정은 이 규칙 시행 후 처분기관이 해역이용영향평가를 요청하는 경우부터 적용한다.

부칙 〈제555호, 2012. 12. 21.〉

제1조(시행일) 이 규칙은 2013년 1월 1일부터 시행한다.

제2조(해양에 배출할 수 있는 폐기물에 관한 특례) 별표 6 제1호 각 목외의 부분 단서에도 불구하고 별표 6 제1호나목 및 다목에 따른 폐기물 중 해양수산부장관이 재활용·소각·육상 매립 등의 다른 방법으로 처리하는 것이 현저히 곤란하여 해양 배출이 불가피하다고

인정하는 폐기물은 2014년 1월 1일부터 2015년 12월 31일까지의 기간 중 해양수산부장관이 정한 기간 동안 해양에 배출할 수 있다. 이 경우 해당 폐기물은 별표 7에 따른 처리방법에 따라 처리되어 배출해역에 배출되어야 하고, 법 제10조에 따른 해양환경공정시험기준 및 별표 8의 처리기준에 적합하여야 한다. 〈개정 2013. 3. 24.〉

제3조(저장시설 잔류 폐기물에 관한 특례) ① 해양배출이 금지된 폐기물 중 2014년 1월 1일 전에 폐기물해양배출업자의 저장시설(제36조에 따라 등록된 것에 한정한다) 바닥에 침적되어 있는 잔류 폐기물(이하 이 조에서 "저장시설 잔류 폐기물"이라 한다)을 폐기물해양배출업자의 폐업 또는 전업으로 인하여 불가피하게 해양에 배출하여야 하는 경우에는 이를 2014년 3월 31일까지 해양에 배출할 수 있다. 다만, 부칙 제2조에 따라 폐기물을 해양에 배출하는 폐기물해양배출업자의 폐업 또는 전업으로 인하여 부칙 제2조에 따른 폐기물 배출 종료 시의 저장시설 잔류 폐기물을 불가피하게 해양에 배출하여야 하는 경우에는 부칙 제2조에 따른 폐기물 배출이 종료된 후 3개월이 되는 날까지 이를 해양에 배출할 수 있다.

② 저장시설 잔류 폐기물은 별표 7에 따른 처리방법에 따라 처리되어 배출해역에 배출되어야 하고, 법 제10조에 따른 해양환경공정시험기준 및 별표 8의 처리기준에 적합하여야 한다.

부칙 〈제1호, 2013. 3. 24.〉 (해양수산부와 그 소속기관 직제 시행규칙)

제1조(시행일) 이 규칙은 공포한 날부터 시행한다.

제2조 부터 제4조까지 생략

제5조(다른 법령의 개정) ①부터 〈61〉까지 생략

〈62〉 해양환경관리법 시행규칙 일부를 다음과 같이 개정한다.

제2조, 제3조, 제8조제1항, 같은 조 제2항 각 호 외의 부분, 제9조제1항 각 호 외의 부분, 제16조제1항 각 호 외의 부분, 제18조제1항, 제20조, 제26조제1항 각 호 외의 부분, 제36조제2항 각 호 외의 부분, 제37조제1항 각 호 외의 부분, 제45조제4항 각 호 외의 부분, 제46조제1항, 제54조제2항 각 호 외의 부분, 제56조, 제58조제1항 각 호 외의 부분, 제59조의2 각 호 외의 부분, 제73조제2항, 제74조제1항 각 호 외의 부분, 별표 21 제2호사목2)의 위반사항란

중 “국토해양부령”을 각각 “해양수산부령”으로 한다.

제5조제1항 각 호 외의 부분, 같은 조 제2항 각 호 외의 부분, 같은 조 제3항·제4항, 제6조제2항 본문, 같은 조 제3항 각 호 외의 부분, 같은 조 제4항, 제7조제1항·제2항, 같은 조 제3항 각 호 외의 부분, 같은 항 제1호, 같은 조 제4항, 제8조제1항, 같은 조 제3항 각 호 외의 부분 전단·후단, 같은 조 제4항, 제9조제1항제2호·제4호, 같은 조 제3항, 같은 조 제4항제3호, 제10조제1항 단서, 제12조제2항, 제13조제2항, 제16조제2항, 제23조제2항, 제24조제1항·제2항, 같은 조 제3항 각 호 외의 부분, 같은 항제1호, 제28조 각 호 외의 부분, 제37조의2제1항·제3항, 제46조제2항, 제48조제4항, 제49조제2항, 제50조제2항 후단, 제53조제1항부터 제3항까지, 제59조의2제4호, 제62조제1항 각 호 외의 부분, 같은 조 제2항, 같은 조 제3항 각 호 외의 부분, 제63조제1항 각 호 외의 부분, 같은 조 제2항 각 호 외의 부분, 제64조제1항 본문, 같은 조 제3항부터 제5항까지, 제65조제2항·제3항·제5항, 제67조제1항, 같은 조 제2항 전단, 제69조제1항·제2항, 제70조제1항부터 제3항까지, 제72조제2항 본문, 같은 조 제3항, 제74조제2항 각 호 외의 부분 전단·후단, 같은 조 제4항 각 호 외의 부분, 같은 항 제6호, 제75조제2항, 제79조제1항, 제80조제1항제1호, 같은 조 제4항, 제81조, 제82조제1호·제2호, 제83조제4항, 제84조제1항·제2항, 제85조제3항·제4항, 별표 1 제1호라목의 범위란, 별표 2 제12호, 별표 3의 폐기물의 종류란 제1호, 별표 6 제3호, 같은 표 제4호 각 목 외의 부분 후단, 같은 호 나목·다목, 별표 8 비고란 제1호 나목, 별표 10 제2호다목 비고 3), 별표 23, 별지 제1호서식 앞쪽, 별지 제2호서식 앞쪽, 별지 제24호서식 앞쪽의 구비서류란 중 신청인(대표자) 제출서류란 제3호, 별지 제25호서식 앞쪽의 구비서류란 중 신청인(대표자) 제출서류란 제3호, 별지 제50호서식 앞쪽, 같은 서식 뒤쪽의 처리기관란, 별지 제55호서식 앞쪽의 서명란, 별지 제56호서식 앞쪽의 서명란, 별지 제57호서식 앞쪽의 서명란, 별지 제59호서식 앞쪽, 별지 제61호서식 앞쪽의 서명란, 별지 제63호서식, 별지 제65호서식 앞쪽의 서명란, 별지 제66호서식, 별지 제70호서식 앞쪽, 별지 제72호서식 앞쪽 및 별지 제74호서식 앞쪽 중 “국토해양부장관”을 각각 “해양수산부장관”으로 한다.

별표 2 제13호, 별지 제1호서식 뒤쪽의 처리기관(담당부서)란, 별지 제2호서식 뒤쪽의 처리기관(담당부서)란, 별지 제55호서식 뒤쪽의 처리절차란 중 처리기관란, 별지 제56호서식 뒤쪽의 처리기관란, 별지 제57호서식 뒤쪽의 처리기관란, 별지 제61호서식 뒤쪽의 처리기관란, 별지 제65호서식 뒤쪽의 처리기관란 및 별지 제70호서식 뒤쪽의 처리기관란 중 "국토해양부"를 각각 "해양수산부"로 한다.

별지 제66호서식 중 "The Minister of Ministry of Land, Transport and Maritime Affairs"를 "The Minister of Oceans and Fisheries"로 한다.

별지 제74호서식 뒤쪽 중 "Minister of Ministry of Land, Transport and Maritime Affairs"를 "Minister of Oceans and Fisheries"로 한다.

국토해양부령 제555호 해양환경관리법 시행규칙 일부개정령 부칙 제2조 전단 중 "국토해양부장관"을 각각 "해양수산부장관"으로 한다.

〈63〉 생략

부칙 〈제29호, 2013. 6. 19.〉

이 규칙은 공포한 날부터 시행한다. 다만, 제78조제1항의 개정규정은 2014년 1월 1일부터 시행한다.

부칙 〈제61호, 2013. 12. 30.〉

이 규칙은 공포한 날부터 시행한다.

부칙 〈제63호, 2013. 12. 30.〉 (행정규제기본법 개정에 따른 재검토기한 규정을 위한 공유수면 관리 및 매립에 관한 법률 시행규칙 등 일부개정령)

이 규칙은 2014년 1월 1일부터 시행한다.

부칙 〈제97호, 2014. 9. 17.〉

제1조(시행일) 이 규칙은 2014년 9월 25일부터 시행한다.

제2조(안전점검 실시 시기에 관한 특례) 별표 9의2의 개정규정에도 불구하고 이 규칙 시행 전에 설치된 해양시설로서 안전점검의 대상이 되는 해양시설에 대한 최초의 안전점검은 2014년 12월 31일까

지 실시하여야 한다.

부칙 〈제109호, 2014. 11. 19.〉
이 규칙은 공포한 날부터 시행한다.

부칙 〈제122호, 2014. 12. 19.〉
제1조(시행일) 이 규칙은 공포한 날부터 시행한다.
제2조(해역이용협의에 관한 적용례) ① 제48조제3항의 개정규정은 이 규칙 시행 이전에 처분기관이 일반해역이용협의 대상사업에 대하여 공유수면의 점용·사용의 허가기간 변경에 관한 해역이용협의를 요청한 경우에도 적용한다.
② 별지 제46호의2서식의 개정규정은 이 규칙 시행 이전에 처분기관이 어업면허 유효기간의 연장 및 공유수면의 점용·사용의 허가기간 변경에 관한 해역이용협의를 요청한 경우에도 적용한다.
제3조(해역이용협의의 의견통보기간에 관한 경과조치) 이 규칙 시행 이전에 종전의 제58조제1항제1호에 따라 처분기관이 해역이용협의를 요청한 경우에는 제58조제1항제1호의 개정규정에도 불구하고 종전의 규정에 따른다.

부칙 〈제127호, 2014. 12. 31.〉 (규제정비를 위한 개항질서법 시행규칙 등 일부개정령)
이 규칙은 공포한 날부터 시행한다.

부칙 〈제134호, 2015. 1. 8.〉 (해양수산부와 그 소속기관 직제 시행규칙)
제1조(시행일) 이 규칙은 공포한 날부터 시행한다.
제2조 생략
제3조(다른 법령의 개정) ①부터 ⑯까지 생략
⑰ 해양환경관리법 시행규칙 일부를 다음과 같이 개정한다.
제9조제2항, 제10조제4항, 제13조제1항 각 호 외의 부분, 제14조제1항·제3항, 제15조제1항 각 호 외의 부분, 같은 조 제2항, 제17조제1항 각 호 외의 부분, 같은 조 제2항 본문, 같은 조 제3항·제4항, 제36조제4항·제6항, 제37조제2항 각 호 외의 부분, 제38

조제1항 전단, 같은 조 제2항, 제41조제1항 전단, 제42조 각 호 외의 부분, 제43조, 제45조제1항 각 호 외의 부분 전단·후단, 같은 조 제2항·제3항, 같은 조 제5항 각 호 외의 부분 전단·후단, 같은 조 제6항, 제53조제1항부터 제3항까지, 제54조제3항, 제55조제1항·제2항, 제55조의2제2항, 제60조제1항 본문, 같은 조 제2항 각 호 외의 부분, 제80조제1항제1호·제2호, 제84조제1항, 별표 7 제3호 나목, 별표 9의2 제3호가목, 별표 33 제3호·제5호부터 제10호까지의 보고자란, 별지 제3호서식, 별지 제4호서식 앞쪽, 별지 제5호서식, 별지 제7호서식 앞쪽, 별지 제8호서식, 별지 제9호서식 앞쪽, 별지 제10호서식 앞쪽, 별지 제12호서식 앞쪽, 별지 제14호서식 앞쪽, 별지 제15호서식 앞쪽, 별지 제16호서식, 별지 제21호서식 앞쪽, 별지 제24호서식 앞쪽 구비서류란, 별지 제25호서식 앞쪽, 별지 제26호서식 앞쪽, 별지 제29호서식 앞쪽, 별지 제30호서식 앞쪽, 별지 제31호서식 앞쪽, 별지 제32호서식, 별지 제35호서식, 별지 제43호서식 앞쪽, 별지 제44호서식 앞쪽, 별지 제45호서식 앞쪽, 별지 제50호서식 앞쪽, 같은 서식 뒤쪽 처리절차란, 별지 제51호서식 앞쪽·뒤쪽, 별지 제51호의2서식, 별지 제51호의3서식, 별지 제52호서식 앞쪽 및 별지 제54호의2서식 처리절차란 중 "지방해양항만청장"을 각각 "지방해양수산청장"으로 한다.

별표 16의2 해상 교통환경의 비고란 중 "지방항만청"을 "지방해양수산청"으로 한다.

별지 제4호서식 뒤쪽 처리기관(담당부서)란, 별지 제7호서식 뒤쪽 처리기관란, 별지 제8호서식, 별지 제9호서식 뒤쪽 처리기관란, 별지 제21호서식 뒤쪽 처리기관란, 별지 제31호서식 뒤쪽 처리기관란, 별지 제43호서식 뒤쪽 처리기관란, 별지 제44호서식 뒤쪽 처리기관란, 별지 제46호의2서식 뒤쪽 처리기관란, 별지 제50호서식 뒤쪽 및 별지 제51호의3 서식 중 "지방해양항만청"을 각각 "지방해양수산청"으로 한다.

별지 제12호서식 뒤쪽 처리기관란, 별지 제15호서식 뒤쪽 처리기관란, 별지 제24호서식 뒤쪽 처리기관란, 별지 제25호서식 뒤쪽 처리기관란 및 별지 제51호서식 뒤쪽 처리기관란 중 "지방해양항만청(해양환경과)"을 각각 "지방해양수산청(해양수산환경과)"으로 한다.

⑱ 및 ⑲ 생략

부칙 〈제138호, 2015. 2. 25.〉
이 규칙은 공포한 날부터 시행한다.

부칙 〈제141호, 2015. 4. 30.〉
이 규칙은 공포한 날부터 시행한다.

부칙 〈제188호, 2016. 5. 10.〉
이 규칙은 공포한 날부터 시행한다.

부칙 〈제194호, 2016. 6. 30.〉 (행정규제 개선을 위한 공유수면 관리 및 매립에 관한 법률 시행규칙 등 일부개정령)
제1조(시행일) 이 규칙은 공포한 날부터 시행한다.
제2조 부터 제5조까지 생략
제6조(「해양환경관리법 시행규칙」의 개정에 따른 경과조치) 「해양환경관리법 시행규칙」 별표 15 제2호가목5)의 개정규정에도 불구하고 이 규칙 시행 전의 위반행위에 대한 행정처분에 관하여는 종전의 규정에 따른다.

부칙 〈제213호, 2016. 12. 23.〉
제1조(시행일) 이 규칙은 공포한 날부터 시행한다.
제2조(해양환경관리업의 변경등록에 관한 적용례) 제37조제1항의 개정규정은 이 규칙 시행 이후 대표자를 변경하는 경우부터 적용한다.
제3조(해양시설의 변경신고 및 해양환경관리업의 권리·의무 승계신고의 처리기간에 관한 적용례) 별지 제12호서식 및 별지 제43호서식의 개정규정은 이 규칙 시행 이후 해양시설의 변경신고 또는 해양환경관리업의 권리·의무 승계신고를 하는 경우부터 적용한다.
제4조(해역이용영향평가대행자의 시설·장비 기준에 관한 경과조치) 이 규칙 시행 당시 해역이용영향평가대행자가 종전의 별표 20 제2호나목에 따른 시설·장비를 갖춘 경우에는 별표 20 제2호나목의 개정규정에도 불구하고 해당 시설·장비 기준을 갖춘 것으로 본다. 다만, 이 규칙 시행일부터 1년 이내에 같은 개정규정 따른 시설·장비 기준을 갖추어야 한다.

부칙 〈제220호, 2017. 1. 12.〉

이 규칙은 공포한 날부터 시행한다.

부칙 〈제242호, 2017. 6. 28.〉

이 규칙은 2017년 6월 28일부터 시행한다.

부칙 〈제251호, 2017. 7. 28.〉 (정부조직법 개정에 따른 부처명칭 변경 등을 위한 국제항해선박 및 항만시설의 보안에 관한 법률 시행규칙 등 일부개정령)

이 규칙은 공포한 날부터 시행한다.

부칙 〈제253호, 2017. 9. 22.〉

이 규칙은 2017년 9월 22일부터 시행한다.

부칙 〈제286호, 2018. 5. 1.〉

제1조(시행일) 이 규칙은 공포한 날부터 시행한다.

제2조(다른 법령의 개정) ① 해양경찰청과 그 소속기관 직제 시행규칙 일부를 다음과 같이 개정한다.

제9조제4항제8호 중 "해양환경관리공단"을 "해양환경공단"으로 한다.

② 해양수산부와 그 소속기관 직제 시행규칙 일부를 다음과 같이 개정한다.

제7조제10항제10호 및 제22조제8항제7호 중 "해양환경관리공단"을 각각 "해양환경공단"으로 한다.

부칙 〈제331호, 2019. 3. 8.〉

이 규칙은 공포한 날부터 시행한다.

부칙 〈제358호, 2019. 7. 9.〉

제1조(시행일) 이 규칙은 2019년 7월 9일부터 시행한다.

제2조(유창청소업의 등록기준에 관한 경과조치) 이 규칙 시행 당시 종전의 규정에 따라 유창청소업을 등록한 자는 2019년 12월 31일까지는 별표 14 제3호의 개정규정에 따른 등록기준을 갖춘 것으로

본다.

부칙 〈제402호, 2020. 4. 6.〉 (행정규제기본법에 따른 일몰규제 정비를 위한 29개 법령의 일부개정령)
이 규칙은 공포한 날부터 시행한다.

부칙 〈제449호, 2020. 12. 4.〉 (해양폐기물 및 해양오염퇴적물 관리법 시행규칙)
제1조(시행일) 이 규칙은 2020년 12월 4일부터 시행한다.
제2조 생략
제3조(다른 법령의 개정) ① 및 ② 생략
③ 해양환경관리법 시행규칙 일부를 다음과 같이 개정한다.
제9조제1항제2호 및 제3호를 각각 삭제하고, 같은 조 제4항제2호를 삭제한다.
제11조제1항을 삭제하고, 같은 조 제2항 본문 중 "제12조제1항"을 "「해양폐기물 및 해양오염퇴적물 관리법」 제7조제2항"으로 한다.
제12조부터 제15조까지를 각각 삭제한다.
제16조제1항제1호를 삭제한다.
제36조제1항 각 호 외의 부분 중 "영 제55조제1항 및 제2항"을 "영 제55조제2항"으로 하고, 같은 항 제1호·제4호 및 제5호를 각각 삭제하며, 같은 조 제4항 중 "지방해양수산청장 또는 해양경찰서장"을 "해양경찰서장"으로 하고, 같은 조 제5항제1호·제4호 및 제5호를 각각 삭제하며, 같은 조 제6항 중 "지방해양수산청장 또는 해양경찰서장"을 "해양경찰서장"으로 한다.
제37조제1항 및 제2항을 각각 다음과 같이 하고, 같은 조 제3항 각 호 외의 부분 중 "지방해양수산청장 또는 해양경찰서장"을 "해양경찰서장"으로 하며, 같은 항 제2호 중 "확인서(제1항제2호에 따른 해양환경관리업의 기술요원 보유현황의 변경이 있는 경우에 한정한다)"를 "확인서"로 한다.
① 법 제70조제3항에서 "해양수산부령이 정하는 중요한 사항"이란 다음 각 호의 사항을 말한다.
1. 대표자(법 제74조에 따라 권리·의무를 승계하는 경우는 제외한다), 상호 및 사업장의 소재지

2. 기술요원 보유현황
3. 선박 및 항해구역
4. 설비의 구조 및 설비능력

② 법 제70조제3항에 따라 해양환경관리업의 변경등록을 하려는 자는 별지 제31호서식의 해양환경관리업 변경등록신청서에 관련되는 해양환경관리업 등록증과 변경내용을 증명하는 서류를 첨부하여 사유가 발생한 날부터 30일까지 해양경찰서장에게 제출해야 한다.

제37조의2를 삭제한다.

제38조제1항 및 제2항을 각각 삭제하고, 같은 조 제4항 각 호 외의 부분 중 "제1항부터 제3항까지의 규정"을 "제3항"으로 하며, 같은 항 제1호부터 제5호까지를 각각 삭제하고, 같은 조 제5항 전단 중 "제1항부터 제3항까지의 규정"을 "제3항"으로 하며, 같은 항 후단 중 "법 제76조의2에 따른 전자정보처리시스템 또는 제115조제7항"을 "법 제115조제7항"으로 한다.

제40조 및 제41조를 각각 삭제한다.

제42조 각 호 외의 부분 중 "지방해양수산청장 또는 해양경찰서장"을 "해양경찰서장"으로 하고, 같은 조 제1호를 삭제한다.

제43조제1항 각 호 외의 부분 중 "지방해양수산청장 또는 해양경찰서장"을 "해양경찰서장"으로 하고, 같은 항 제3호를 삭제하며, 같은 조 제2항 각 호 외의 부분 본문 중 "지방해양수산청장 또는 해양경찰서장"을 "해양경찰서장"으로 한다.

제45조를 삭제한다.

제76조제2항제2호 · 제3호 및 제5호를 각각 삭제한다.

제80조제1항제2호를 삭제한다.

별표 1 제1호마목 중 "폐기물해양배출업자"를 "「해양폐기물 및 해양오염퇴적물관리법」 제19조제1항제1호에 따른 폐기물해양배출업자"로 한다.

별표 3 및 별표 6부터 별표 8까지를 각각 삭제한다.

별표 14 제1호 · 제4호 및 제5호를 각각 삭제한다.

별표 15 제1호바목을 삭제하고, 같은 표 제2호를 다음과 같이 한다.

2. 개별기준

위반행위	근거 법조문	행정처분기준			
		1차	2차	3차	4차
1) 법 제71조 각 호의 어느 하나에 해당하는 경우. 다만, 법인의 임원 중 법 제71조제1호, 제3호 또는 제4호에 해당하는 자가 있는 경우로서 6개월 이내에 그 임원을 바꾸어 임명한 경우는 제외한다.	법 제75조 제1항제1호	등록취소			
2) 거짓 그 밖의 부정한 방법으로 등록하거나 변경등록을 한 경우	법 제75조 제1항제2호	등록취소			
3) 1년에 2회 이상 영업정지처분을 받은 경우	법 제75조 제1항제3호	등록취소			
4) 영업정지기간 중에 영업을 한 경우	법 제75조 제1항제4호	등록취소			
5) 정당한 사유 없이 등록한 사항을 이행하지 않은 경우	법 제75조 제1항제5호				
가) 고의로 오염물질을 해양에 배출한 경우		등록취소			
나) 과실로 오염물질이 해양에 배출되게 한 경우		경고	경고	등록취소	
다) 오염물질의 처리방법을 위반하여 처리한 경우		경고	영업정지 10일	영업정지 1개월	등록취소
라) 기술요원이 등록요건에 미달하게 된 경우		경고	경고	영업정지 10일	영업정지 20일
마) 선박이 등록요건에 미달하게 된 경우		경고	영업정지 1개월	영업정지 3개월	영업정지 6개월
바) 설비 및 장비가 등록요건에 미달하게 된 경우		경고	영업정지 10일	영업정지 1개월	영업정지 3개월
사) 설비 및 장비가 등록요건에 맞도록 유지되지 않은 경우		경고	경고	경고	영업정지 6월
6) 법 제72조에 따른 의무를 위반한 경우	법 제75조 제1항제6호	경고	영업정지 10일	영업정지 1개월	등록취소

7) 법 제73조에 따른 명령에 따르지 않거나 거부한 경우	법 제75조 제1항제7호	경고	경고	영업정지 10일	영업정지 20일
8) 등록 후 1년 이내에 영업을 하지 않거나 정당한 사유 없이 1년 이상 계속하여 영업실적이 없는 경우	법 제75조 제1항제8호	경고	영업정지 6개월	등록취소	

별표 33 제5호부터 제7호까지를 각각 삭제한다.

별지 제9호서식, 별지 제10호서식, 별지 제21호서식, 별지 제24호서식부터 별지 제26호서식까지, 별지 제29호서식 및 별지 제30호서식을 각각 삭제한다.

별지 제31호서식의 제목을 "[ ]해양오염방제업
[ ]유창청소업 변경등록신청서"로 하고, 같은 서식 중 "[ ]폐기물해양배출업 · [ ]해양오염방제업 · [ ]유창청소업 · [ ]폐기물해양수거업 · [ ]퇴적오염물질수거업 등록사항"을 "[ ]해양오염방제업 · [ ]유창청소업 등록사항"으로, "지방해양수산청장 또는 해양경찰서장"을 "해양경찰서장"으로 하며, 같은 서식 첨부서류의 담당 공무원 확인사항란 제2호 중 "경우에 한정하며, 「해양환경관리법 시행규칙」 제37조제1항제2호에 따른 해양환경관리업의 경우만 해당합니다"를 "경우로 한정합니다"로 하고, 같은 서식 처리절차란 중 "지방해양수산청 또는 해양경찰서"를 "해양경찰서"로 한다.

별지 제32호서식부터 별지 제36호서식까지 및 별지 제40호서식부터 별지 제42호서식까지를 각각 삭제한다.

별지 제43호서식의 제목을 "[ ]해양오염방제업
[ ]유창청소업 권리 · 의무 승계신고서"로 하고, 같은 서식 앞쪽 중 "지방해양수산청장 또는 해양경찰서장"을 "해양경찰서장"으로 하며, 같은 쪽 첨부서류의 신고인 제출서류란 제3호를 삭제하고, 같은 서식 뒤쪽 중 "지방해양수산청 또는 해양경찰서"를 "해양경찰서"로 한다.

별지 제44호서식, 별지 제44호의2서식 및 별지 제45호서식을 각각 삭제한다.

제4조 생략

부칙 〈제457호, 2021. 1. 7.〉
이 규칙은 공포한 날로부터 시행한다.

부칙 〈제466호, 2021. 2. 19.〉 (해양조사와 해양정보 활용에 관한 법률 시행규칙)
제1조(시행일) 이 규칙은 2021년 2월 19일부터 시행한다.
제2조 및 제3조 생략
제4조(다른 법령의 개정) ①부터 ⑧까지 생략
⑨ 해양환경관리법 시행규칙 일부를 다음과 같이 개정한다.
별표 16의2 제2호라목 비고 중 "「공간정보의 구축 및 관리 등에 관한 법률」 제6조제1항제3호"를 "「해양조사와 해양정보 활용에 관한 법률」 제8조제1항제2호"로 하고, 같은 호 마목 비고 1) 중 "「공간정보의 구축 및 관리 등에 관한 법률」 제6조제1항제4호"를 "「해양조사와 해양정보 활용에 관한 법률」 제8조제1항제3호"로 한다.
제5조 생략

부칙 〈제486호, 2021. 6. 30.〉 (어려운 법령용어 정비를 위한 56개 법령의 일부개정에 관한 해양수산부령)
이 규칙은 공포한 날부터 시행한다.

부칙 〈제497호, 2021. 10. 5.〉
이 규칙은 2021년 10월 14일부터 시행한다.

부칙 〈제529호, 2022. 1. 20.〉 (국민 편의를 높이는 서식 정비를 위한 11개 법령의 일부개정에 관한 해양수산부령)
이 규칙은 공포한 날부터 시행한다.

부칙 〈제536호, 2022. 2. 24.〉 (행정규제기본법에 따른 일몰 규제 정비를 위한 11개 법령의 일부개정에 관한 해양수산부령)
이 규칙은 공포한 날부터 시행한다.

부칙 〈제592호, 2023. 3. 10.〉 (규제 재검토기한 설정 해제를 위한 12개 법령의 일부개정에 관한 해양수산부령)

이 규칙은 공포한 날부터 시행한다.

부칙 〈제602호, 2023. 4. 25.〉 (소상공인 경제회복 지원을 위한 7개 법령의 일부개정에 관한 해양수산부령)
제1조(시행일) 이 규칙은 공포한 날부터 시행한다.
제2조(행정처분에 관한 적용례) 제1조부터 제7조까지의 개정규정은 이 규칙 시행 전의 위반행위에 대하여 이 규칙 시행 이후 행정처분을 하는 경우에도 적용한다.

부칙 〈제644호, 2023. 12. 28.〉
이 규칙은 공포한 날부터 시행한다.

부칙 〈제661호, 2024. 4. 23.〉
이 규칙은 2024년 4월 23일부터 시행한다.

부칙 〈제674호, 2024. 6. 28.〉
이 규칙은 공포한 날부터 시행한다.

부칙 〈제716호, 2025. 1. 14.〉 (해양이용영향평가법 시행규칙)
제1조(시행일) 이 규칙은 공포한 날부터 시행한다.
제2조 생략
제3조(다른 법령의 개정) ①부터 ③까지 생략
④ 해양환경관리법 시행규칙 일부를 다음과 같이 개정한다.
제48조부터 제54조까지, 제54조의2, 제55조, 제55조의2, 제56조부터 제59조까지, 제59조의2 및 제60조를 각각 삭제한다.
별표 17부터 별표 21까지를 각각 삭제한다.
별지 제46호의2서식, 별지 제47호서식부터 별지 제51호서식까지, 별지 제51호의2서식, 별지 제51호의3서식, 별지 제52호서식부터 별지 제54호서식까지 및 별지 제54호의2서식을 각각 삭제한다.
제4조 생략

부칙 〈제736호, 2025. 6. 2.〉 (종이 없는 행정 구현을 위한 3개 법령의 일부개정에 관한 해양수산부령)

이 규칙은 공포한 날부터 시행한다.

부칙 〈제770호, 2025. 10. 31.〉 (정부조직 개편사항 반영을 위한 6개 법령의 일부개정에 관한 해양수산부령)
이 규칙은 공포한 날부터 시행한다.

별표 / 서식
[별표 1] 해양시설의 범위(제3조 관련)
[별표 2] 삭제 〈2017. 9. 22.〉
[별표 3] 삭제 〈2020. 12. 4.〉
[별표 4] 해양시설등의 일상생활에서 발생하는 폐기물의 해역별 배출기준(제11조제2항 관련)
[별표 5] 해양시설등에서 발생하는 기름 및 유해액체물질의 처리기준 및 방법(제11조제3항 관련)
[별표 6] 삭제 〈2020. 12. 4.〉
[별표 7] 삭제 〈2020. 12. 4.〉
[별표 8] 삭제 〈2020. 12. 4.〉
[별표 9] 해양시설오염비상계획서의 검인표시(제19조제6항 관련)
[별표 9의2] 안전점검의 실시 시기ㆍ방법 및 결과보고에 필요한 사항(제20조의3제2항 관련)
[별표 10] 시ㆍ도지사 또는 해양환경공단의 이사장이 설치ㆍ운영하는 오염물질저장시설의 설치ㆍ운영기준(제23조제1항 관련)
[별표 10의2] 오염물질저장시설 운영자가 설치ㆍ운영하는 오염물질저장시설의 설치ㆍ운영기준(제23조제2항 관련)
[별표 10의3] 오염물질저장시설 운영자에 대한 행정처분의 세부기준(제23조의2 관련)
[별표 11] 해양시설의 자재ㆍ약제 비치기준(제32조제2항 관련)
[별표 12] 항만관리청의 보관시설의 자재ㆍ약제 비치기준(제33조제2항 관련)
[별표 13] 보관시설의 시설기준 및 운영기준(제33조제2항 관련)
[별표 13의2] 해양자율방제대의 시설 및 방제자재 기준(제35조의2제1항 관련)
[별표 13의3] 재해보상의 종류 및 지급기준(제35조의2제4항 관련)

[별표 14] 해양환경관리업의 등록기준(제36조제3항 관련)
[별표 15] 해양환경관리업자에 대한 행정처분의 기준(제44조 관련)
[별표 16] 해양오염영향조사기관에 대한 행정처분기준(제47조 관련)
[별표 16의2] 위해도 평가의 평가항목 및 평가항목별 평가점수(제47조의2제1항 관련)
[별표 17] 삭제 〈2025. 1. 14.〉
[별표 18] 삭제 〈2025. 1. 14.〉
[별표 19] 삭제 〈2025. 1. 14.〉
[별표 20] 삭제 〈2025. 1. 14.〉
[별표 21] 삭제 〈2025. 1. 14.〉
[별표 22] 삭제 〈2024. 6. 28.〉
[별표 23] 삭제 〈2024. 6. 28.〉
[별표 24] 형식승인(수입신고)표(제68조 관련)
[별표 25] 자재 · 약제에 대한 국가통합인증마크 표시(제70조제3항 관련)
[별표 25의2] 형식승인대상외 자재 · 약제의 성능인증 표시(제72조의6제2항 관련)
[별표 26] 형식승인 취소 및 업무정지처분기준(제72조제1항 관련)
[별표 27] 선박처리장의 시설 · 장비기준(제73조제3항 관련)
[별표 28] 삭제 〈2024. 6. 28.〉
[별표 29] 자재 · 약제의 성능시험 · 검정 업무 대행자 지정기준(제74조제1항 관련)
[별표 30] 업무대행자의 지정취소 처분기준(제75조제1항 관련)
[별표 31] 삭제 〈2013.6.19〉
[별표 32] 수수료(제83조제1항 관련)
[별표 33] 위임업무 자료제출(제84조제1항 관련)
[별지 제1호서식] 해양환경 측정 · 분석능력 인증신청서
[별지 제2호서식] 해양환경 측정 · 분석능력 인증서
[별지 제3호서식] 납부고지서
[별지 제4호서식] 해양환경개선부담금분할납부신청서
[별지 제5호서식] 해양환경개선부담금분할납부통지서
[별지 제6호서식] 해양환경개선부담금 조정부과 · 환급 통지서

[별지 제7호서식] 해양환경개선부담금 조정신청서
[별지 제8호서식] 독촉장
[별지 제9호서식] 삭제 〈2020. 12. 4.〉
[별지 제10호서식] 삭제 〈2020. 12. 4.〉
[별지 제11호서식] 삭제 〈2011.9.29〉
[별지 제12호서식] 해양시설 (최초, 변경)신고서
[별지 제13호서식] 해양시설 신고대장
[별지 제14호서식] 해양시설 (변경)신고증명서
[별지 제15호서식] 해양시설 신고증명서 재발급신청서
[별지 제16호서식] 해양시설 폐업신고서
[별지 제17호서식] 해양시설오염물질기록부
[별지 제18호서식] 해양시설오염비상계획서(검인, 변경검인)신청서
[별지 제18호의2서식] 오염물질저장시설의 설치 · 운영(신고서, 변경신고서)
[별지 제18호의3서식] 오염물질저장시설 (변경)신고증명서, 오염물질저장시설의 변경신고사항
[별지 제18호의4서식] 오염물질저장시설 신고증명서 재발급 신청서
[별지 제19호서식] 오염물질관리대장
[별지 제19호의2서식] 해양오염 방제조치 명령서
[별지 제20호서식] 방제비용 납부통지서
[별지 제21호서식] 삭제 〈2020. 12. 4.〉
[별지 제22호서식] 해양오염방제업 등록신청서
[별지 제23호서식] 유창청소업 등록신청서
[별지 제24호서식] 삭제 〈2020. 12. 4.〉
[별지 제25호서식] 삭제 〈2020. 12. 4.〉
[별지 제26호서식] 삭제 〈2020. 12. 4.〉
[별지 제27호서식] 해양오염방제업 등록증
[별지 제28호서식] 유창청소업 등록증
[별지 제29호서식] 삭제 〈2020. 12. 4.〉
[별지 제30호서식] 삭제 〈2020. 12. 4.〉
[별지 제31호서식] (해양오염방제업, 유창청소업)변경등록신청서
[별지 제32호서식] 삭제 〈2020. 12. 4.〉
[별지 제33호서식] 삭제 〈2020. 12. 4.〉

[별지 제34호서식] 삭제 〈2020. 12. 4.〉
[별지 제35호서식] 삭제 〈2020. 12. 4.〉
[별지 제36호서식] 삭제 〈2020. 12. 4.〉
[별지 제37호서식] 오염물질의 방제·청소·수거 처리실적서
[별지 제38호서식] 오염물질 방제·청소·수거 처리대장
[별지 제39호서식] 오염물질수거확인증
[별지 제40호서식] 삭제 〈2020. 12. 4.〉
[별지 제41호서식] 삭제 〈2020. 12. 4.〉
[별지 제42호서식] 삭제 〈2020. 12. 4.〉
[별지 제43호서식] (해양오염방제업, 유창청소업)권리·의무 승계신고서
[별지 제44호서식] 삭제 〈2020. 12. 4.〉
[별지 제44호의2서식] 삭제 〈2020. 12. 4.〉
[별지 제45호서식] 삭제 〈2020. 12. 4.〉
[별지 제45호의2서식] 침몰선박 정보 현황
[별지 제46호서식] 삭제 〈2011.9.29〉
[별지 제46호의2서식] 삭제 〈2025. 1. 14.〉
[별지 제47호서식] 삭제 〈2025. 1. 14.〉
[별지 제48호서식] 삭제 〈2025. 1. 14.〉
[별지 제49호서식] 삭제 〈2025. 1. 14.〉
[별지 제50호서식] 삭제 〈2025. 1. 14.〉
[별지 제51호서식] 삭제 〈2025. 1. 14.〉
[별지 제51호의2서식] 삭제 〈2025. 1. 14.〉
[별지 제51호의3서식] 삭제 〈2025. 1. 14.〉
[별지 제52호서식] 삭제 〈2025. 1. 14.〉
[별지 제53호서식] 삭제 〈2025. 1. 14.〉
[별지 제54호서식] 삭제 〈2025. 1. 14.〉
[별지 제54호의2서식] 삭제 〈2025. 1. 14.〉
[별지 제55호서식] 삭제 〈2024. 6. 28.〉
[별지 제56호서식] 삭제 〈2024. 6. 28.〉
[별지 제57호서식] 삭제 〈2024. 6. 28.〉
[별지 제58호서식] 해양오염방제 자재·약제 형식승인(변경, 면제) 신청서

[별지 제58호의2서식] 형식승인대상외 자재 · 약제 성능인증신청서
[별지 제59호서식] 삭제 〈2024. 6. 28.〉
[별지 제60호서식] 해양오염방제 자재 · 약제 형식승인증서
[별지 제60호의2서식] 형식승인대상외 자재 · 약제 성능인증서
[별지 제61호서식] 삭제 〈2024. 6. 28.〉
[별지 제62호서식] 자재 · 약제 성능시험신청서
[별지 제62호의2서식] 형식승인대상외 자재 · 약제 성능시험신청서
[별지 제63호서식] 삭제 〈2024. 6. 28.〉
[별지 제64호서식] 자재 · 약제 성능시험성적서
[별지 제64호의2서식] 형식승인대상외 자재 · 약제 성능시험성적서
[별지 제65호서식] 자재 · 약제 검정신청서
[별지 제65호의2서식] 형식승인대상외 자재 · 약제 검정신청서
[별지 제66호서식] 검정합격증명서
[별지 제66호의2서식] 형식승인대상외 자재 · 약제 검정합격증명서 (CERTIFICATE OF INSPECTION ON MATERIALS AND CHEMICALS OTHER THAN TYPE APPROVAL SUBJECT)
[별지 제66호의3서식] (자재 · 약제 형식승인, 형식승인대상외 자재 · 약제 성능인증)을 받은 자의 지위 승계신고서
[별지 제67호서식] 자재 · 약제의 형식승인 · 성능시험 · 검정인정 신청서
[별지 제68호서식] 자재 · 약제의 형식승인 · 성능시험 · 검정 인정서
[별지 제69호서식] 선박해체 해양오염방지 작업계획신고서
[별지 제70호서식] 삭제 〈2024. 6. 28.〉
[별지 제71호서식] 자재 · 약제의 성능시험 및 검증업무대행자 지정 신청서
[별지 제72호서식] 삭제 〈2024. 6. 28.〉
[별지 제73호서식] 자재 · 약제의 성능시험 및 검정업무 대행자 지정서
[별지 제74호서식] 해양환경감시원증
[별지 제75호서식] 포상금지급신청서

대한민국 법령 시리즈 5

해양환경관리법

법령 / 시행령 / 시행규칙

2025년 12월 18일 인쇄 정가 27,000원
2025년 12월 28일 발행

편 저 편집부
디 자 인 송영미
발 행 인 조준형
발 행 처 해광출판사
http://www.hgbookpub.com
E-mail : munbookcokr@naver.com
주 소 부산광역시 중구 해관로 41-1 (중앙동2가)
전화번호 (051) 253-0001 팩스 (051) 245-1187
등 록 제 2012-000005호

해광출판사에서는 여러분의 소중한 원고와 함께 할 기회를 기다리고 있습니다. 책으로 엮을 원고나 아이디어가 있으신 분들은 이메일 munbookcokr@naver.com로 책에 대한 간단한 개요와 원고 전체 또는 일부를 연락처와 함께 보내주십시오.

ISBN 979-11-6881-931-3

해광출판사 대한민국 법령 시리즈

001. 선원법
002. 어선법
003. 선박직원법
004. 해사안전기본법
005. 해양환경관리법
006. 선박의 입항 및 출항등에 관한 법률
007. 학교안전사고예방 및 보상에 관한 법률
008. 종합부동산세법
009. 방위사업법
010. 행정규제기본법
011. 식품산업진흥법
012. 위험물안전관리법
013. 화재의 예방 및 안전관리에 관한 법률
014. 도시가스사업법
015. 실내공기질관리법
016. 지방세법
017. 소득세법
018. 법인세법
019. 도선법
020. 선박안전법
021. 선박법
022. 수산업법
023. 고압가스안전관리법
024. 국민연금법
025. 공동주택관리법
026. 화학물질관리법
027. 어선원 및 어선 재해보상보험법
028. 장기등 이식에 관한 법률
029. 자연재해대책법
030. 공유재산 및 물품 관리법
031. 산업입지 및 개발에 관한 법률
032. 부정경쟁방지 및 영업비밀보호에 관한 법률
033. 금융지주회사법
034. 온실가스 배출권의 할당 및 거래에 관한 법률
035. 건축사법
036. 산림문화휴양에 관한 법률
037. 전기사업법
038. 사립학교법
039. 고등교육법
040. 액화석유가스의 안전관리 및 사업법
041. 선박투자회사법
042. 수산자원관리법
043. 위험물선박운송및저장규칙
044. 선박평형수관리법
045. 주택임대차보호법
046. 상가건물임대차보호법
047. 지방공기업법
048. 승강기안전관리법
049. 수목원·정원의 조성 및 진흥에 관한 법률
050. 민법
051. 치료감호 등에 관한 법률
052. 대부업 등의 등록 및 금융이용자 보호에 관한 법률
053. 사료관리법
054. 무형문화재 보전 및 진흥에 관한 법률
055. 총포·도검·화약류 등의 안전관리에 관한 법률
056. 경찰관직무집행법
057. 시설물의 안전 및 유지관리에 관한 특별법
058. 수산생물질병 관리법
059. 소비자기본법
060. 국제선박등록법
061. 정보통신망 이용촉진 및 정보보호 등에 관한 법률
062. 해운법
063. 농수산물 품질관리법
064. 수산업협동조합법
065. 해외건설촉진법
066. 수상레저안전법
067. 공무원재해보상법
068. 수상에서의 수색·구조 등에 관한 법률
069. 어촌어항법
070. 항만법
071. 항만운송사업법
072. 해양경비법
073. 해양사고의 조사 및 심판에 관한 법률
074. 외국인근로자의 고용 등에 관한 법률
075. 중소기업기본법
076. 자유무역지역의 지정 및 운영에 관한 법률
077. 대기환경보전법
078. 소음진동관리법
079. 폐기물관리법
080. 하수도법
081. 물환경보전법
082. 토양환경보전법
083. 환경정책기본법
084. 산업재해보상보험법
085. 관세법
086. 노동조합 및 노동관계조정법
087. 근로기준법
088. 군인연금법
089. 먹는물관리법
090. 기술보증기금법
091. 관광진흥법
092. 감염병의 예방 및 관리에 관한 법률
093. 사법경찰관리의 직무를 수행할 자와 그 직무범위에 관한 법률
094. 수의사법
095. 가정폭력방지 및 피해자보호 등에 관한 법률
096. 환경영향평가법
097. 체육시설의 설치 · 이용에 관한 법률
098. 장사 등에 관한 법률
099. 상호저축은행법
100. 은행법
101. 보호관찰 등에 관한 법률
102. 형법
103. 자동차관리법
104. 형사소송법
105. 전자금융거래법
106. 마약류 불법거래 방지에 관한 특례법
107. 도로법
108. 주세법
109. 변리사법
110. 하천법
111. 중소기업진흥에 관한 법률
112. 발달장애인 권리보장 및 지원에 관한 법률
113. 주택법
114. 장애인복지법
115. 농어업경영체 육성 및 지원에 관한 법률
116. 공인중개사법
117. 건강기능식품에 관한 법률
118. 예비군법
119. 개발제한구역의 지정 및 관리에 관한 특별조치법
120. 국유재산법
121. 주차장법
122. 환경기술 및 환경산업 지원법
123. 대기관리권역의 대기환경개선에 관한 특별법
124. 악취방지법
125. 미세먼지 저감 및 관리에 관한 특별법
126. 가축분뇨의 관리 및 이용에 관한 법률
127. 물의 재이용 촉진 및 지원에 관한 법률
128. 물관리기본법
129. 물관리기술 발전 및 물산업 진흥에 관한 법률
130. 자원의 절약과 재활용촉진에 관한 법률
131. 전기 · 전자제품 및 자동차의 자원순환에 관한 법률
132. 건설폐기물의 재활용촉진에 관한 법률
133. 수도권매립지관리공사의 설립 및 운영 등에 관한 법률
134. 폐기물의 국가 간 이동 및 그 처리에 관한 법률
135. 폐기물처리시설 설치촉진 및 주변지역지원 등에 관한 법률
136. 자원순환기본법
137. 잔류성오염물질 관리법
138. 환경분쟁 조정법

해광출판사 대한민국 법령 시리즈

139. 화학물질의 등록 및 평가 등에 관한 법률
140. 환경오염시설의 통합관리에 관한 법률
141. 환경오염피해 배상책임 및 구제에 관한 법률
142. 중소기업제품 구매촉진 및 판로지원에 관한 법률
143. 환경개선비용 부담법
144. 환경분야 시험·검사 등에 관한 법률
145. 환경친화적 산업구조로의 전환촉진에 관한 법률
146. 환경친화적 자동차의 개발 및 보급 촉진에 관한 법률
147. 환경범죄 등의 단속 및 가중처벌에 관한 법률
148. 생명윤리 및 안전에 관한 법률
149. 장애인차별금지 및 권리구제 등에 관한 법률
150. 부동산투자회사법
151. 정치자금법
152. 과학기술기본법
153. 대리점거래의 공정화에 관한 법률
154. 상속세 및 증여세법
155. 학원의 설립 · 운영 및 과외교습에 관한 법률
156. 해양심층수의 개발 및 관리에 관한 법률
157. 전기용품 및 생활용품 안전관리법
158. 사회기반시설에 대한 민간투자법
159. 공직선거법
160. 정당법
161. 유류오염손해배상 보장법
162. 부정청탁 및 금품등 수수의 금지에 관한 법률
163. 항로표지법
164. 어장관리법
165. 민방위기본법
166. 공직자윤리법
167. 선거관리위원회법
168. 유선 및 도선 사업법
169. 전기공사업법
170. 사회복지사업법
171. 택지개발촉진법
172. 국가공무원법
173. 민간임대주택에 관한 특별법
174. 어음법·수표법
175. 민사집행법
176. 상법
177. 문화예술진흥법
178. 중소기업협동조합법
179. 농업협동조합법
180. 도로교통법
181. 의료사고 피해구제 및 의료분쟁 조정 등에 관한 법률
182. 산림보호법
183. 소년법
184. 동물보호법
185. 건축물관리법
186. 도시개발법
187. 화물자동차 운수사업법
188. 도시 및 주거환경정비법
189. 의료법
190. 국회법
191. 응급의료에 관한 법률
192. 출입국관리법
193. 노인복지법
194. 산림자원의 조성 및 관리에 관한 법률
195. 청소년 보호법
196. 초 · 중등교육법
197. 혁신도시 조성 및 발전에 관한 특별법
198. 경제자유구역의 지정 및 운영에 관한 특별법
199. 공공기관의 운영에 관한 법률
200. 대한민국헌법
201. 국민기초생활 보장법
202. 저작권법
203. 가사소송법
204. 국가유공자 등 예우 및 지원에 관한 법률
205. 국민체육진흥법
206. 전통주 등의 산업진흥에 관한 법률
207. 재난 및 안전관리 기본법
208. 정보통신공사업법
209. 주식회사 등의 외부감사에 관한 법률
210. 공익사업을 위한 토지 등의 취득 및 보상에 관한 법률
211. 개인정보 보호법
212. 국세기본법
213. 에너지이용 합리화법
214. 감정평가 및 감정평가사에 관한 법률
215. 국가인권위원회법
216. 가맹사업거래의 공정화에 관한 법률
217. 보건의료기본법
218. 산업안전보건법
219. 법무사법
220. 교육공무원법
221. 특허법
222. 민사소송법
223. 아동복지법
224. 전파법
225. 하도급거래 공정화에 관한 법률
226. 기초연금법
227. 사립학교교직원 연금법
228. 직업안정법
229. 장애아동 복지지원법
230. 부동산등기법
231. 자동차손해배상 보장법
232. 철도안전법
233. 항공안전법
234. 전자상거래 등에서의 소비자보호에 관한 법률
235. 독점규제 및 공정거래에 관한 법률
236. 상표법
237. 채무자 회생 및 파산에 관한 법률
238. 공무원연금법
239. 축산법
240. 근로복지기본법
241. 민원 처리에 관한 법률
242. 약사법
243. 방문판매 등에 관한 법률
244. 건축기본법
245. 지방세기본법
246. 지방세징수법
247. 지방자치법
248. 도시교통정비 촉진법
249. 공공주택 특별법
250. 국세징수법
251. 공인노무사법
252. 중대재해 처벌 등에 관한 법률
253. 외무공무원법
254. 소방시설공사업법
255. 검역법
256. 공중위생관리법
257. 할부거래에 관한 법률
258. 인터넷 멀티미디어 방송사업법
259. 전기통신사업법
260. 제품안전기본법
261. 철도사업법
262. 어린이제품 안전 특별법
263. 영유아보육법
264. 원자력안전법
265. 보험업법
266. 경비업법
267. 교통안전법
268. 세무사법
269. 관세사법
270. 공인회계사법
271. 지방공무원법
272. 고용정책 기본법
273. 국가경찰과 자치경찰의 조직 및 운영에 관한 법률
274. 협동조합 기본법
275. 재해구호법
276. 환경보건법

해광출판사 대한민국 법령 시리즈

277. 자살예방 및 생명존중문화 조성을 위한 법률
278. 소방산업의 진흥에 관한 법률
279. 소방기본법
280. 비송사건절차법
281. 자연환경보전법
282. 변호사법
283. 기업구조조정투자회사법
284. 전기통신기본법
285. 에너지법
286. 해양생태계의 보전 및 관리에 관한 법률
287. 사회보장기본법
288. 통신비밀보호법
289. 공증인법
290. 물류시설의 개발 및 운영에 관한 법률
291. 청소년활동 진흥법
292. 형의 집행 및 수용자의 처우에 관한 법률
293. 도시공원 및 녹지 등에 관한 법률
294. 태권도 진흥 및 태권도공원 조성 등에 관한 법률
295. 녹색건축물 조성 지원법
296. 우편법
297. 예금자보호법
298. 건설산업기본법
299. 금융회사의 지배구조에 관한 법률
300. 장애인활동 지원에 관한 법률
301. 언론중재 및 피해구제 등에 관한 법률
302. 국가재정법
303. 농지법
304. 게임산업진흥에 관한 법률
305. 정신건강증진 및 정신질환자 복지서비스 지원에 관한 법률
306. 디자인보호법
307. 의료기사 등에 관한 법률
308. 스마트도시 조성 및 산업진흥 등에 관한 법률
309. 내수면어업법
310. 한국주택금융공사법
311. 의료기기법
312. 유통산업발전법
313. 전통시장 및 상점가 육성을 위한 특별법
314. 여신전문금융업법
315. 해외자원개발 사업법
316. 산업교육진흥 및 산학연협력촉진에 관한 법률
317. 빈집 및 소규모주택 정비에 관한 특례법
318. 기업도시개발 특별법
319. 전력기술관리법
320. 국토기본법
321. 지하수법
322. 식품위생법
323. 광업법
324. 호스피스·완화의료 및 임종과정에 있는 환자의 연명의료결정에 관한 법률
325. 주식·사채 등의 전자등록에 관한 법률
326. 표시·광고의 공정화에 관한 법률
327. 골재채취법
328. 국민건강증진법
329. 새마을금고법
330. 여객자동차 운수사업법
331. 마리나항만의 조성 및 관리 등에 관한 법률
332. 한부모가족지원법
333. 국가를 당사자로 하는 계약에 관한 법률
334. 지방자치단체를 당사자로 하는 계약에 관한 법률
335. 축산물 위생관리법
336. 병역법
337. 음악산업진흥에 관한 법률
338. 국가균형발전 특별법
339. 첨단재생의료 및 첨단바이오의약품 안전 및 지원에 관한 법률
340. 공간정보의 구축 및 관리 등에 관한 법률
341. 공유수면 관리 및 매립에 관한 법률
342. 농수산물 유통 및 가격안정에 관한 법률
343. 아시아문화중심도시 조성에 관한 특별법
344. 신탁법
345. 자연공원법
346. 생활화학제품 및 살생물제의 안전관리에 관한 법률
347. 군인사법
348. 국제조세조정에 관한 법률
349. 낙동강수계 물관리 및 주민지원 등에 관한 법률
350. 주민등록법
351. 집합건물의 소유 및 관리에 관한 법률
352. 집단에너지사업법
353. 산림조합법
354. 반도체집적회로의 배치설계에 관한 법률
355. 자본시장과 금융투자업에 관한 법률
356. 담보부사채신탁법
357. 근로자퇴직급여 보장법
358. 국제과학비즈니스벨트 조성 및 지원에 관한 특별법
359. 수도법
360. 식품 등의 표시·광고에 관한 법률
361. 약관의 규제에 관한 법률
362. 인삼산업법
363. 종자산업법
364. 항공사업법
365. 건설기계관리법
366. 군형법
367. 궤도운송법
368. 기술의 이전 및 사업화 촉진에 관한 법률
369. 농수산물의 원산지 표시 등에 관한 법률
370. 담배사업법
371. 석유 및 석유대체연료 사업법
372. 가축전염병 예방법
373. 농어촌정비법
374. 식물신품종 보호법
375. 항공보안법
376. 중소기업창업 지원법
377. 군사법원법
378. 우주개발 진흥법
379. 해저광물자원 개발법
380. 산림복지 진흥에 관한 법률
381. 지능형 로봇 개발 및 보급 촉진법
382. 헌법재판소법
383. 옥외광고물 등의 관리와 옥외광고산업 진흥에 관한 법률
384. 혈액관리법
385. 국제항해선박 등에 대한 해적행위 피해예방에 관한 법률
386. 유료도로법
387. 독립유공자예우에 관한 법률
388. 신에너지 및 재생에너지 개발·이용·보급 촉진법
389. 신용정보의 이용 및 보호에 관한 법률
390. 출판문화산업 진흥법
391. 공항시설법
392. 국민 평생 직업능력 개발법
393. 아동·청소년의 성보호에 관한 법률
394. 방송법쉬
395. 신용보증기금법
396. 화장품법
397. 청소년 기본법
398. 인터넷주소자원에 관한 법률
399. 양곡관리법
400. 도로명주소법
401. 전자문서 및 전자거래 기본법
402. 산업기술의 유출방지 및 보호에 관한 법률
403. 국가기술자격법
404. 양식산업발전법
405. 산업기술혁신 촉진법
406. 새만금사업 추진 및 지원에 관한 특별법
407. 전자정부법
408. 지역 개발 및 지원에 관한 법률
409. 한국농어촌공사 및 농지관리기금법
410. 계량에 관한 법률
411. 기업활동 규제완화에 관한 특별조치법
412. 군에서의 형의 집행 및 군수용자의 처우에 관한 법률

해광출판사 대한민국 법령 시리즈

413. 규제자유특구 및 지역특화발전특구에 관한 규제특례법
414. 금융위원회의 설치 등에 관한 법률
415. 남녀고용평등과 일·가정 양립 지원에 관한 법률
416. 농어업인 삶의 질 향상 및 농어촌지역 개발촉진에 관한 특별법
417. 댐건설·관리 및 주변지역지원 등에 관한 법률
418. 국가유산수리 등에 관한 법률
419. 법원조직법
420. 보훈보상대상자 지원에 관한 법률
421. 부패방지 및 국민권익위원회의 설치와 운영에 관한 법률
422. 과학기술분야 정부출연연구기관 등의 설립·운영 및 육성에 관한 법률
423. 연구개발특구의 육성에 관한 특별법
424. 친환경농어업 육성 및 유기식품 등의 관리·지원에 관한 법률
425. 연안관리법
426. 영화 및 비디오물의 진흥에 관한 법률
427. 신용협동조합법
428. 방송통신발전 기본법
429. 범죄피해자 보호법
430. 가축 및 축산물 이력관리에 관한 법률
431. 국가표준기본법
432. 국가통합교통체계효율화법
433. 범죄인 인도법
434. 국가과학기술 경쟁력 강화를 위한 이공계지원 특별법
435. 국제경기대회 지원법
436. 금융혁신지원 특별법
437. 수자원의 조사·계획 및 관리에 관한 법률
438. 축산자조금의 조성 및 운용에 관한 법률
439. 소방시설 설치 및 관리에 관한 법률
440. 양성평등기본법
441. 축산계열화사업에 관한 법률
442. 수입식품안전관리 특별법
443. 대외무역법
444. 국가연구개발사업 등의 성과평가 및 성과관리에 관한 법률
445. 무역보험법
446. 기술사법
447. 광산안전법
448. 농약관리법
449. 농업·농촌 및 식품산업 기본법
450. 문화산업진흥 기본법
451. 부담금관리 기본법
452. 야생생물 보호 및 관리에 관한 법률
453. 한국은행법
454. 별정우체국법
455. 원양산업발전법
456. 콘텐츠산업 진흥법
457. 한국수출입은행법
458. 외국인투자 촉진법
459. 물류정책기본법
460. 전자서명법
461. 산업발전법
462. 산업표준화법
463. 소프트웨어 진흥법
464. 토지이용규제 기본법
465. 해수욕장의 이용 및 관리에 관한 법률
466. 정보통신 진흥 및 융합 활성화 등에 관한 특별법
467. 정보통신산업 진흥법
468. 지진·화산재해대책법
469. 소금산업진흥법
470. 위치정보의 보호 및 이용 등에 관한 법률
471. 외국법자문사법
472. 이러닝(전자학습)산업 발전 및 이러닝 활용 촉진에 관한 법률
473. 암관리법
474. 실용신안법
475. 가족관계의 등록 등에 관한 법률
476. 무인도서의 보전 및 관리에 관한 법률
477. 감사원법
478. 정보보호산업의 진흥에 관한 법률
479. 결혼중개업의 관리에 관한 법률
480. 공익신고자 보호법
481. 박물관 및 미술관 진흥법
482. 낚시 관리 및 육성법
483. 동산·채권 등의 담보에 관한 법률
484. 임금채권보장법
485. 국민투표법
486. 농림수산업자 신용보증법
487. 국가채권 관리법
488. 중소기업은행법
489. 식품안전기본법
490. 외국환거래법
491. 발명진흥법
492. 건설기술 진흥법
493. 기후위기 대응을 위한 탄소중립·녹색성장 기본법
494. 인체조직안전 및 관리 등에 관한 법률
495. 엔지니어링산업 진흥법
496. 신문 등의 진흥에 관한 법률
497. 식물방역법
498. 석탄산업법
499. 산업융합 촉진법
500. 비료관리법
501. 임업 및 산촌 진흥촉진에 관한 법률
502. 복권 및 복권기금법
503. 대규모유통업에서의 거래 공정화에 관한 법률
504. 뉴스통신 진흥에 관한 법률
505. 지능정보화 기본법
506. 자격기본법
507. 중소기업 기술혁신 촉진법
508. 국가공간정보 기본법
509. 농어업재해대책법
510. 방송광고판매대행 등에 관한 법률
511. 지식재산 기본법
512. 초고층 및 지하연계 복합건축물 재난관리에 관한 특별법
513. 해양 조사와 해양정보 활용에 관한 법률
514. 공간정보산업 진흥법
515. 공공기관의 정보공개에 관한 법률
516. 행정기본법
517. 해상교통안전법
518. 농어업재해보험법
519. 문화유산의 보존 및 활용에 관한 법률
520. 자연유산의 보존 및 활용에 관한 법률
521. 국토의 계획 및 이용에 관한 법률
522. 건축법
523. 국민건강보험법
524. 계엄법
525. 환경친화적 선박의 개발 및 보급 촉진에 관한 법률
526. 해양폐기물 및 해양오염퇴적물 관리법
527. 연안사고 예방에 관한 법률
528. 전기안전관리법
529. 의약품 등의 안전에 관한 규칙
530. 공공보건의료에 관한 법률
531. 군보건의료에 관한 법률
532. 농어촌 등 보건의료를 위한 특별조치법
533. 보호소년 등의 처우에 관한 법률
534. 국가를 당사자로 하는 소송에 관한 법률
535. 간호법
536. 국립묘지의 설치 및 운영에 관한 법률
537. 주류 면허 등에 관한 법률
538. 부가가치세법
539. 자율운항선박 개발 및 상용화 촉진에 관한 법률
540. 다중이용업소의 안전관리에 관한 특별법

*** 해광출판사의 법령 시리즈는 계속 발행 됩니다.**
**** 각 도서의 개정판은 인쇄일을 기준으로 제작 되었습니다.**